普通高等教育"十四五"规划教材

# 遥感实验教程

况润元　李海翠　艾云婵　等编著

北　京
冶　金　工　业　出　版　社
2022

## 内容提要

本书为实验教学用书，内容根据遥感图像处理与分析过程涉及的遥感图像认知、预处理、增强、分类、制图等环节，梳理出主要知识点，并将全书分为遥感图像认知、几何校正、正射校正、辐射定标、大气校正、影像裁剪与镶嵌、辐射增强、空间域增强、频率域增强、彩色增强、多光谱增强、图像融合、基于像元分类、面向对象分类、分类精度评价、专题制图等16章。每章实验涵盖两部分，通过通俗易懂、图文并茂的方式介绍。第一部分是各章知识点及其理论，第二部分是实验操作的实现，实验环节采用业内流行的软件平台ENVI，均附有相关实验数据。本教材通过遥感实验练习，帮助学生将理论知识与实践结合，加深对遥感基础理论与技术的理解。

本教材可供遥感从业人员参考阅读，也可供地理、测绘、城乡规划等学科及相关专业本科生、研究生实验教学使用。

**图书在版编目(CIP)数据**

遥感实验教程/况润元等编著.—北京：冶金工业出版社，2021.6(2022.9重印)

普通高等教育“十四五”规划教材

ISBN 978-7-5024-8816-1

Ⅰ.①遥… Ⅱ.①况… Ⅲ.①遥感图像—图像处理—实验—高等学校—教材 Ⅳ.①TP751-33

中国版本图书馆CIP数据核字(2021)第094287号

**遥感实验教程**

出版发行 冶金工业出版社　　电　话 (010)64027926

地　址 北京市东城区嵩祝院北巷39号　　邮　编 100009

网　址 www.mip1953.com　　电子信箱 service@mip1953.com

责任编辑 杨盈园 美术编辑 彭子赫 版式设计 禹 蕊

责任校对 李 娜 责任印制 禹 蕊

北京富资园科技发展有限公司印刷

2021年6月第1版，2022年9月第2次印刷

787mm×1092mm 1/16；12.25印张；295千字；185页

**定价38.00元**

**投稿电话 (010)64027932 投稿信箱 tougao@cnmip.com.cn**

**营销中心电话 (010)64044283**

**冶金工业出版社天猫旗舰店 yjgycbs.tmall.com**

(本书如有印装质量问题，本社营销中心负责退换)

# 前　言

本书是江西理工大学资助的本科教学质量与教学改革工程建设项目《遥感实验教程》（项目编号：XZG-16-04-45）立项教材。

本书共计16章。第1章介绍遥感图像认知，包括遥感图像特征及遥感软件中图像的基本操作；第2章介绍几何变形原因与校正方法、自带定位信息的校正、影像对影像的校正、自动配准等实验操作；第3章介绍正射校正原理与校正方法，自带和自定义RPC参数正射校正实验操作；第4章介绍辐射误差、定标方法及辐射定标实验操作；第5章介绍大气辐射传输过程、大气校正方法及主要大气校正方法实验操作；第6章介绍如何建立感兴趣区、遥感图像掩膜、裁剪与镶嵌等实验操作；第7章介绍辐射增强方法和实验操作；第8章介绍空间域卷积运算及去噪、锐化增强实验操作；第9章介绍频率域图像特征、频率域增强方法和实验操作；第10章介绍彩色增强方法和实验操作；第11章介绍多光谱增强方法和实验操作；第12章介绍图像融合原理、方法及实验操作；第13章介绍基于像元分类的分类方法和实验操作；第14章介绍面向对象分类思路及图像分割、特征提取实验操作；第15章介绍分类误差原因、分类精度评价方法及实验操作；第16章介绍专题图制作方法和实验操作。书中个别插图可通过扫描图旁边的二维码阅读其彩色图片。

本书是作者在多年遥感实验教学基础上编撰而成。本书由况润元制定编写大纲，具体编写分工为：第1~3章由李海翠、况润元编写；第4~6章由艾云婵、况润元编写；第7、8章由邱云、况润元编写；第9、10章由彭文杰、况润元编写；第11、12章由谢诗怡、况润元编写；第13、14章由宋子豪、况润元编写；第15、16章由唐燕文、况润元编写。全书由况润元审核及统稿。本书在编写过程中得到了吴彩斌、李恒凯、陈优良、康俊锋、邹凤琼、刘德儿、陈淑婷、张刚华等老师的支持和帮助，在此一并致以衷心的感谢。

本书根据遥感图像处理与分析所涉及的遥感图像认知、预处理、增强、分类、制图等环节，梳理主要知识点，既介绍了主要的遥感图像处理方法的原理，也重点阐述了相关方法如何在软件平台中实现的过程。通过本书实验教学训练，学生将理论知识与实践结合，可加深对遥感基础理论与技术的理解。本书可供遥感从业人员参考阅读，也可供地理、测绘、城乡规划等学科及相关专业本科生、研究生实验教学使用。

由于作者水平所限，书中不足之处，敬请读者批评指正。

作 者
2020 年 10 月

# 目　录

# 1 遥感图像认知实验

## 1.1 遥感成像原理

遥感是指从空中或外层空间接收来自地球表层各类地物的电磁波信息，并通过对这些信息进行摄影、扫描、传输和处理，从而对地表各类地物和现象进行远距离控测和识别的现代综合技术（见图1-1）。传感器是获取地面目标电磁辐射信息的核心装置。根据工作方式的不同，传感器可以分为摄影成像、扫描成像、微波成像等。

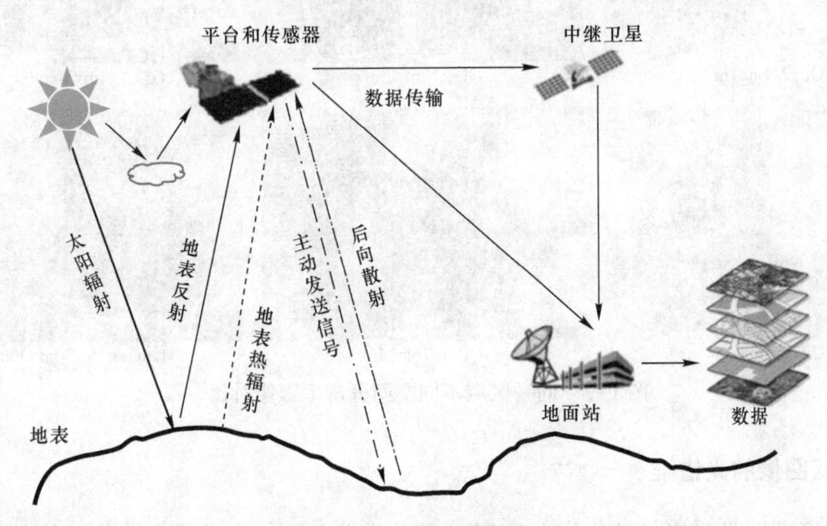


图1-1　遥感成像过程

摄影成像是通过成像设备获取物体影像的技术，传统摄影依靠光学镜头及放置在焦平面的感光胶片来记录物体影像，而数字摄影是通过放置在焦平面的光敏元件，经光/电转换，以数字信号记录物体的影像。

扫描成像依靠探测元件和扫描镜对目标地物以瞬时视场为单位进行的逐点、逐行取样，以获取目标地物的电磁辐射特征信息，形成一定波谱的图像。

微波成像是指以微波作为信息载体的一种成像手段，其原理是用微波照射被测物体，然后通过物体外部散射场的测量值来重构物体的形状或（复）介电常数分布。

遥感的实质最终是围绕着传感器来获取图像数据工作的。

## 1.2 遥感图像特征

由于遥感采集手段的多样性，遥感数据具有多维特征，表现为空间维度、光谱维度、辐射维度和时间维度等。

### 1.2.1 遥感图像的空间维

空间维度指图像的空间分辨率。空间分辨率由像元对应地面的尺寸来衡量。遥感图像由若干个像元组成，像元是指瞬时视域内所对应的地面面积，即与一个像元大小相当的地面尺寸，单位为 m。例如环境卫星 CCD 影像的一个像元相当于地面 30m×30m 的范围，即空间分辨率为 30m。相同地面空间范围内，采样间隔越小，像元数越多，空间分辨率越高，图像越清晰；反之，图像越模糊，如图 1-2 所示。图像的像元值在空间上的变化反映的就是影像的空间信息，反映了地物的空间变化。

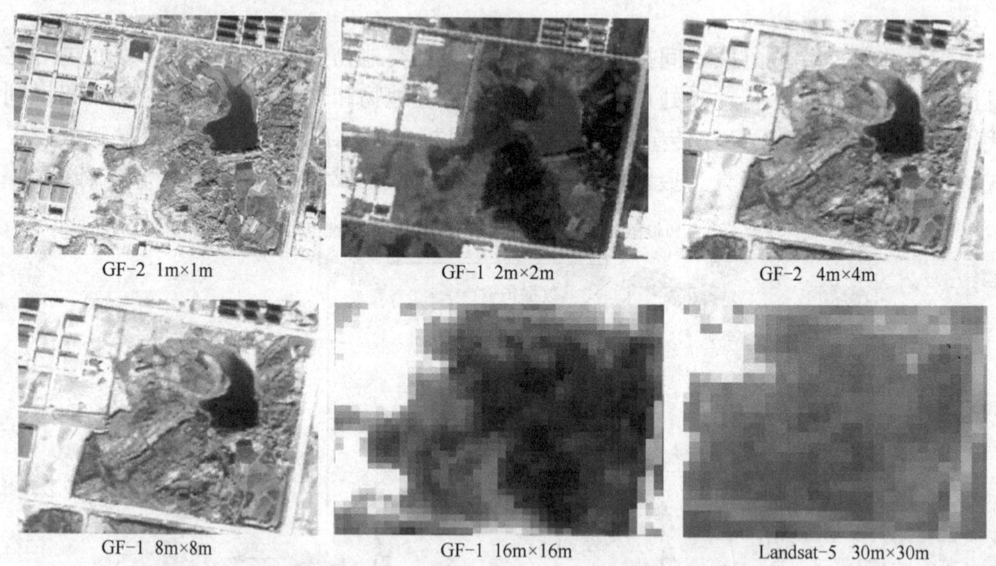


图 1-2 同一区域不同空间分辨率影像对比

### 1.2.2 遥感图像的光谱维

光谱维度主要是指影像的光谱分辨率，光谱分辨率是指传感器在接收目标辐射的波谱时能分辨的最小波长间隔，间隔愈小，分辨率愈高。光谱分辨率决定了传感器选用的波段数量的多少、各波段的波长位置和波长间隔的大小。遥感数据根据光谱分辨率可分成多光谱数据和高光谱数据，图 1-3 为两种影像的叠加显示示意图。多光谱数据一般在可见-红外内只有几个波段，如环境卫星 HJ-1A 多光谱传感器 CCD 有 4 个波段，其光谱范围分别是：0.43～0.52μm、0.52～0.60μm、0.63～0.69μm 和 0.76～0.90μm。高光谱数据光谱分辨率达到纳米数量级，通常具有波段多特点，其光谱通道数多达数十甚至数百个以上，而且各光谱通道间往往是连续的。如高分五号高光谱数据 AHSI 0.4μm 和 2.5μm 之间有 330 个通道，光谱分辨率达 5nm（可见-近红外）、10nm（短波红外）。

一般来说，传感器的波段数越多，波段宽度越窄，光谱分辨率越高，专题研究的针对性越强，对物体的识别精度越高，遥感应用分析的效果也就越好。但是，对于特定目标，选择的传感器并非波段越多，光谱分辨率越高，效果就越好，而要根据目标的光谱特性和必需的地面分辨率来综合考虑。在某些情况下，波段太多，接收到的信息量太大反而会掩盖地物辐射特性，不利于快速探测和识别地物。所以要根据需要，恰当地利用光谱分辨率。

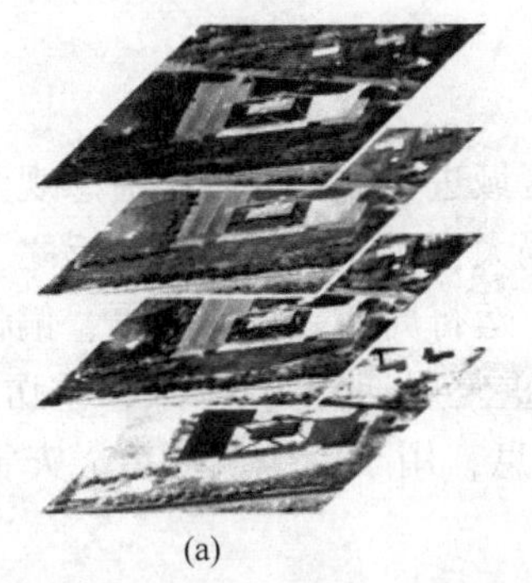
(a)

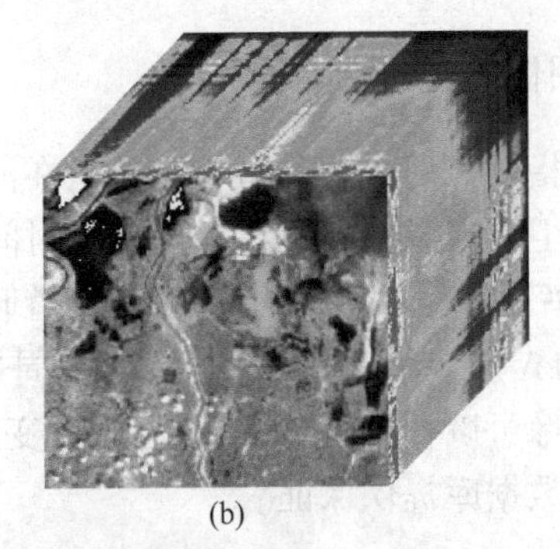
(b)

图 1-3 多光谱图像和高光谱图像立方体
（a）多光谱图像；（b）高光谱图像立方体

## 1.2.3 遥感图像的辐射维

辐射维度主要是指影像的辐射分辨率，是指传感器接收波谱信号时，能分辨的最小辐射度差。在遥感图像上表现为每一像元的辐射量化值。这表明了传感器对光谱信号强弱的敏感程度、区分能力，即探测器的灵敏度。一般用灰度的分级数来表示，即最暗至最亮灰度值间分级的数目——量化级数。辐射分辨率越小，表明传感器越灵敏。图 1-4 为相同区域的 Landsat 8 OLI 和 Landsat 5 TM 的卫星影像和直方图对比。左图灰度量化范围是 9970 ~ 10970，右图灰度量化范围是 60 ~ 100，左图量化级别高于右图，在相同空间分辨率下左图清晰度更高。

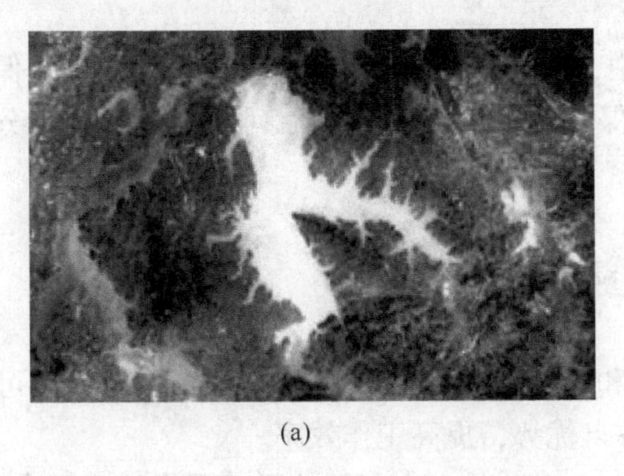
(a)

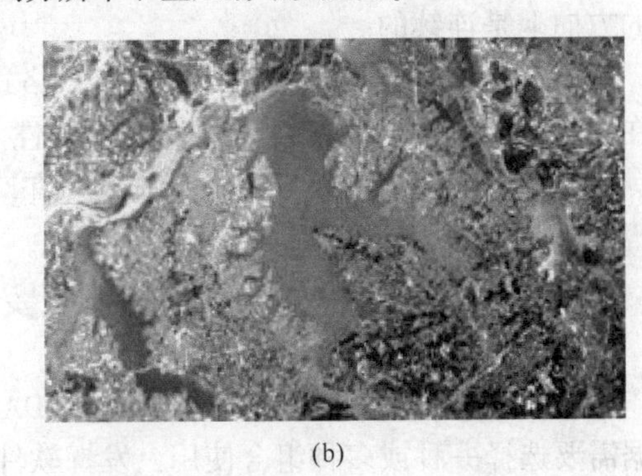
(b)

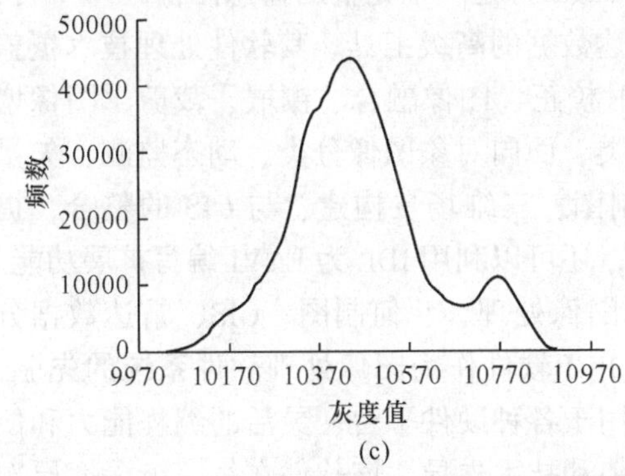

(c)

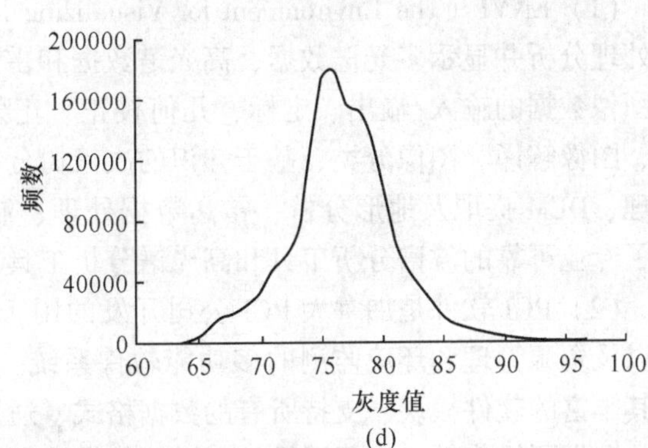

(d)

图 1-4 遥感影像不同辐射分辨率对比
（a）Landsat 8 OLI 的卫星影像；（b）Landsat 5 TM 的卫星影像；
（c）Landsat 8 OLI 的直方图；（d）Landsat 5 TM 的直方图

### 1.2.4　遥感图像的时间维

时间维度指影像的时间分辨率，是指在同一区域进行的相邻两次遥感观测的最小时间间隔。对轨道卫星来说，亦称重复周期。时间间隔大，时间分辨率低；反之，时间分辨率高。时间分辨率由飞行器的轨道高度、轨道倾角、运行周期、轨道间隔、偏移系数等参数决定。如 HJ-1A 卫星 CCD 相机卫星回归周期（重复周期）为 31 天，重访周期为 4 天。多时相遥感影像可以提供地物目标的动态变化信息，用于资源、环境、灾害的监测、预报，并为更新数据库提供保证。

## 1.3　遥感图像格式

遥感图像包括多个波段，有多种存储格式，但基本通用格式主要有 3 种，即 BSQ、BIL 和 BIP 格式。

（1）BSQ（Band Sequential）是像素按波段顺序依次排列的数据格式。即先按照波段顺序分块排列，在每个波段块内，再按照行列顺序排列。同一波段的像素保存在一个块中，这保证了像素空间位置的连续性。

（2）BIL（Band Interleaved by Line）格式中，像素先以行为单位分块，在每个块内，按照波段顺序排列像素。同一行不同波段的数据保存在一个数据块中。像素的空间位置在列的方向上是连续的。

（3）BIP（Band Interleaved by Pixel）格式中，以像素为核心，像素的各个波段数据保存在一起，这打破了像素空间位置的连续性。保持行的顺序不变，在列的方向上按列分块，每个块内为当前像素不同波段的像素值。

## 1.4　主要遥感软件

常用遥感处理软件有 ENVI、PCI、ERDAS 和 PIE 等。各种软件相比各有优缺点，可根据需要选择一种或多种组合使用，发挥软件各自优势，提高工作效率。

（1）ENVI（The Environment for Visualizing Images）是一个完整的遥感图像处理平台，是处理分析并显示多光谱数据、高光谱数据和雷达数据的高级工具。其软件处理技术覆盖了图像数据的输入/输出、定标、几何校正、正射校正、图像融合、镶嵌、裁剪、图像增强、图像解译、图像分类、基于知识的决策树分类、面向对象图像分类、动态监测、矢量处理、DEM 提取及地形分析、雷达数据处理、制图、三维场景构建、与 GIS 的整合，提供了专业可靠的波谱分析工具和高光谱分析工具，还可以利用 IDL 为 ENVI 编写扩展功能。

（2）PCI 软件是加拿大 PCI 公司开发的用于图像处理、几何制图、GIS、雷达数据分析以及资源管理和环境监测的多功能软件系统。PCI 软件作为图像处理软件系统的先驱，以其丰富的软件模块、支持所有的数据格式、适用于各种硬件平台、灵活的编程能力和便利的数据可操作性代表了图像处理系统的发展趋势和技术先导。该软件在每一级深度层次上，尽可能多的满足该层次用户对遥感影像处理、摄影测量、GIS 空间分析、专业制图功能的需要，而且使用户可以方便地在同一个应用界面下，完成他们的工作。

（3）ERDAS 是美国亚特兰大 ERDAS（Earth Resource Data Analysis System）公司集遥感和 GIS 于一身的软件包。ERDAS 的设计体现了高度的模块化，主要模块有核心模块、图像处理模块、地形分析模块、数字化模块、扫描仪模块、栅格 GIS 模块、硬拷贝模块、磁带机模块。其中图像处理模块又包括增强模块、预分类模块、分类模块、分类后处理模块、辐射度纠正模块、几何纠正模块。其主要特点是菜单清晰易读，用户界面良好、别具特色的栅格地理信息系统以及系统内包含了图像处理领域内诸多最新的算法。

（4）PIE 软件是北京航天宏图信息技术有限公司自主开发的一款专业遥感影像处理软件，该软件支持多种遥感影像数据格式，功能上涵盖了遥感影像预处理、高级处理、专题信息提取和辅助解译、空间建模及专题制图输出等功能；采用组件化设计，可根据用户具体需求对软件进行灵活定制。与现有通用的遥感影像相比，它具有高度的灵活性和可扩展性，能更好地适应用户的实际需求和业务流程。

## 1.5 实验操作

软件平台：ENVI 5.3 平台。

实验数据：\ 实验 1 \ LC81210402013358LGN01。

### 1.5.1 输入输出

#### 1.5.1.1 数据的输入

打开遥感软件 ENVI 5.3。在 ENVI 主界面中，使用 File Open 菜单打开 Open 界面窗口，如图 1-5 所示。ENVI 支持直接打开的常见图像文件类型达 25 种，如图 1-6 所示。选择要打开的图像文件后点击“打开”，图像会显示在主界面，一般默认是按真彩色或灰度模式显示图像。

图 1-5　ENVI 5.3 打开文件窗口界面

All Files (*.*)
DPPDB (*.ntf)
DTED (*.dt0; *.dt1; *.dt2)
ENVI Annotation (*.ann; *.anz)
ENVI Raster (*.dat; *.img)
ENVI Vector (*.evf)
ERDAS (*.ige; *.img)
Esri Grid (hdr.adf)
GeoPackage (*.gpkg; *.gpkx)
GIF (*.gif)
GRIB (*.grb; *.grb2; *.grib; *.grib2)
HDF4 (*.hdf)
HDF5/NetCDF4 (*.h5; *.hdf5; *.he5; *.nc)
JPEG (*.jpg; *.jpeg)
JPEG2000 (*.jp2; *.j2k)
LiDAR (*.ini; *.las; *.laz)
Metadata (*.cat; *.dim; *.met; *.pvl; *.txt; *.xml)
MrSID (*.sid)
NITF and NSIF (*.ntf; *.nitf; *.nsf)
PNG (*.png)
Region of Interest (*.roi; *.xml)
Shapefile (*.shp)
Spectral Library (*.asd; *.msl; *.rad; *.sli)
TFRD (*.tfd; *.isd)
TIFF (*.tif; *.tiff)
Tiled Mosaic (*.til)

图 1-6 文件类型

虽然上述的 File Open 菜单可以打开大多数文件类型，但对于特定的已知文件类型，利用内部或外部的头文件信息通常会更加方便。使用 File Open AS 菜单，ENVI 能够读取一些标准文件类型的格式。ENVI 自动从内部头文件读取必要的参数打开文件。

如下为打开一个多光谱数据 Landsat GeoTIFF 格式的步骤：

(1) 在主界面中，选择 File Open AS Optical Sensors Landsat GeoTIFF with Metadata。

(2) 选择 * _ MTL. txt 文件。

(3) 单击 Open 按钮打开。ENVI 自动将每个 TIFF 单波段图像打开并按波段类型进行分组，同时还会自动读取头文件包含的 gains 和 bias、成像时间以及像元大小等信息。

1.5.1.2 数据的输出

在 ENVI 主界面，选择 File Save As，ENVI 提供了多种输出格式：ENVI、NITF、TIFF、ASCII、CADRG、CIB、ER Mapper、JPEG2000 等格式（见图 1-7）。选择需要输出的文件格式，单击 OK 后在弹出的文件选择对话框中选择输出的文件，单击 OK 按钮，打开输出格式及路径选择框（见图 1-8），单击 OK 按钮保存文件。

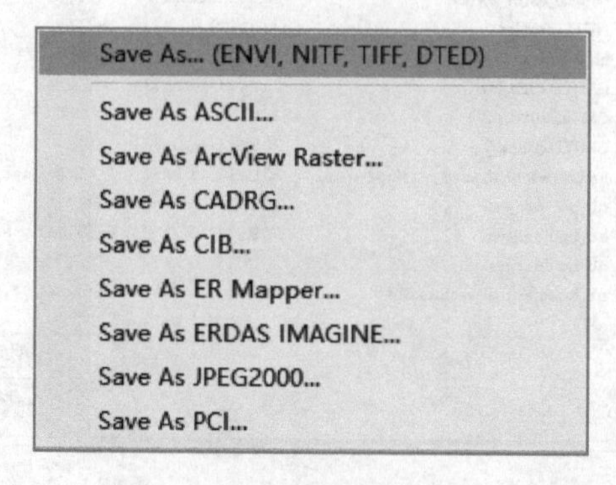


图 1-7 图像输出格式

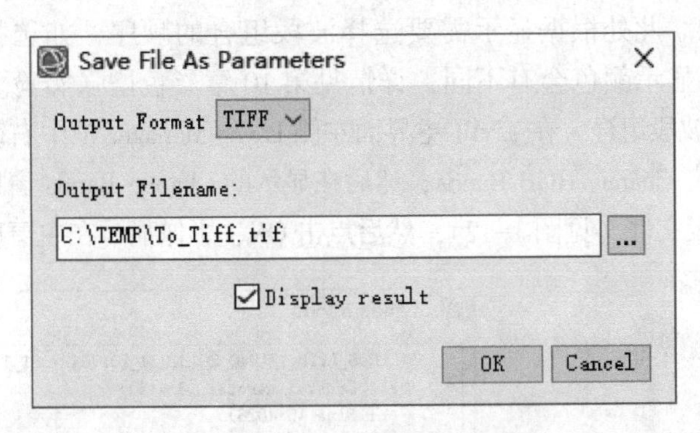


图 1-8　文件保存路径选择框

### 1.5.2　图像显示

每次打开的影像波段清单都显示在 Data Manager 面板中（可点击 File 菜单下 Data Manager 打开，或点击工具栏中工具 打开），如图 1-9 所示，列表中可以查看当前在 ENVI 打开或存储在内存中的影像文件波段信息，也可以打开新文件、关闭文件，还可以点开“File Information”查看影像的地理信息、影像数据维数、数据类型等，“Band Selection”选择波段加载显示影像。

如要打开单波段影像，在 Data Manager 面板点击要打开的影像波段，然后点击 Load Grayscale（见图 1-10），影像在主窗口以灰度形式显示。

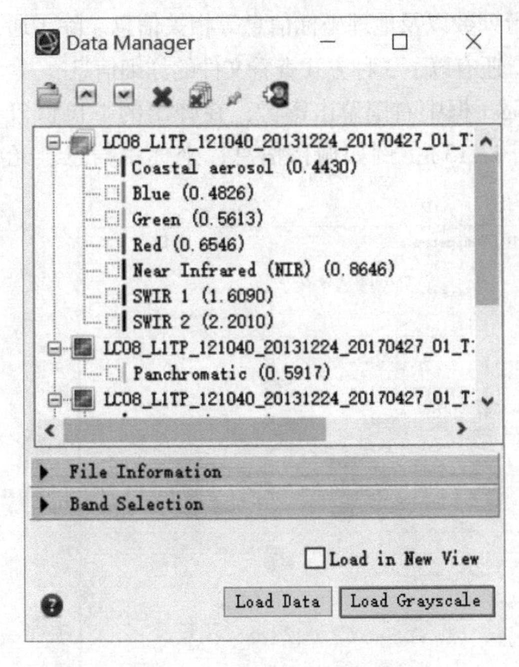


图 1-9　Data Manager 面板

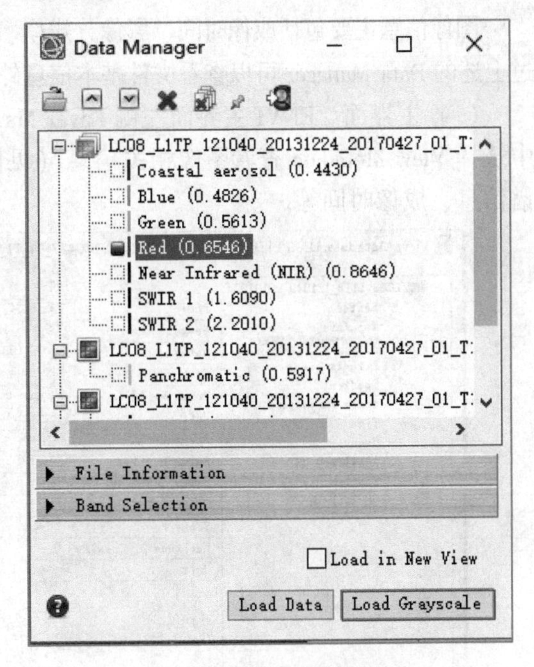


图 1-10　加载单波段影像

如要以彩色模式显示影像，在 Data Manager 面板下方点开“Band Selection”，如图 1-11 所示，依次选择红（R）、绿（G）、蓝（B）颜色通道对应的波段文件，点击 Load Data 在主窗口显示彩色影像。此处根据显示需要选择波段组合的顺序，如选择的波段与 RGB 对应顺序不一样，图像显示颜色会有不同，详情见第 10 章彩色增强实验。

如需改变影像的波段组合，在 ENVI 主界面左侧 Layer Manager 框中右键点击影像文件，在弹出的下拉菜单中单击 Change RGB Bands，然后在显示的 Change Bands 窗口中依次选择 R、G、B 颜色模型对应的波段文件（见图 1-12），然后点击 OK，影像显示在主窗口。

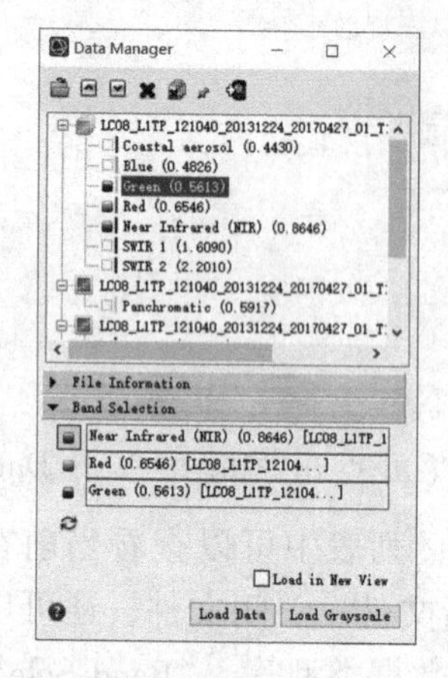


图 1-11　彩色影像波段选择

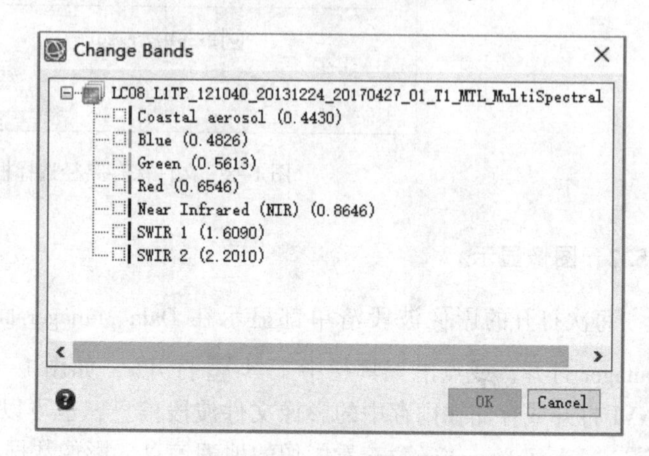


图 1-12　改变波段组合

### 1.5.3　图像信息

图像信息主要包括成像时间、影像分辨率、行列数以及地理坐标信息等相关信息。除了通过上述的 Data Manager 可以查看文件基本信息外，还有以下 3 种方式查看文件的详细信息。

（1）主界面。ENVI 主界面左侧 Layer Manager 框中右键单击影像，在弹出的下拉窗口中选择 View Metadata 查看图像相关信息（见图 1-13），例如栅格信息、坐标系信息、光谱信息、成像时间等。

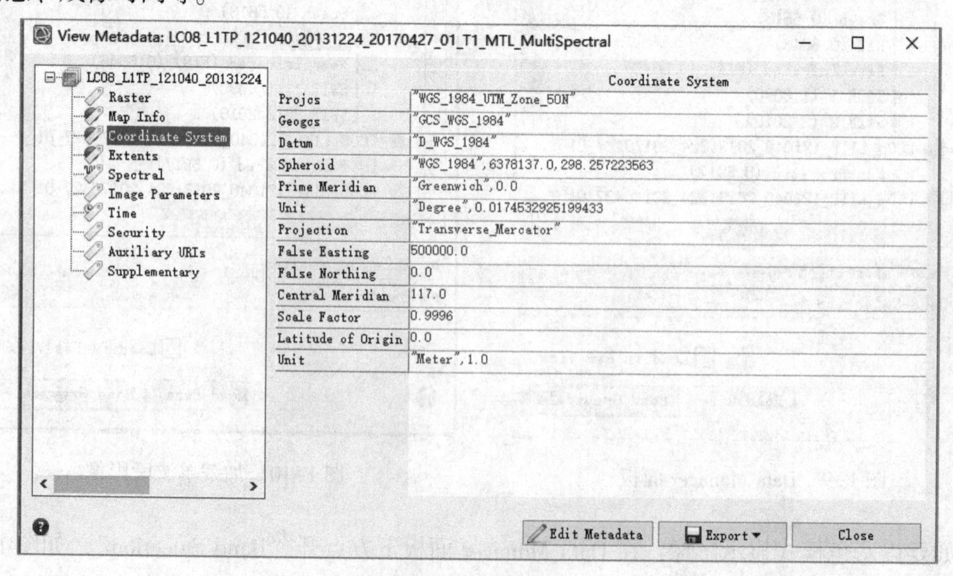


图 1-13　查看图像信息

（2）Toolbox 工具箱。在 Toolbox 工具箱中，选择 Raster Management Edit ENVI Header 工具，单击按钮选择需要查看的影像文件名，点击 OK 按钮即可查看到影像的相关信息，如图 1-14 所示。这个工具不仅可以查看影像信息，还可以对影像的头文件进行编辑修改，修改之后影像需要重新加载才能显示。该窗口内容会根据影像元数据不同显示有所差异。

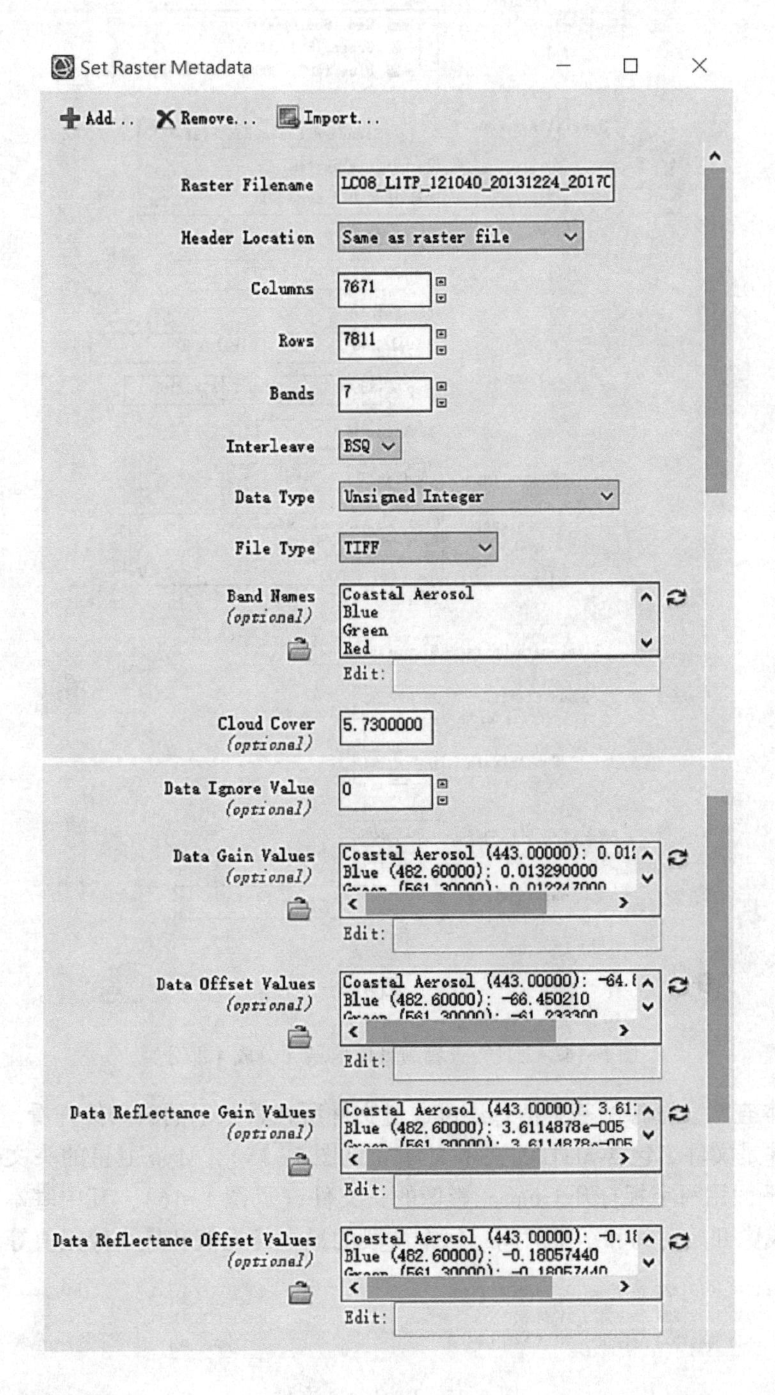

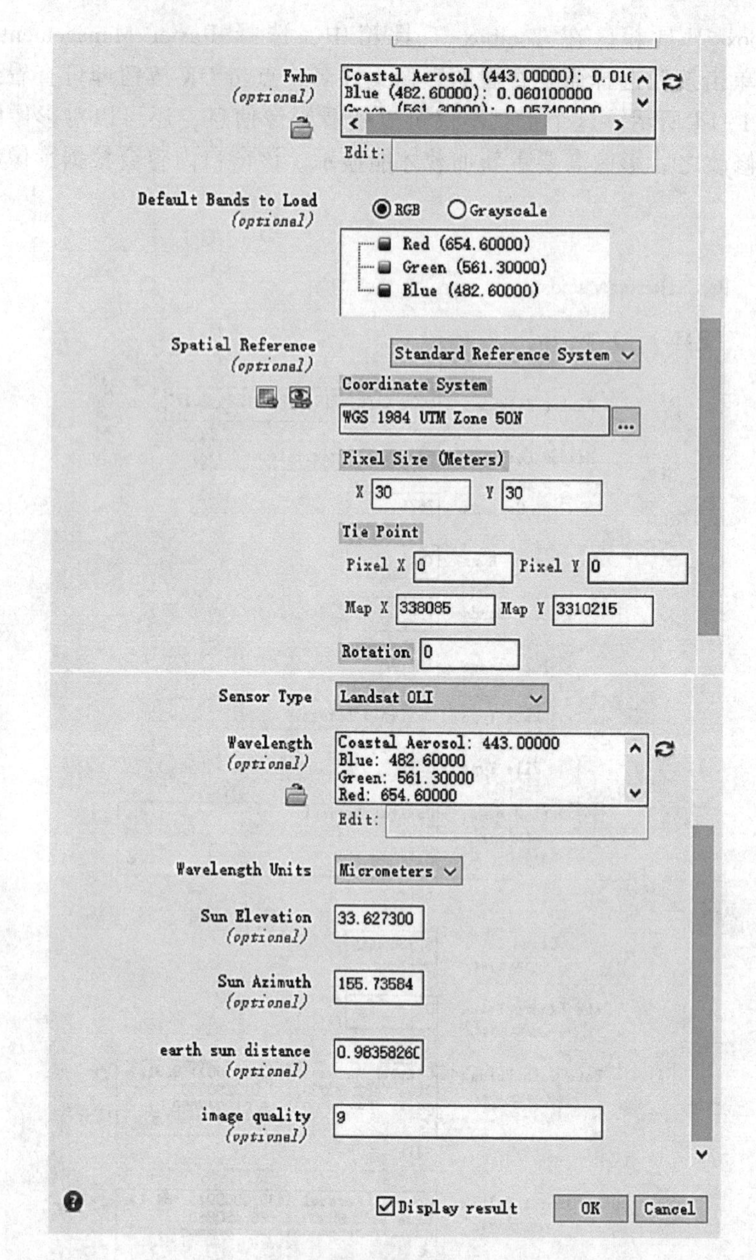


图 1-14　工具箱查看的影像信息（分成 4 部分）

（3）文本查看。影像的基本信息还可通过文件所在目录下的头文件查看，如 Landsat 8 影像的头文件是文件名包含 MTL 的文本文件（见图 1-15），环境卫星的头文件后缀名是 XML 文件，下面用写字板打开 Landsat 影像的头文件（见图 1-16），其中基本信息包括传感器类型、成像开始时间和结束时间、每个波段的最大像元值和最小像元值等。

| | | | |
|---|---|---|---|
| LC08_L1TP_121040_20131224_20170427_01_T1_BQA.TIF.enp | 2019/7/22 17:50 | ENP 文件 | 34,634 KB |
| LC08_L1TP_121040_20131224_20170427_01_T1_MTL.sta | 2019/7/23 11:24 | STA 文件 | 8 KB |
| LC08_L1TP_121040_20131224_20170427_01_T1_MTL.txt | 2017/4/28 0:33 | 文本文档 | 9 KB |

图 1-15　Landsat 头文件

```
    CORNER_LR_PROJECTION_Y_PRODUCT = 3075900.000
    PANCHROMATIC_LINES = 15621
    PANCHROMATIC_SAMPLES = 15341
    REFLECTIVE_LINES = 7811
    REFLECTIVE_SAMPLES = 7671
    THERMAL_LINES = 7811
    THERMAL_SAMPLES = 7671
    FILE_NAME_BAND_1 = "LC08_L1TP_121040_20131224_20170427_01_T1_B1.TIF"
    FILE_NAME_BAND_2 = "LC08_L1TP_121040_20131224_20170427_01_T1_B2.TIF"
    FILE_NAME_BAND_3 = "LC08_L1TP_121040_20131224_20170427_01_T1_B3.TIF"
    FILE_NAME_BAND_4 = "LC08_L1TP_121040_20131224_20170427_01_T1_B4.TIF"
    FILE_NAME_BAND_5 = "LC08_L1TP_121040_20131224_20170427_01_T1_B5.TIF"
    FILE_NAME_BAND_6 = "LC08_L1TP_121040_20131224_20170427_01_T1_B6.TIF"
    FILE_NAME_BAND_7 = "LC08_L1TP_121040_20131224_20170427_01_T1_B7.TIF"
    FILE_NAME_BAND_8 = "LC08_L1TP_121040_20131224_20170427_01_T1_B8.TIF"
    FILE_NAME_BAND_9 = "LC08_L1TP_121040_20131224_20170427_01_T1_B9.TIF"
    FILE_NAME_BAND_10 = "LC08_L1TP_121040_20131224_20170427_01_T1_B10.TIF"
    FILE_NAME_BAND_11 = "LC08_L1TP_121040_20131224_20170427_01_T1_B11.TIF"
    FILE_NAME_BAND_QUALITY = "LC08_L1TP_121040_20131224_20170427_01_T1
_BQA.TIF"
    ANGLE_COEFFICIENT_FILE_NAME = "LC08_L1TP_121040_20131224_20170427_01_T1
_ANG.txt"
    METADATA_FILE_NAME = "LC08_L1TP_121040_20131224_20170427_01_T1_MTL.txt"
    CPF_NAME = "LC08CPF_20131026_20131231_01.01"
    BPF_NAME_OLI = "LO8BPF20131224023603_20131224032151.01"
    BPF_NAME_TIRS = "LT8BPF20131224023209_20131224032244.01"
GROUP = L1_METADATA_FILE
  GROUP = METADATA_FILE_INFO
    ORIGIN = "Image courtesy of the U.S. Geological Survey"
    REQUEST_ID = "0501704276901_00023"
    LANDSAT_SCENE_ID = "LC81210402013358LGN01"
    LANDSAT_PRODUCT_ID = "LC08_L1TP_121040_20131224_20170427_01_T1"
    COLLECTION_NUMBER = 01
    FILE_DATE = 2017-04-27T16:33:09Z
    STATION_ID = "LGN"
    PROCESSING_SOFTWARE_VERSION = "LPGS_2.7.0"
  END_GROUP = METADATA_FILE_INFO
  GROUP = PRODUCT_METADATA
    DATA_TYPE = "L1TP"
    COLLECTION_CATEGORY = "T1"
    ELEVATION_SOURCE = "GLS2000"
    OUTPUT_FORMAT = "GEOTIFF"
    SPACECRAFT_ID = "LANDSAT_8"
    SENSOR_ID = "OLI_TIRS"
    WRS_PATH = 121
    WRS_ROW = 40
    NADIR_OFFNADIR = "NADIR"
    TARGET_WRS_PATH = 121
    TARGET_WRS_ROW = 40
    DATE_ACQUIRED = 2013-12-24
    SCENE_CENTER_TIME = "02:45:47.7171800Z"
    CORNER_UL_LAT_PRODUCT = 29.91186
```

图 1-16 查看的头文件信息

## 1.5.4 格式转换

ENVI 中某些图像处理方法需要在特定格式下进行，如大气校正需要影像是 BIL 格式才能运行，而有些影像的原始数据格式是 BSQ，所以影像需要进行格式转换。影像的原始数据格式可以按 1.5.3 节方式查看。以 BSQ 格式的 Landsat 影像转换为 BIL 格式为例，步骤如下。

（1）查看影像的原始数据格式，在 ENVI 主界面左侧右键单击影像文件名，选择 View Metadata 即可查看（见图 1-17）。

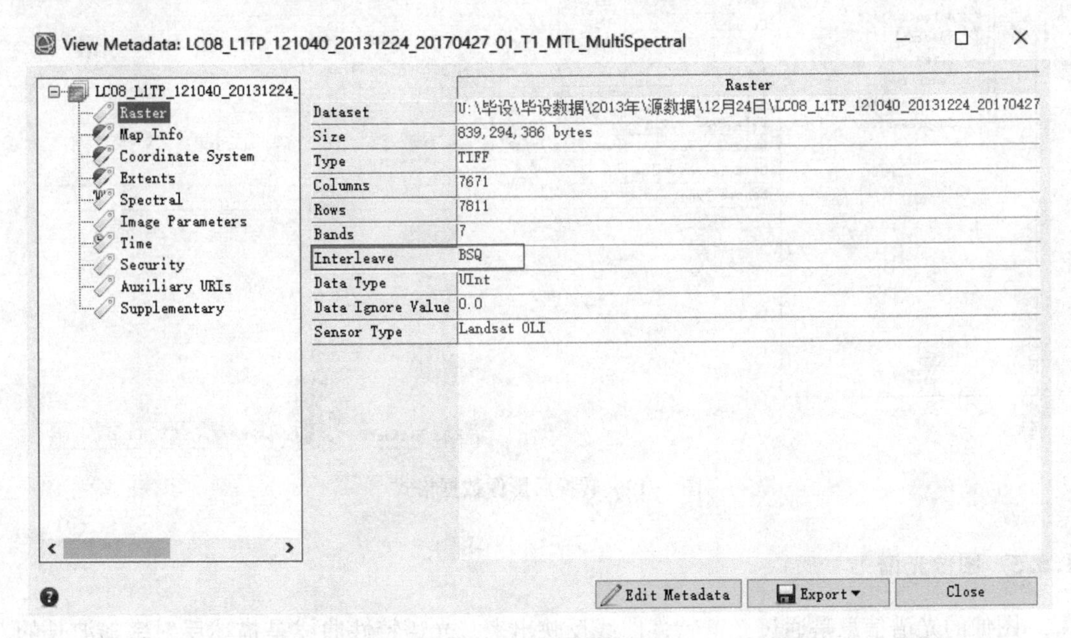


图 1-17 影像原始数据格式

（2）在 Toolbox 工具箱中，选择 Raster Manager Convert Interleave 工具，双击进入选择文件界面，选择需要更改数据格式的影像文件名，单击 OK 按钮进入参数设置界面（见图

1-18），界面中可以看到原始数据格式 BSQ 提供两种转换格式，选择 BIL 格式，Convert in Place 中选择默认设置“NO”，在 Enter Output Filename 中选择 Choose 按钮，选择输出文件路径及文件名。

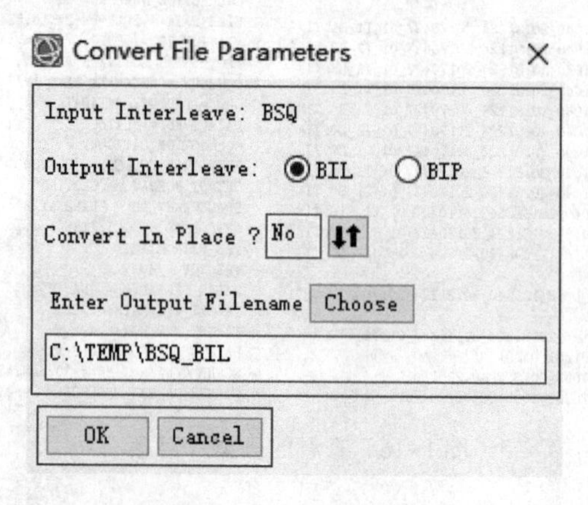


图 1-18 参数设置界面

（3）格式转换之后，在 ENVI 主界面左侧右键单击转换后的影像文件名，选择 View Metadata 查看转换后影像的数据格式（见图 1-19）。

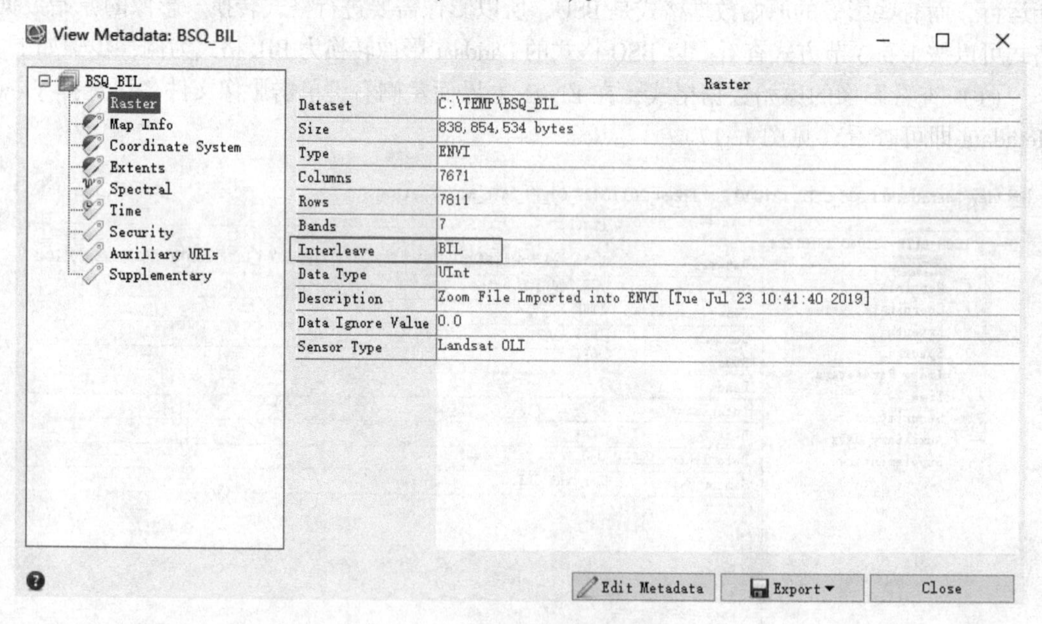


图 1-19 转换后影像数据格式

### 1.5.5 图像光谱

图像的光谱信息是通过光谱特性曲线反映出来，光谱特性曲线是描述反射率随波长的变化规律。以下介绍多光谱和高光谱影像地物光谱曲线的显示方法：

（1）打开图像并显示。ENVI 主界面选择 File Open，选择相关影像，进行 2% 的拉伸处理；

（2）查看光谱信息，有两种方式：一是 ENVI 主界面鼠标右击影像文件名，在弹出的菜单中选择 Profiles 下的 Spectral，可查看鼠标指针所在每个像元的光谱特征曲线；二是主界面选择菜单 Display Profiles Spectral 查看。

利用上述步骤查看高光谱影像和多光谱影像水体的光谱曲线，如图 1-20 所示。光谱曲线横坐标是波长，单位是 nm，纵坐标表示像元灰度值（也可以是反射率值）。因高光谱影像波段数多，对于每个像元的光谱曲线高光谱比多光谱要平滑，光谱曲线特征更加明显、精细。

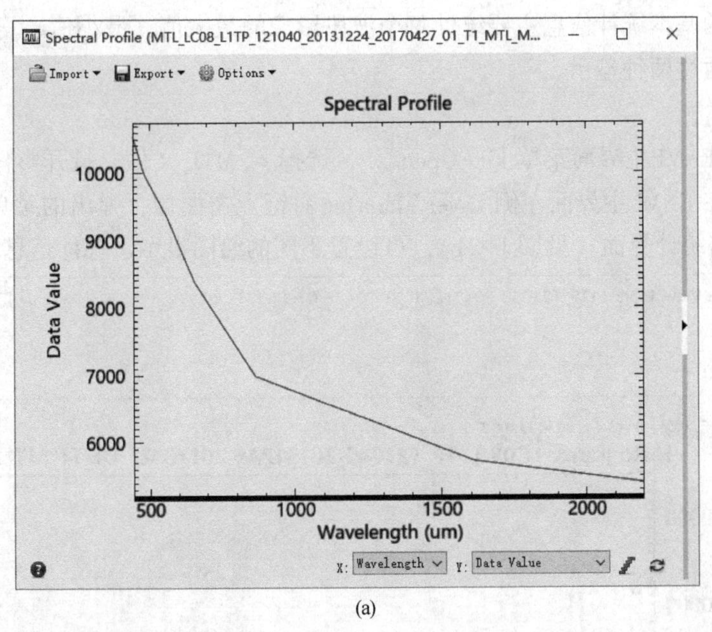


(a)

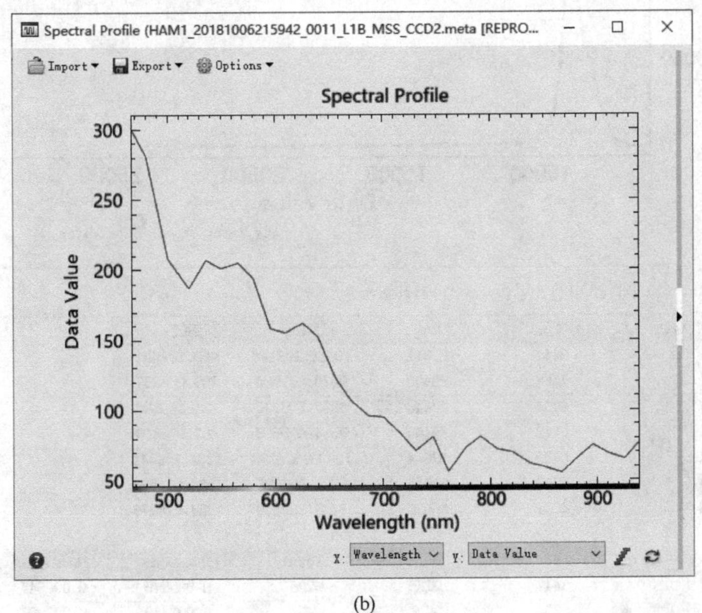


(b)

图 1-20　水体光谱曲线

（a）高光谱；（b）多光谱

## 1.5.6 图像统计

图像统计是计算表征图像像元值数理统计特征、空间分布特征和空间结构特征的各种参量。ENVI 的统计可对整个图像进行，也可以对某个感兴趣区或某一地物分布进行统计，统计结果以数字报表、直方图或文件形式给出。

### 1.5.6.1 图像基本统计

遥感图像的基本统计信息主要统计每个波段影像的最大值、最小值、均值、标准差和直方图，可以通过两种显示。

A 快速统计

（1）点击 ENVI 主界面菜单 File Open...，选择 *.MTL 文件，打开影像，并进行 2% 的拉伸处理，在 ENVI 主界面左侧 Layer Manager 右键点击图像，弹出的菜单中点击 Quick Statics 即可弹出统计界面（见图 1-21），可设置不同的绘图显示、统计信息查看等操作。

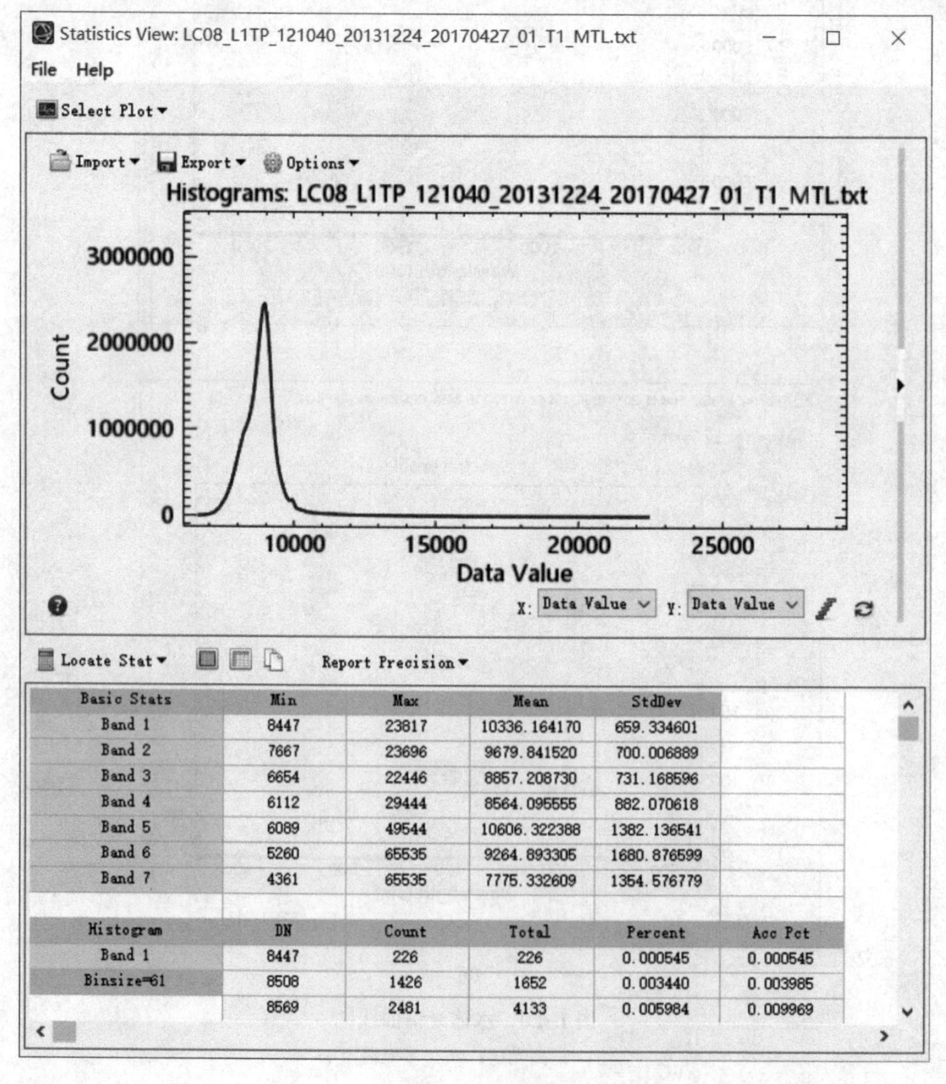


| Basic Stats | Min | Max | Mean | StdDev |
|---|---|---|---|---|
| Band 1 | 8447 | 23817 | 10336.164170 | 659.334601 |
| Band 2 | 7667 | 23696 | 9679.841520 | 700.006889 |
| Band 3 | 6654 | 22446 | 8857.208730 | 731.168596 |
| Band 4 | 6112 | 29444 | 8564.095555 | 882.070618 |
| Band 5 | 6089 | 49544 | 10606.322388 | 1382.136541 |
| Band 6 | 5260 | 65535 | 9264.893305 | 1680.876599 |
| Band 7 | 4361 | 65535 | 7775.332609 | 1354.576779 |

| Histogram | DN | Count | Total | Percent | Acc Pct |
|---|---|---|---|---|---|
| Band 1 | 8447 | 226 | 226 | 0.000545 | 0.000545 |
| Binsize=61 | 8508 | 1426 | 1652 | 0.003440 | 0.003985 |
| | 8569 | 2481 | 4133 | 0.005984 | 0.009969 |

图 1-21 快速统计界面

（2）统计窗口上方是图形界面，可以选择不同的绘图对象显示。在统计界面，通过 Select Plot 按钮菜单（见图1-22），可查看各个波段的直方图。鼠标右击图形▶显示区域在弹出的菜单中选择相应功能（见图1-23），或点击图形窗口右侧的按钮（见图1-24），出现的界面中可以编辑图形界面的显示、曲线属性。

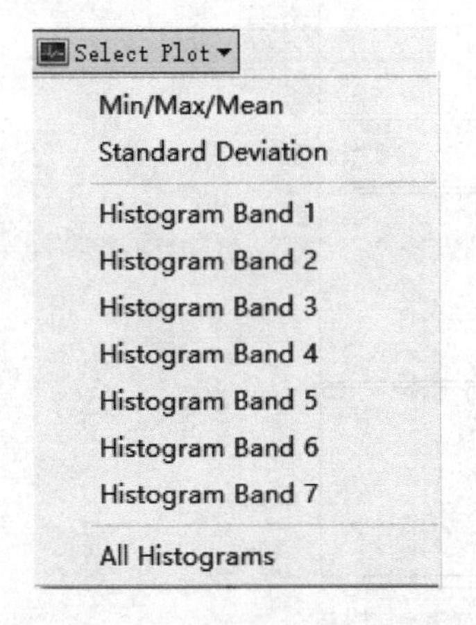


图1-22 选择绘图函数

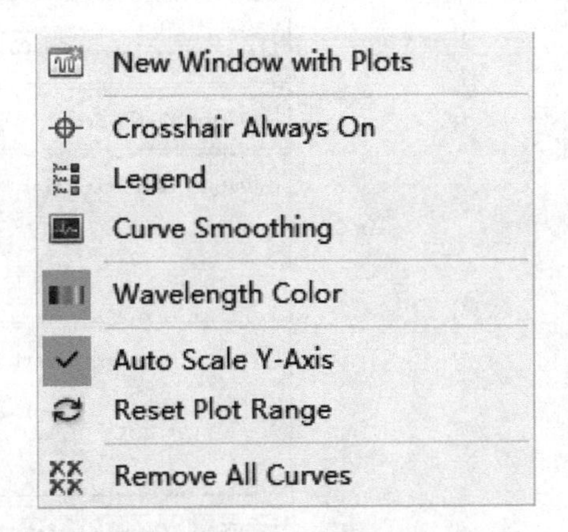


图1-23 曲线右键功能显示

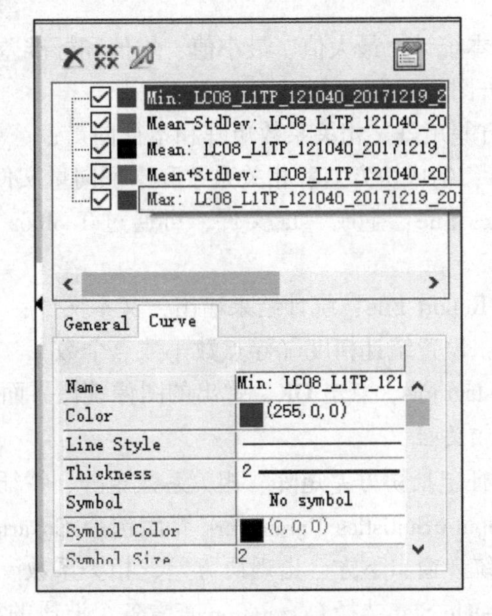


图1-24 属性编辑界面

（3）统计窗口下方以报表形式显示每个波段灰度值的最大值、最小值、均值、标准差、频数等。

（4）选择 File Export to text file，可以将结果输出为文本格式。

B Toolbox 工具箱的计算统计

在 Toolbox 工具箱选择 Statistics Compute Statistics 工具，选择文件后弹出 Compute Statistics Parameters 界面（见图1-25）。计算统计参数界面包括以下参数：

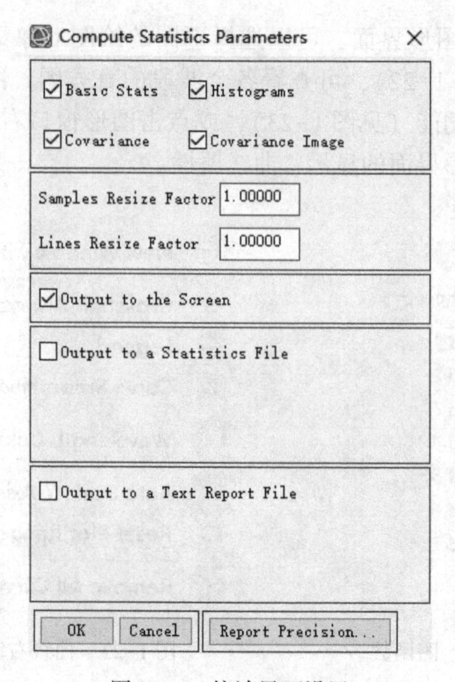


图 1-25 统计界面设置

（1） Basic Static（基本统计：最大值、最小值、均值和标准差）；

（2） Histograms：直方图；

（3） Covariance：协方差矩阵、相关系数矩阵和本征向量；

（4） Covariance Image：生成协方差、相关系数和本征向量文件；

（5） Output to Statistics File：生成 . sta 文件，可通过 Toolbox 工具箱选择 Statics View Statics File 查看；

（6） Output to a Text Report File：统计结果输出为文本文件；

（7） Report Precision：设置统计精度（浮点数小数点个数）。

选择 Basic Static、Histograms，点击 OK，弹出的图像统计界面与快速统计界面一致。

1.5.6.2 图像波段相关性

多波段之间的统计特征包括协方差矩阵、相关系数矩阵、特征向量和散点分布图等。

在 1.5.6.1 节的 Compute Statistics Parameters 界面选择 Covariance、Covariance Image，点击 OK 确定后，弹出的统计窗口下方会出现协方差、相关系数、特征向量、特征值的报表，在界面下方可通过 Locate Stat 选择 Correlation 查看各个波段的相关系数，如图 1-26 所示。同时在 ENVI 主界面窗口会出现协方差、相关系数、特征向量组合的波段文件。

| Correlation | Band 1 | Band 2 | Band 3 | Band 4 | Band 5 | Band 6 | Band 7 |
|---|---|---|---|---|---|---|---|
| Band 1 | 1.000000 | 0.999800 | 0.998698 | 0.995220 | 0.975807 | 0.953466 | 0.960422 |
| Band 2 | 0.999800 | 1.000000 | 0.999312 | 0.996549 | 0.974459 | 0.953852 | 0.961532 |
| Band 3 | 0.998698 | 0.999312 | 1.000000 | 0.998411 | 0.972304 | 0.954811 | 0.963311 |
| Band 4 | 0.995220 | 0.996549 | 0.998411 | 1.000000 | 0.968753 | 0.961161 | 0.970775 |
| Band 5 | 0.975807 | 0.974459 | 0.972304 | 0.968753 | 1.000000 | 0.970630 | 0.963403 |
| Band 6 | 0.953466 | 0.953852 | 0.954811 | 0.961161 | 0.970630 | 1.000000 | 0.996000 |
| Band 7 | 0.960422 | 0.961532 | 0.963311 | 0.970775 | 0.963403 | 0.996000 | 1.000000 |

图 1-26 各波段相关系数

波段的相关性还可以通过 ENVI 主界面 Display 2D Scatter Plot 显示，结果如图 1-27 和图 1-28 所示。横、纵坐标可自己选择，代表的是需要查看哪两个波段之间的相关性。图像中的点越汇集在一条直线上，说明相关性越好；反之，这些点越分散，说明这两个波段之间越离散，相关性越差。查看影像各个波段之间的相关性可利于遥感信息的提取。

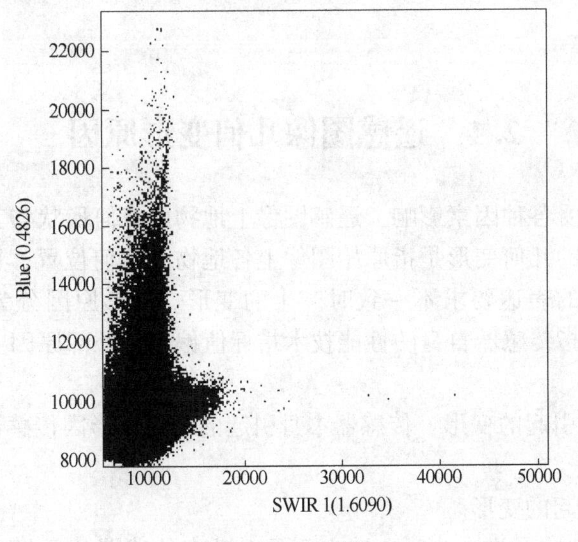


图 1-27　离散性

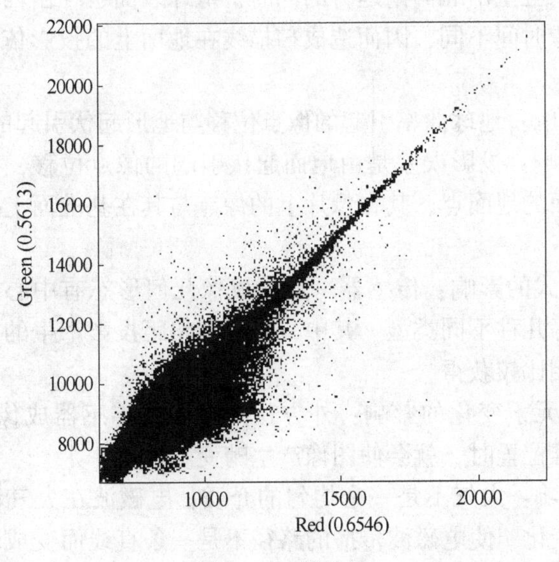


图 1-28　相关性

# 2 遥感图像几何校正实验

## 2.1 遥感图像几何变形原因

由于遥感成像时受各种因素影响，遥感图像上地物的几何形状与其对应的实际地物形状往往不一致。图像的几何变形是指原始图像上各地物的几何位置、形状、尺寸、方位等特征与在参照系统中的表达要求不一致时产生的变形。变形原因分为内部原因和外部原因。内部原因主要是指传感器自身的性能技术指标值偏移。外部原因主要是指传感器以外的各种因素。

（1）传感器本身引起的变形：传感器本身引起的几何变形因传感器的结构、特征和工作方式不同而异。

（2）外部因素引起的变形。

1）地球自转引起的误差：地球自转主要是对动态传感器的图像产生变形影响，特别是对卫星遥感图像，当卫星由北向南运行的同时，地球表面也在由西向东自转，由于卫星图像每条扫描线的成像时间不同，因而造成扫描线在地面上的投影依次向西平移，最终使得图像发生扭曲。

2）地球曲率的影响：地球曲率引起的像点位移与地形起伏引起的像点位移相似。

3）地形起伏的影响：投影误差是由地面起伏引起的像点位移，当地形起伏时，对于高于或低于某一基准面的地面点，其在像片上的像点与其在基准面上垂直投影点之间有直线位移。

4）传感器成像方式的影响：传感器一般的成像几何形态有中心投影、全景投影、斜距投影以及平行投影等几种不同类型。其中，全景和斜距投影产生的图像变形规律可以通过与正射投影的图像相比较获得。

5）传感器外方位元素变化的影响：外方位元素是指传感器成像时的位置和姿态角，当外方位元素偏离标准位置时，就会使图像产生畸变。

6）大气折射的影响：大气不是一个均匀的介质，电磁波在大气层中传播时的折射率会随着高度的变化而变化，使电磁波传播的路径不是一条直线而变成了曲线，从而引起像点的位移，这种像点位移就是大气折光差。

## 2.2 遥感图像几何校正方法

遥感图像几何校正的一般流程如图 2-1 所示。

目前纠正方法有多项式法、共线方程法和有理函数模型法等，其中多项式方法的应用最为普遍。以下对多项式法和遥感图像自动配准详细介绍。

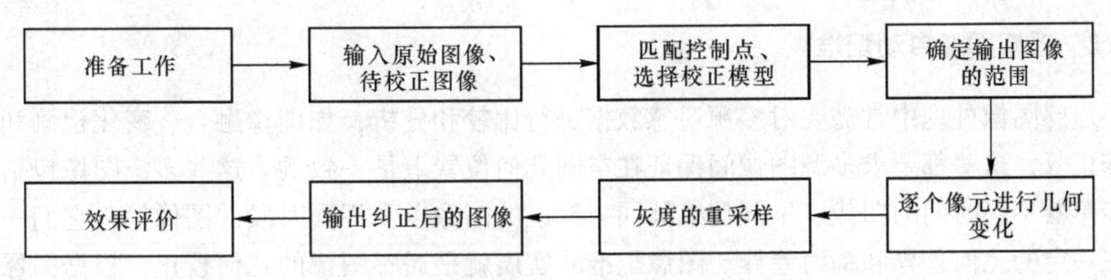


图 2-1 遥感数字图像的几何处理过程

### 2.2.1 多项式几何校正

其基本思想是回避成像的空间几何过程，直接对图像变形的本身进行数学模拟，把遥感图像的总体变形看作是平移、缩放、旋转、偏扭、弯曲以及更高次基本变形的综合作用结果；把原始影像变形看成是某种曲面，输出图像作为规则平面。从理论上讲，任何曲面都能以适当高次的多项式来拟合。用一个适当的多项式来描述纠正前后图像相应点之间的坐标关系。具体步骤：

（1）确定纠正的多项式模型。一般多项式纠正变换公式如下。

$$x_i = F_X(X_i,\ Y_i)$$
$$=a_0 + (a_1X_i + a_2Y_i) + (a_3X_i^2 + a_4X_iY_i + a_5Y_i^2) + (a_6X_i^3 + a_7X_i^2Y_i + a_8X_iY_i^2 + a_9Y_i^3)$$
$$y_i = F_y(X_i,\ Y_i)$$
$$=b_0 + (b_1X_i + b_2Y_i) + (b_3X_i^2 + b_4X_iY_i + b_5Y_i^2) + (b_6X_i^3 + b_7X_i^2Y_i + b_8X_iY_i^2 + b_9Y_i^3)$$

式中，$X$、$Y$ 为同名像素的地面（或地图）坐标；$x$、$y$ 为某像素原始图像坐标。

（2）选择若干个控制点，利用有限个地面控制点的已知坐标，解算多项式的系数。控制点数量的选择主要与多项式的次数有关，但也与纠正范围和纠正精度有关，2 次方至少需要 6 个控制点，3 次方需要 10 个控制点。其控制点应选择图像上容易分辨的特征点，如公路交叉点、湖边缘、海岸线弯曲处、桥梁等能准确定位的特征点，并且控制点在整幅图像上尽可能均匀地分布，保证几何纠正的精度。

（3）将各像元的坐标代入多项式进行计算，求得纠正后的坐标。像元坐标的变换是将图像坐标转变为地图或地面坐标，有直接法和间接法两种。直接法是从原始图像阵列出发，按行列的顺序依次对每个原始像素点位求其在地面坐标系中的准确位置。而间接法是从空白的输出图像阵列出发，也是按行列的顺序依次对每个输出像素点位反求原始图像坐标中的位置。

（4）像元灰度重采样。重采样方法有 3 种：一是最近邻法，是用与像元点最近的像元灰度值作为该像元的值，方法简单易用但处理后的亮度具有不连续性；二是双线性内插法，它是采用离像元点最近的四个像元的值作内插，精度虽明显提高但计算量增加，使对比明显的分界线变模糊；三是三次卷积内插法，这是基于计算点周围相邻的 16 个点进行内插，校正后图像质量更好且细节表现更清楚但计算量很大。

（5）结果精度评定。有两种方法：一种是定量方法，这种方法是在纠正后的图像上进行选点，和参考图的对应点比较，进行误差分析；另外一种是定性方法，是将纠正后的图像与参考图叠加起来显示，看看地物是否重叠或偏移。

### 2.2.2 遥感图像自动配准

遥感图像处理中常需要对多源遥感数据进行比较和分析，如图像融合、变化检测和地图修正等，这些都要求多源图像间保证在空间几何位置上是一致的。这些多源图像包括相同传感器不同时间的图像、不同传感器同一地区的图像以及不同时段的图像等，它们一般存在一定的几何差异和辐射差异。图像配准的实质就是遥感图像的几何校正，根据图像的几何畸变特点，采用一种几何变换将图像归化到统一的坐标系中。图像之间的配准一般有两种方式：

（1）图像间的匹配，即以多源图像中的一幅图像为参考图像，其他图像与之配准，其坐标系是任意的；

（2）绝对配准，即选择某个地图坐标系，将多源图像变换到这个地图坐标系后实现坐标系的统一。

图像配准通常采用多项式纠正法，直接用一个适当的多项式来模拟两幅图像间的相互变形。配准的过程分为两步：

（1）多源图像通过图像相关的方法自动获取分布均匀、足够数量的图像同名点；

（2）通过所选择的图像同名点解算几何变换的多项式系数，纠正变换后完成一幅图像对另一幅图像的几何配准。

## 2.3 实验操作

软件平台：ENVI 5.3。

实验数据：\ 实验 2 \ MODIS 影像；

\ 实验 2 \ Landsat_ OLI 影像；

\ 实验 2 \ HJ-1B 影像。

### 2.3.1 自带定位信息的几何校正

下面所要介绍的是 MODIS 数据的几何校正，其详细操作过程如下。

（1）打开数据文件。MODIS 数据是以 HDF 格式保存，HDF 的全称为层次式文件格式。HDF 文件格式是一种具有自我描述性、可扩展性、自我组织性的可用于绝大多数科学研究的存储格式。

ENVI 支持 MODIS 的 MOD02 ~ MOD44 和 MYD02 ~ MYD44 产品，在主界面中选择 File Open AS Optical Sensors EOS MODIS，选择 \ 实验 2 \ MODIS 影像打开 250M 分辨率的 MODIS 文件“MOD02QKM. A2014001. 0300. 006. 2014001133600. hdf”。

ENVI 自动提取出头文件信息，包括地理参考信息和传感器定标参数等信息，并将图像波段加载到 Data Manager 中（见图 2-2）。

（2）选择校正模型。在 Toolbox 工具箱中，双击 Geometric Correction Georeference by Sensor Georeference MODIS 工具，在 Input MODIS File 对话框中单击文件名，可以在右边列表中查看文件信息，选择需要校正的文件，单击 OK 按钮，进入下一步 Georeference

MODIS Parameters 对话框，如图 2-3 所示。

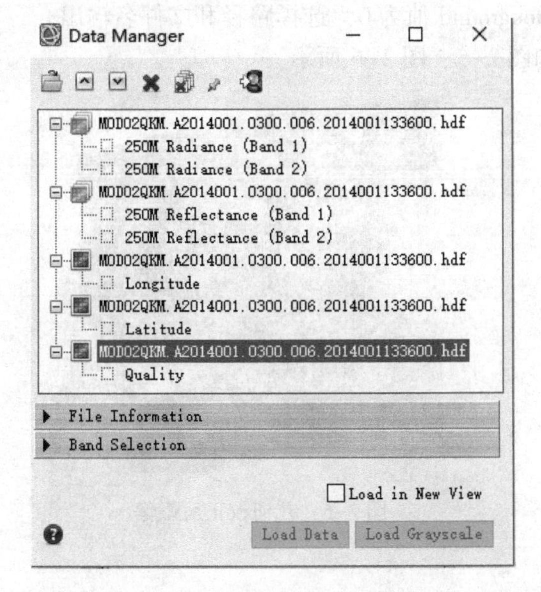


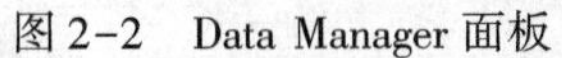

图 2-2　Data Manager 面板

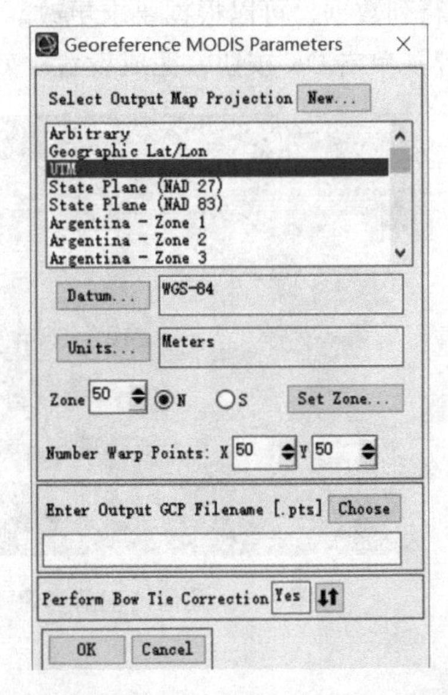


图 2-3　Georeference MODIS Parameters 对话框

（3）设置输出参数。

1）在 Georeference MODIS Parameters 对话框中设置合适的基准、坐标投影、投影带。

2）在 Number Warp Points：X and Y fields 选择中，设置 X、Y 方向校正点的数量，允许校正点的最大数量取决于影像大小和产品类型。

3）可以将校正点导出成控制点文件（.pts），在 Enter Out GCP Filename 选项中单击 Choose 按钮，选择输出路径及文件名。

4）Perform Bow Tie Correction 选项是用来消除 MODIS 的“蝴蝶结效应”的，默认设置为“YES”。

5）设置结束点击 OK 按钮，进入 Registration Parameters 对话框（见图 2-4）。

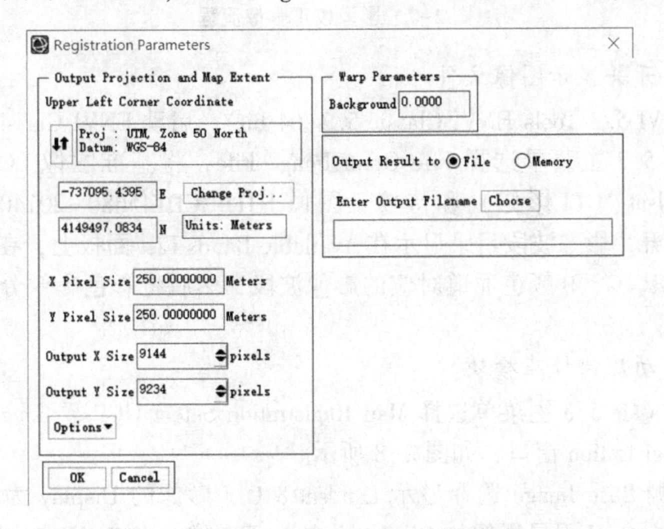


图 2-4　Registration Parameters 对话框

6）在 Registration Parameters 对话框中，系统自动计算起始点的坐标值、像元大小、图像行列数据，可以根据要求更改。设置 Background 值为 0，选择路径和文件名输出。

7）单击 OK 按钮，完成设置。效果图如图 2-5、图 2-6 所示。

图 2-5　几何校正前影像

图 2-6　几何校正后影像

### 2.3.2　Image to Image 几何校正

影像校正影像的流程如图 2-7 所示。本实验以 Landsat-8 OLI 30m 图像为基准，校正环境卫星 HJ1B-CCD 30m 图像，文件都以 ENVI 标准栅格格式存储。

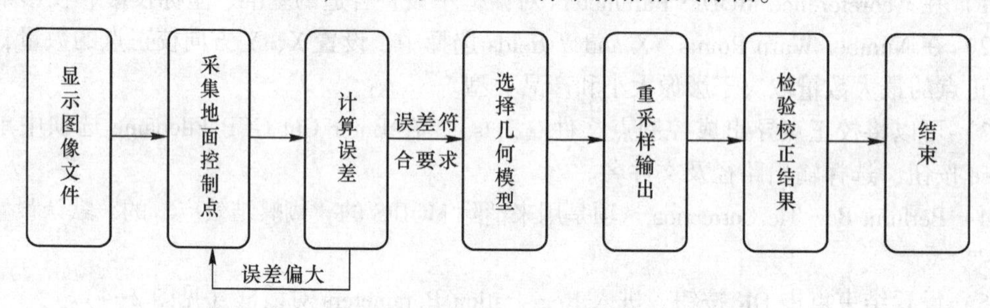


图 2-7　影像校正影像流程

2.3.2.1　打开并显示图像文件

选择开始 ENVI 5.3 Tools ENVI Classic 5.3(64 bit)，启动 ENVI Classic 5.3(64 bit)。

ENVI Classic 5.3 主菜单选择 File Open Image File，将基准图像 LC81210402013358（\ 实验 2 \ Landsat_ OLI 影像）和待校正图像 HJ1BCCD145680-20140201（\ 实验 2 \ HJ-1B 影像）打开，影像波段目录显示在 Available Bands List 面板上，在面板上点击 RGB Color，依次选择 R、G、B 颜色通道对应的影像波段，然后将彩色影像分别加载显示在不同的 Display 窗口。

2.3.2.2　启动几何校正模块

（1）ENVI Classic 5.3 主菜单选择 Map Registration Select GCPs：Image to Image，打开 Image to Image Registration 窗口，如图 2-8 所示。

（2）窗口左侧 Base Image 选择显示 Landsat 8 OLI 影像的 Display 为基准图像，右侧 Warp Image 选择显示 HJ 卫星影像的 Display 为待校正图像，点击 OK 按钮，进入采集地面

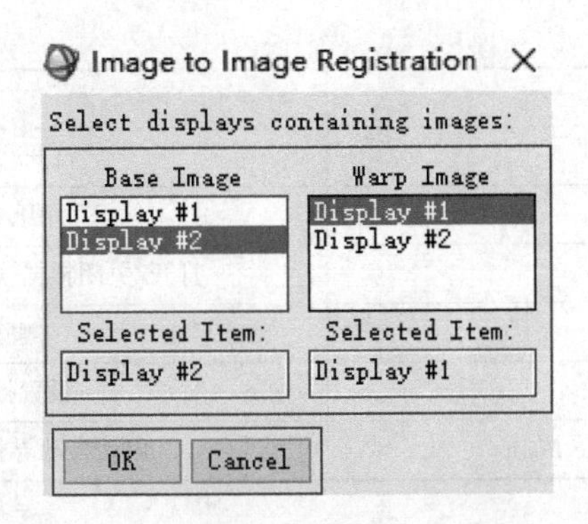


图 2-8 选择基准影像和校正影像

控制点（注意：此步影像不能选反）。

### 2.3.2.3 采集地面控制点

#### A 控制点采集工具对话框

地面控制点采集工具对话框（见图 2-9），由菜单条、功能按钮和文本选择框以及标签组成。菜单条中的菜单命令及其功能如表 2-1 所示，其他功能按钮和文本选择框以及标签功能如表 2-2 所示。

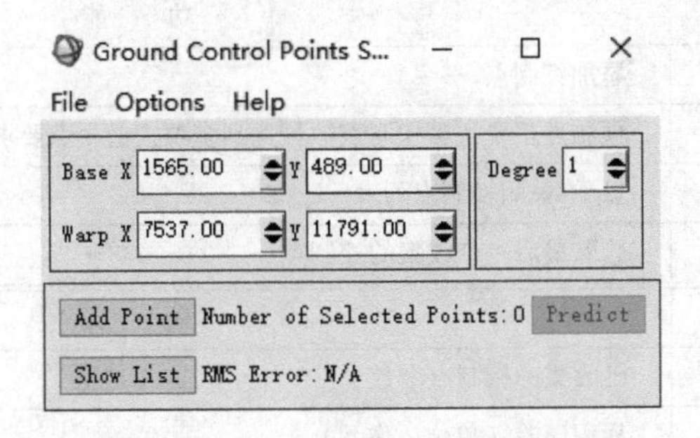


图 2-9 地面控制点工具对话框

表 2-1 菜单命令及功能

| 菜单命令 | 功 能 |
| --- | --- |
| File | 文件 |
| Save GCPs to ASCII | 保存 GCP 为 ASCII 文件 |
| Save Coefficients to ASCII | 保存多项式系数到 ASCII 文件 |
| Restore GCPs from ASCII | 从 ASCII 文件中打开 GCPs |
| Option | 选项 |
| Warp Displayed Band | 校正当前显示的波段 |
| Warp File | 校正整个文件 |
| Warp Displayed Band（as image to map） | 校正当前显示的波段 |
| Warp File（as Image Map） | 校正整个文件 |
| Reverse Base/Warp | 反转基准图像/待校正图像 |
| 1st Degree（RST Only） | 选择使用 RST 模型 |

续表 2-1

| 菜单命令 | 功 能 |
|---|---|
| Auto Predict | 打开/关闭自动预测点 |
| Label Points | 打开/关闭 GCP 标签 |
| Order Point by Error | 打开/关闭根据误差从大到小对 GCPs 排序 |
| Clear All Points | 删除所有控制点 |
| Set Point Colors | 设置控制点标示颜色 |
| Automatically Generate Tie Points | 启动自动寻找同名点（Tie）功能 |

**表 2-2 其他功能按钮及功能**

| 选择文本框 | 功 能 |
|---|---|
| Base X | 基准图像上的 Zoom 显示窗口十字光标的 X 像素坐标（列数） |
| Base Y | 基准图像上的 Zoom 显示窗口十字光标的 Y 像素坐标（行数） |
| Warp X | 待校正图像上的 Zoom 显示窗口十字光标的 X 像素坐标（列数） |
| Warp Y | 待校正图像上的 Zoom 显示窗口十字光标的 Y 像素坐标（行数） |
| Degree | 预测控制点、计算误差（RMS）多项式次数 |
| **按 钮** | **功 能** |
| Add Point | 添加控制点 |
| Predict | 预测点位置，当控制点数量达到多项式最少点要求时可用 |
| Show/Hide List | 显示/关闭控制点列表 |
| Delete Last Point | 删除最后一个收集的控制点 |
| **标 签** | **意 义** |
| Number of Selected Point | 已收集的控制点个数 |
| RMS Error | 累积误差（单位：像元） |

在地面控制点选择对话框中，单击 Show List 打开控制点列表（见图 2-10），列表上的各个字段及含义见表 2-3。

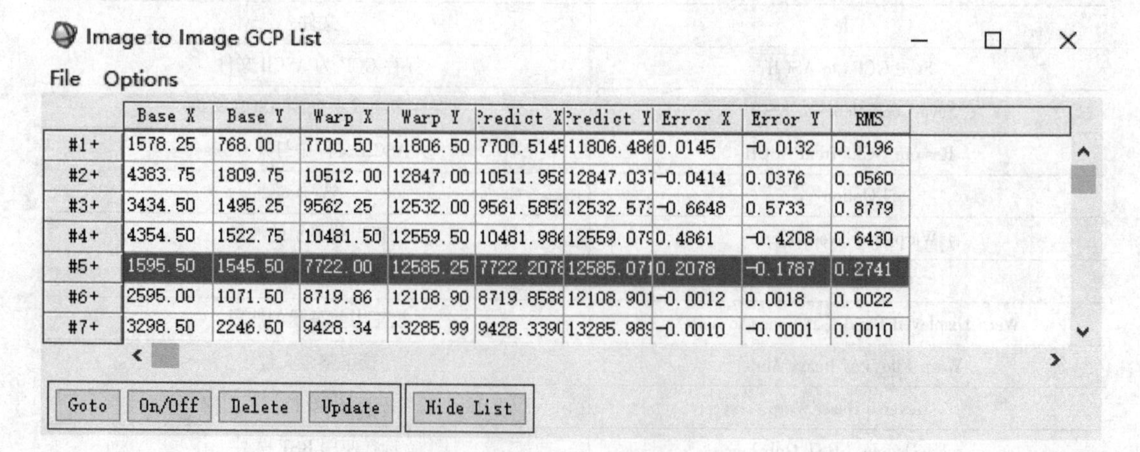


图 2-10 控制点列表

表 2-3 GCP 数据表字段及其含义

| 字 段 | 含 义 |
|---|---|
| Base X | GCP 对应基准图像 X 像素坐标 |
| Base Y | GCP 对应基准图像 Y 像素坐标 |
| Warp X | GCP 对应待校正图像 X 像素坐标 |
| Warp Y | GCP 对应待校正图像 Y 像素坐标 |
| Predict X | 预测 GCP 对应的待校正图像 X 像素坐标 |
| Predict Y | 预测 GCP 对应的待校正图像 Y 像素坐标 |
| Error X | GCP 的 X 坐标误差 |
| Error Y | GCP 的 Y 坐标误差 |
| RMS | GCP 的 X、Y 总误差 |

另外还有 5 个功能按钮。

（1）Goto：要将缩放窗口定位到任何所选的 GCPs 处，在 GCP 列表中，选择所需的 GCPs，然后单击 Goto 按钮。

（2）On/Off：开启或关闭 GCP。

（3）Delete：删除选择的 GCP。

（4）Update：交互式更新 GCP 的位置。在 GCP 列表中，选择要更新位置的 GCP。在基准图像与校正图像中重新定位缩放窗口。在 GCP 列表中，单击 Update 按钮，在 GCP 列表和两幅图像中，所选 GCP 位置将被新的 GCP 位置代替。

（5）Hide List：隐藏 GCP 列表。

B 地面控制点采集过程

在图像几何校正过程中，采集地面控制点是一项重要和繁重的工作，直接影响最后的校正结果，具体过程如下。

（1）在 Ground Control Points Selection 对话框中，选择 Options Point Colors，修改 GCP 在可用和不可用状态的颜色。

（2）在两个 Display 中移动方框位置，寻找有明显特征的地物区域放入红色方框内。

（3）在 Zoom 窗口中，点击左下角第 3 个按钮，打开定位十字光标，将两个窗口的十字光标移到相同地物点上。

（4）在 Ground Control Points Selection 上，单击 Add Point 按钮，将当前找到的点收集。

（5）用同样的方法继续寻找其余的点，当选择控制点的数量达到 3 时，RMS 被自动计算、显示，如图 2-11 所示。Ground Control Points Selection 上的 Predict 按钮可用，这时

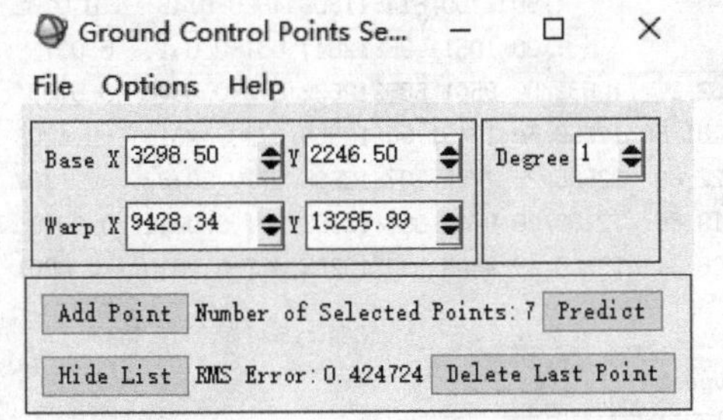


图 2-11 RMS Error

在基准图像显示窗口上面定位一个特征点，单击 Predict 按钮校正图像，显示窗口上会自动预测区域。适当调整下位置，单击 Add Point 按钮，将当前找到的点收集。随着控制点数量的增多，预测点的精度越来越精确。

（6）选择 Options Auto Predict，打开自动预测功能，这时在基准图像显示窗口上面定位一个特征点时，校正图像显示窗口上会自动预测。

（7）当选择一定数量的控制点之后（至少3个），可以利用自动找点功能。在 Ground Control Points Selection 上，选择 Options Automatically Generate Points，选择一个匹配波段，如选择信息量多 Band 5，单击 OK 按钮。

（8）在 Automatic Tie Point Method Parameters 对话框中，设置 Tie 点的数量（Number of Tie Points）：60；其他选择默认参数，点击 OK 按钮。如图2-12所示。

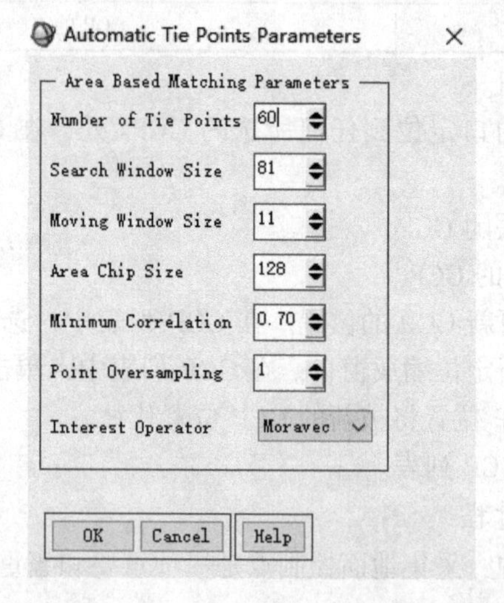


图2-12　Tie 点选择参数设置

（9）在 Ground Control Points Selection 上，单击 Show List 按钮，可以看到选择的所有控制点列表，如图2-10所示。

（10）选择 Image to Image GCP List 上的 Options 中 Order Points by Error，按照 RMS 值由高到低排序，如图2-13所示。

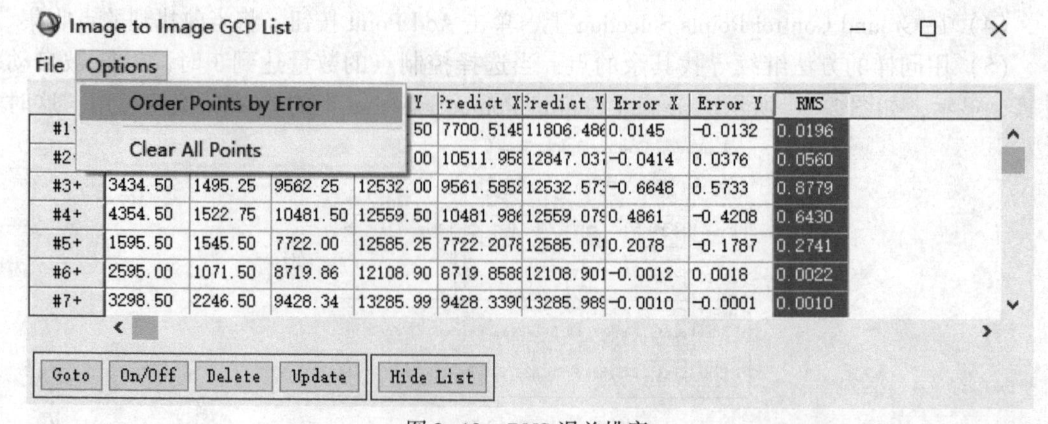


图2-13　RMS 误差排序

（11）对于 RMS 过高，有两种处理方式：一是按 Delete 按钮直接选择此行；二是在两个图像的 Zoom 窗口上，将十字光标重新定位到正确的位置，点击 Image to Image GCP List 上的 Update 按钮进行微调。

（12）在 Ground Control Points Selection 上，RMS 值小于 1 个像素时，点的数量足够且分布均匀，完成控制点的选择。

（13）在 Ground Control Points Selection 上，选择 File Save GCPs to ASCII，将控制点保存。

2.3.2.4 选择校正参数输出结果

有两种输出方式：Warp File 和 Warp File（as Image to Map）。

（1）Warp File。

1）在 Ground Control Points Selection 对话框中，选择 Options Warp File，选择待校正文件（本实验是 HJ 卫星影像文件）。

2）在 Registration Parameters 面板中（见图 2-14），校正方法选择多项式（2 次）。

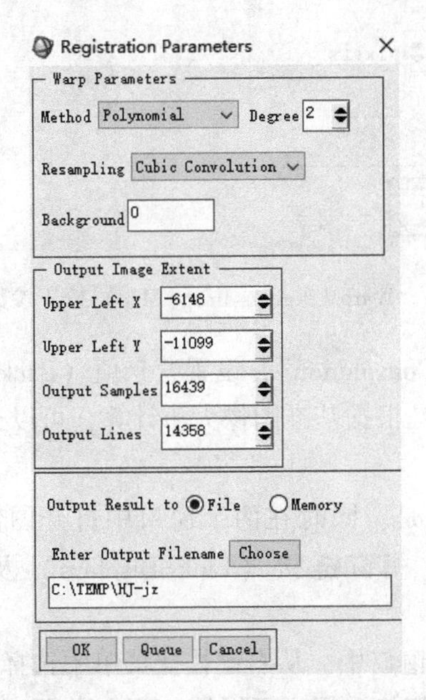


图 2-14 Warp File 校正参数设置

3）重采样选择“Cublic Convolution”，设置背景值（Background）为 0。

4）输出图像范围（Output Image Extent）：默认是根据基准图像大小计算，可以适当调整。

5）选择输出路径及文件名，单击 OK 按钮。

（2）Warp File（as Image Map）。

1）在 Ground Control Points Selection 对话框中，选择 Options Warp File（as Image to Map），选择待校正文件。

2）在 Registration Parameters 面板中（见图 2-15），默认设置投影参数和像元大小与基准图像一致。投影参数不变，X 和 Y 的像元大小自动检测，检测为 30m，图像输出大小自动更改。

3）校正方法选择多项式（2 次）。

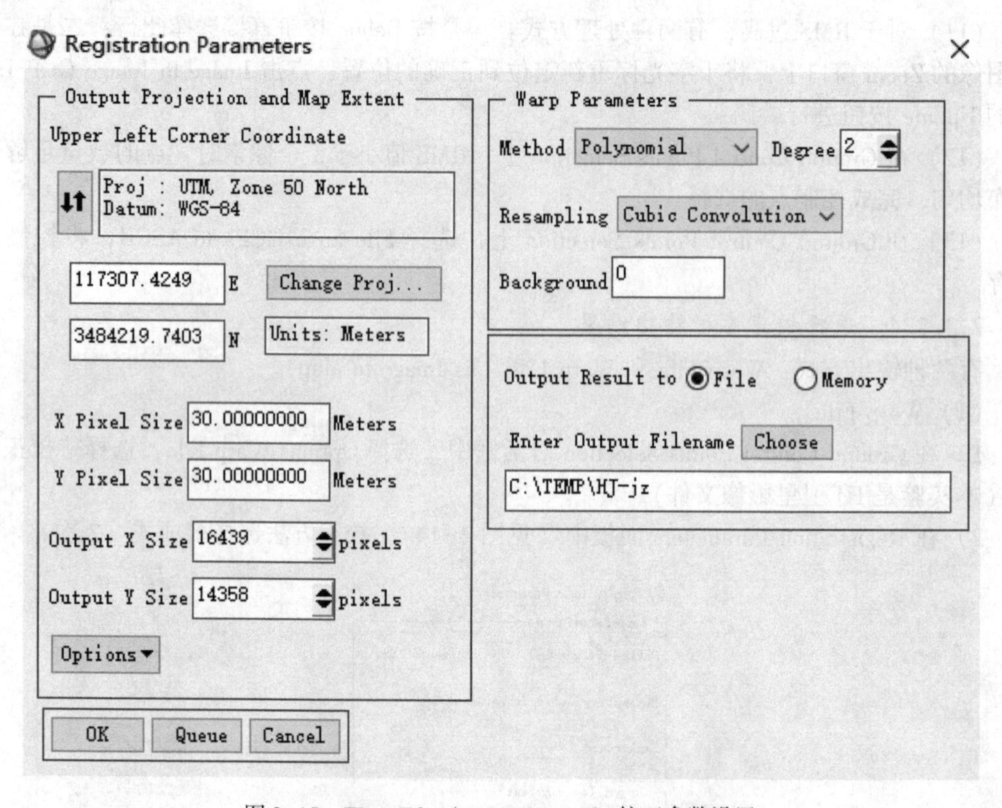


图 2-15 Warp File（as Image Map）校正参数设置

4）重采样选择“Cublic Convolution”，设置背景值（Background）为 0。

5）输出图像范围：默认是根据基准图像大小计算，可以进行适当调整。

2.3.2.5 检验校正结果

检验校正结果的基本方法是：同时在两个窗口中打开图像，其中一幅是校正后的图像，一幅是基准图像，通过视窗链接（Link Displays）及十字光标或者地理链接（Geographic Link）进行关联。

在显示校正结果的 Image 窗口中，从右键快捷菜单中选择 Geographic Link 命令（见图 2-16），在 Geographic Link 中切换选择需要链接的两个影像 Display 窗口（见图 2-17），点击 OK，打开十字交叉线进行查看，对比结果如图 2-18 所示。

图 2-16 地理链接工具

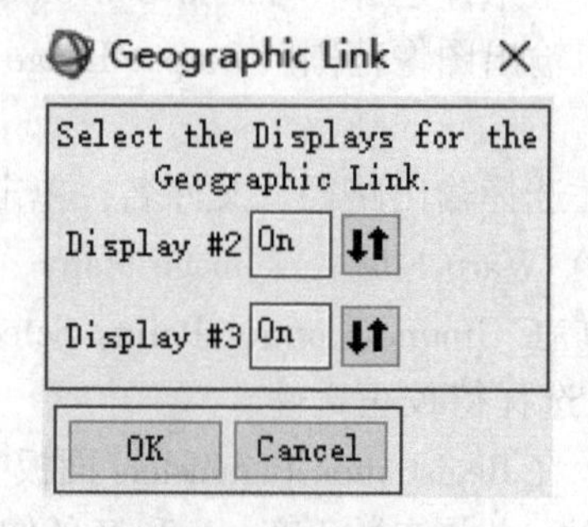


图 2-17 选择显示图像

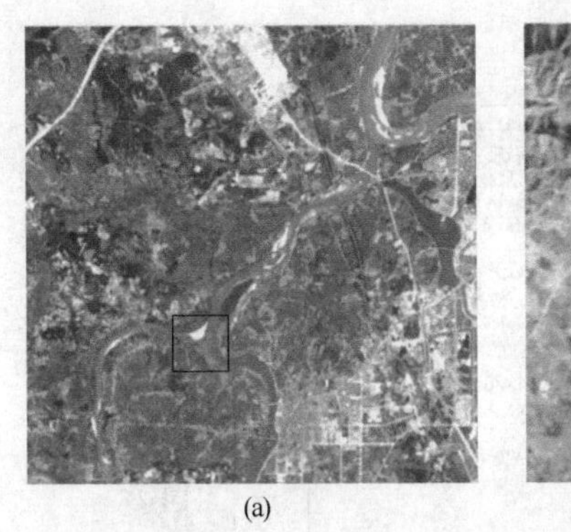
(a)

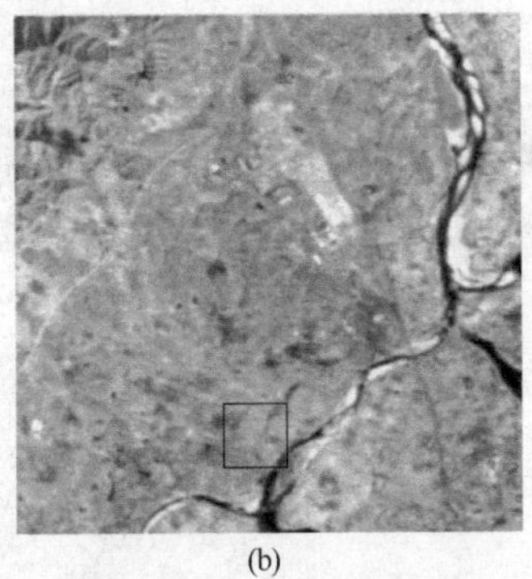
(b)

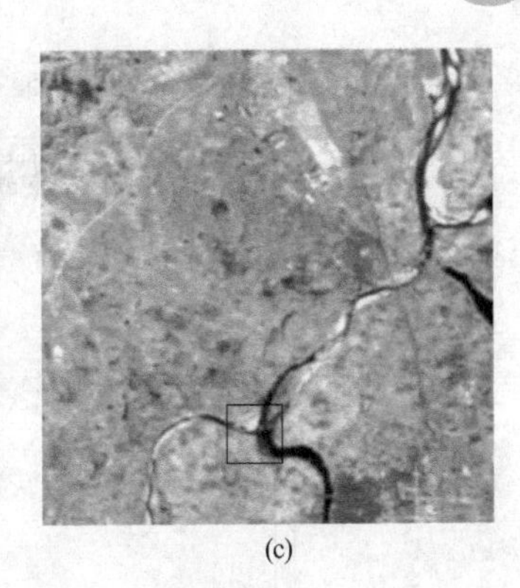
(c)

图 2-18 检验校正结果
(a) 基准影像；(b) 待校正影像；(c) 校正后影像

### 2.3.3 多源数据自动配准

ENVI 提供图像自动配准，该工具能够自动产生匹配点，实现图像快速配准。本实验介绍图像自动配准工具的操作过程，数据为带有几何参考信息的 Landsat 8 OLI 数据和待校正影像 HJ-1B 影像。

选择开始 ENVI5.3 ENVI5.3(64 bit)，启动 ENVI5.3(64 bit)。

2.3.3.1 打开并显示图像文件

选择主菜单 File Open，选择实验 2 目录中的 Landsat、HJ-1B 影像打开，两幅影像都进行 2% 的拉伸处理。

2.3.3.2 启动几何校正模块

(1) 启动几何校正模块，在 ENVI 主界面选择 Toolbox 工具箱中的 Geometric→Correction→Registration→Registration：Image to Image 工具，打开几何校正模块。

(2) 打开面板，选择 Landsat 文件为基准图像（Base Image）（见图 2-19），单击 OK 按钮选择 HJ-1B 作为待校正图像（Warp Image）（见图 2-20）。

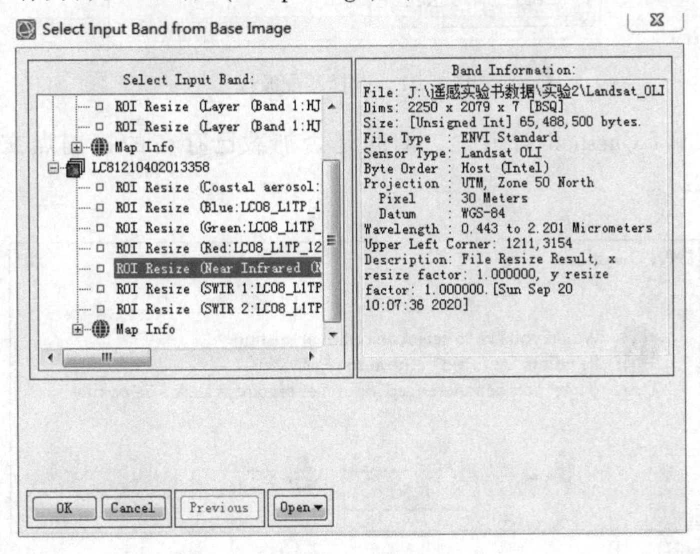


图 2-19 选择基准影像

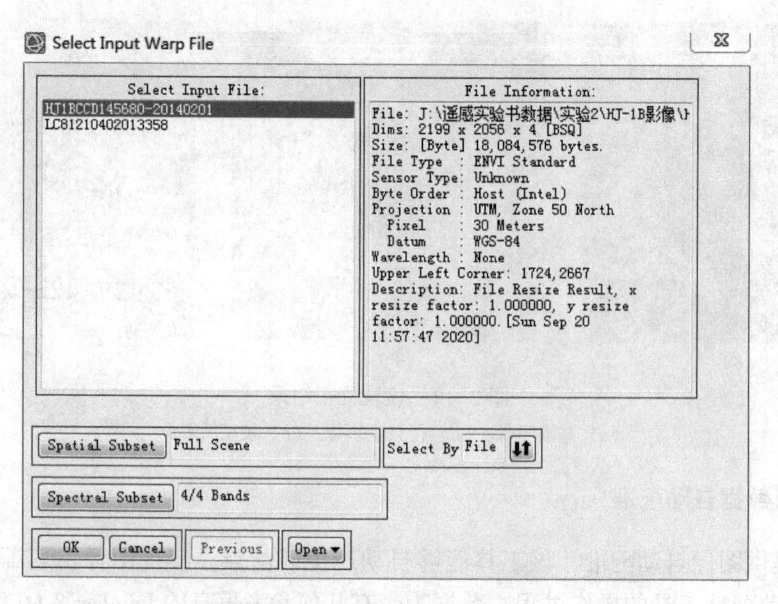


图 2-20　选择待校正影像

（3）选择好待校正影像单击 OK 按钮，进入到 Warp Band Matching Choice 界面，选择与基准影像配合的波段，这里选择的是 Band 1（见图 2-21）。

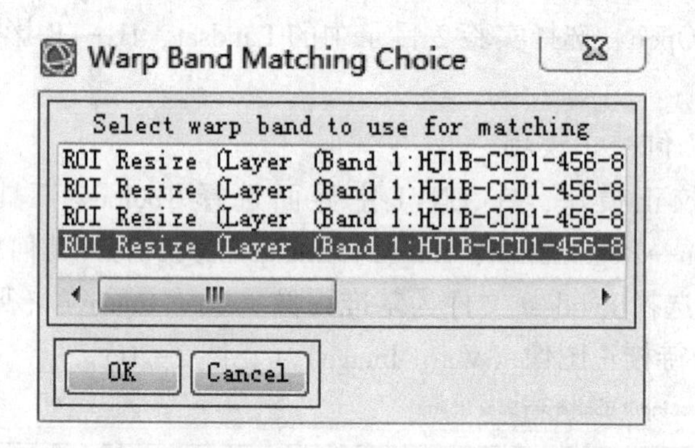


图 2-21　选择匹配波段

（4）弹出 ENVI Question 对话框，询问是否加载已存在的控制点文件，这里选择“否”（见图 2-22）。

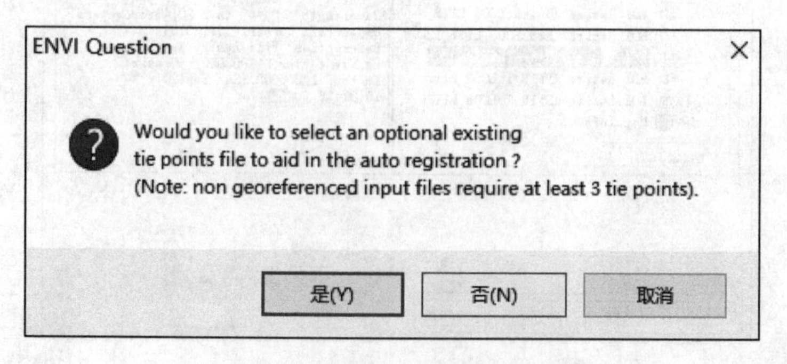


图 2-22　加载控制点文件面板

#### 2.3.3.3 采集地面控制点

（1）打开 Automatic Registration Parameters 对话框，设置控制点数量（Number of Tie Points）：60，其他选择默认参数，单击 OK 按钮（见图 2-23）。

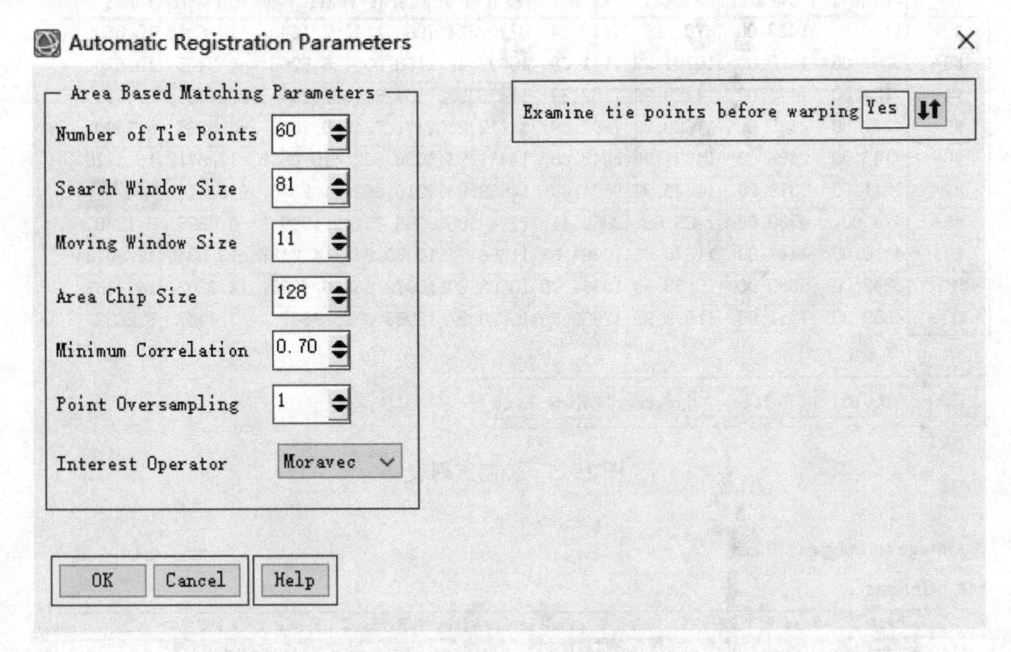


图 2-23　控制点选择参数设置

（2）弹出 Ground Control Points Selection 面板和 Image to Image GCP List 列表（见图 2-24、图 2-25），其功能介绍见表 2-1～表 2-3。

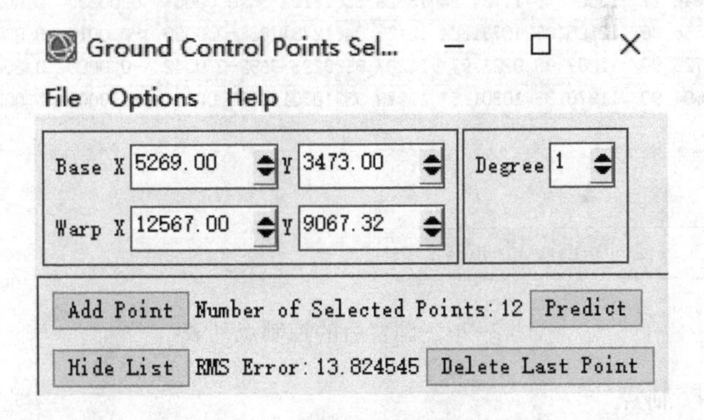


图 2-24　地面控制点选择对话框

（3）如果自动生成的控制点误差过大，则需要人工调整。可以用两种操作方法：一是选择此行并按 Delete 按钮直接删除；二是在列表中选择误差较大的控制点，在两个图像的 ZOOM 窗口，将十字光标重新定位到正确的位置，单击 Image to Image GCP List 上的 Update 按钮进行更新。理想情况是使 RMS 误差的范围在 0～1 之间。如图 2-26 所示。

（4）选择 Image to Image GCP List 上的 Options Order Points by Error。按照 RMS 值由高到低排序，检查控制点精度。

（5）如控制点符合要求，在 Ground Control Points Selection 对话框中，选择 File Save

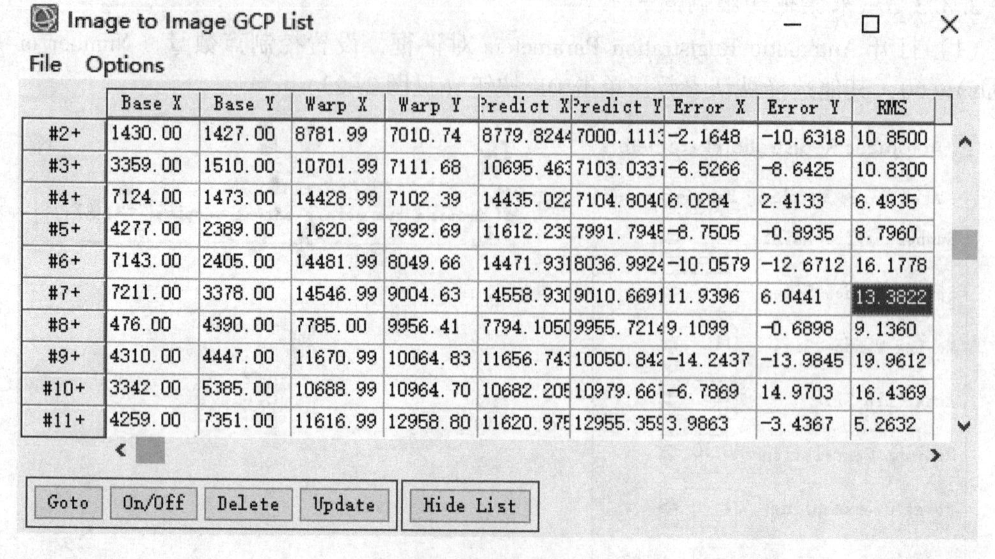

Image to Image GCP List

File　Options

| | Base X | Base Y | Warp X | Warp Y | Predict X | Predict Y | Error X | Error Y | RMS |
|---|---|---|---|---|---|---|---|---|---|
| #2+ | 1430.00 | 1427.00 | 8781.99 | 7010.74 | 8779.8244 | 7000.1113 | -2.1648 | -10.6318 | 10.8500 |
| #3+ | 3359.00 | 1510.00 | 10701.99 | 7111.68 | 10695.463 | 7103.0337 | -6.5266 | -8.6425 | 10.8300 |
| #4+ | 7124.00 | 1473.00 | 14428.99 | 7102.39 | 14435.022 | 7104.8040 | 6.0284 | 2.4133 | 6.4935 |
| #5+ | 4277.00 | 2389.00 | 11620.99 | 7992.69 | 11612.239 | 7991.7945 | -8.7505 | -0.8935 | 8.7960 |
| #6+ | 7143.00 | 2405.00 | 14481.99 | 8049.66 | 14471.931 | 8036.9924 | -10.0579 | -12.6712 | 16.1778 |
| #7+ | 7211.00 | 3378.00 | 14546.99 | 9004.63 | 14558.930 | 9010.6691 | 11.9396 | 6.0441 | 13.3822 |
| #8+ | 476.00 | 4390.00 | 7785.00 | 9956.41 | 7794.1050 | 9955.7214 | 9.1099 | -0.6898 | 9.1360 |
| #9+ | 4310.00 | 4447.00 | 11670.99 | 10064.83 | 11656.743 | 10050.842 | -14.2437 | -13.9845 | 19.9612 |
| #10+ | 3342.00 | 5385.00 | 10688.99 | 10964.70 | 10682.205 | 10979.667 | -6.7869 | 14.9703 | 16.4369 |
| #11+ | 4259.00 | 7351.00 | 11616.99 | 12958.80 | 11620.975 | 12955.359 | 3.9863 | -3.4367 | 5.2632 |

Goto　On/Off　Delete　Update　Hide List

图 2-25　控制点列表

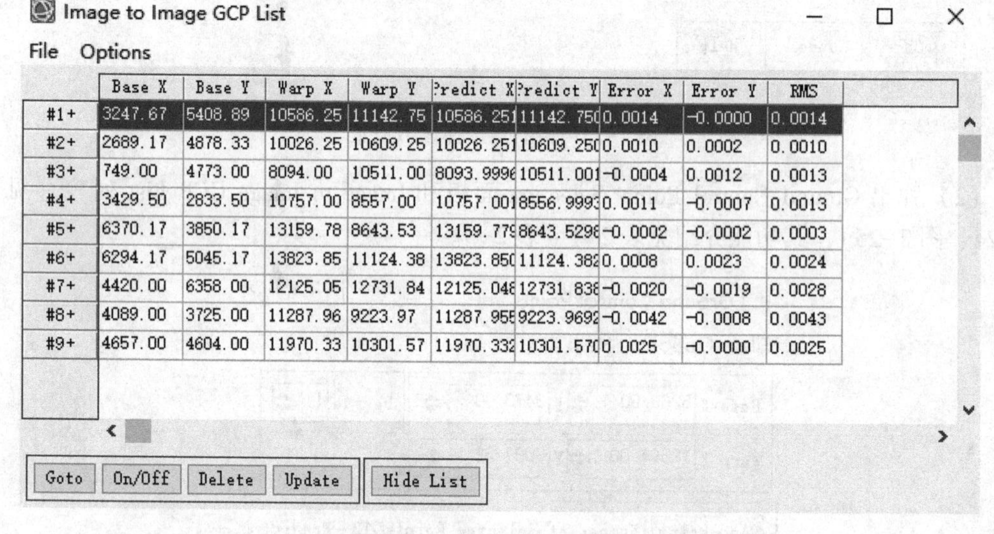

Image to Image GCP List

File　Options

| | Base X | Base Y | Warp X | Warp Y | Predict X | Predict Y | Error X | Error Y | RMS |
|---|---|---|---|---|---|---|---|---|---|
| #1+ | 3247.67 | 5408.89 | 10586.25 | 11142.75 | 10586.251 | 11142.750 | 0.0014 | -0.0000 | 0.0014 |
| #2+ | 2689.17 | 4878.33 | 10026.25 | 10609.25 | 10026.251 | 10609.250 | 0.0010 | 0.0002 | 0.0010 |
| #3+ | 749.00 | 4773.00 | 8094.00 | 10511.00 | 8093.9996 | 10511.001 | -0.0004 | 0.0012 | 0.0013 |
| #4+ | 3429.50 | 2833.50 | 10757.00 | 8557.00 | 10757.001 | 8556.9993 | 0.0011 | -0.0007 | 0.0013 |
| #5+ | 6370.17 | 3850.17 | 13159.78 | 8643.53 | 13159.779 | 8643.5298 | -0.0002 | -0.0002 | 0.0003 |
| #6+ | 6294.17 | 5045.17 | 13823.85 | 11124.38 | 13823.850 | 11124.382 | 0.0008 | 0.0023 | 0.0024 |
| #7+ | 4420.00 | 6358.00 | 12125.05 | 12731.84 | 12125.048 | 12731.838 | -0.0020 | -0.0019 | 0.0028 |
| #8+ | 4089.00 | 3725.00 | 11287.96 | 9223.97 | 11287.955 | 9223.9692 | -0.0042 | -0.0008 | 0.0043 |
| #9+ | 4657.00 | 4604.00 | 11970.33 | 10301.57 | 11970.332 | 10301.570 | 0.0025 | -0.0000 | 0.0025 |

Goto　On/Off　Delete　Update　Hide List

图 2-26　调整后的控制点列表

GCPs to ASCII 保存控制点。

#### 2.3.3.4　选择校正参数输出结果

有两种输出方式：Warp File 和 Warp File(as Image Map)，在 Ground Control Points Selection 上，选择 Option Warp File，选择校正文件（HJ 文件）。输出参数与第 2.3.2 小节中的“Warp File(as Image Map)”类似。参数设置如图 2-27 所示。

#### 2.3.3.5　校验校正结果

检验校正结果的基本方法是：同时将基准图像和校正结果图像显示在视窗中，单击工具图标打开透视（Portal）窗口，通过鼠标移动透视窗口检验图像的校正效果。校正前后对比如图 2-28 所示。

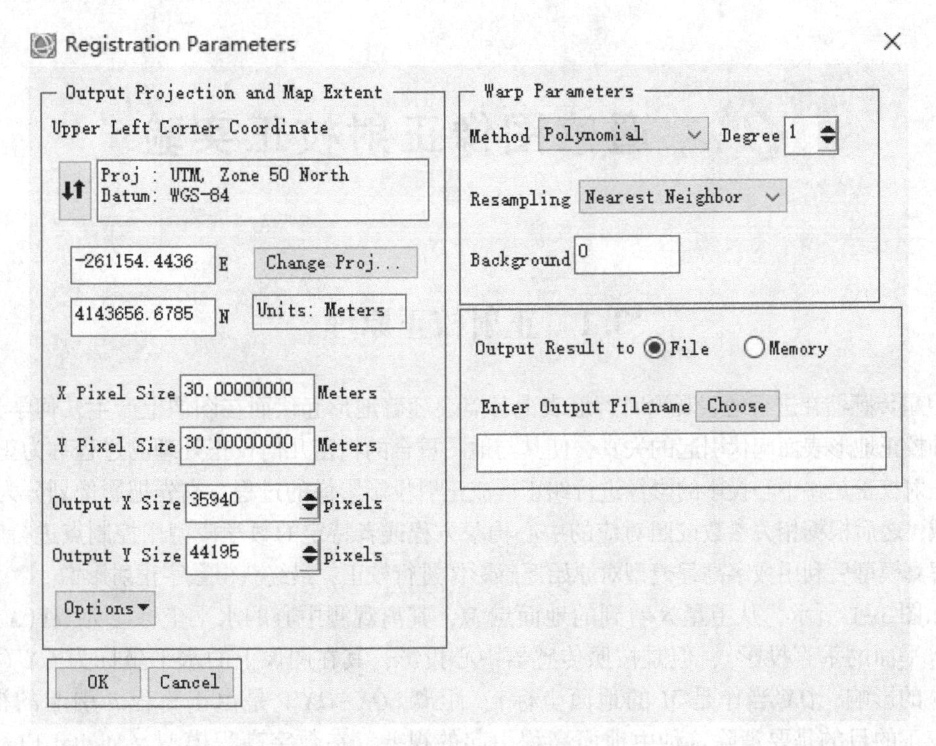


图 2-27 校正参数设置

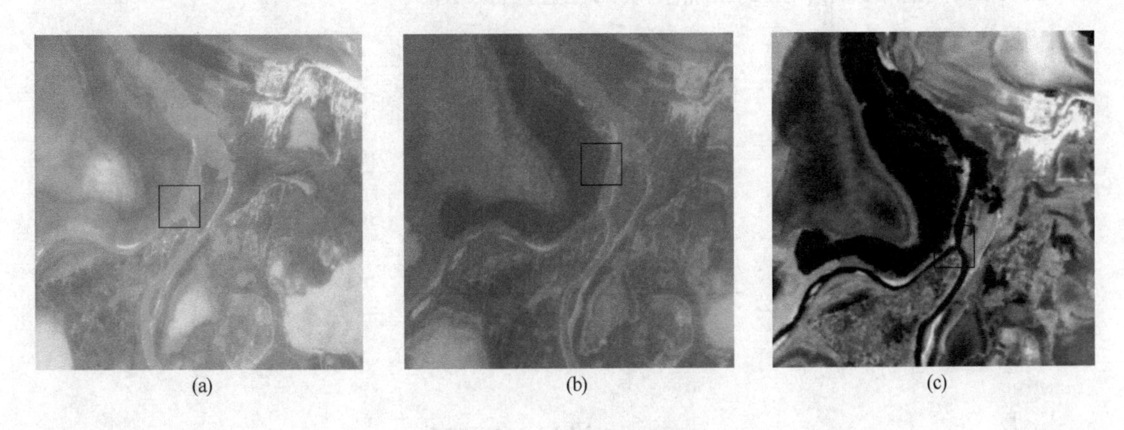


图 2-28 校验校正结果

（a）基准影像；（b）校正前影像；（c）校正后影像

# 3 遥感图像正射校正实验

## 3.1 正射校正原理

卫星传感器在进行地表观测时，地表上各点会随着地形起伏而在图像上产生几何学失真。把这种校正地形表面起伏引起的失真，使其与地图重合的精密几何校正处理的过程称为正射校正。正射校正是将中心投影的影像进行纠正形成正射投影影像的过程，它先把影像划分为许多小区域，之后根据相关参数按照对应的中心构象方程或者特定的数学模型用控制点进行解算，得到解算模型后利用数字高程模型对原始遥感影像进行校正，最终获得数字正射影像。

如图 3-1 所示，从卫星 $S$ 看到的地面点 $M$，其离观测中心的水平坐标应为 $OX$($X$ 为 $M$ 点在水平面的垂直投影)，但是按照传感器中心投影，其在图像上的水平坐标为 $OX'$(由于高程 $h$ 的影响，$OX'$当作是 $M$ 的地面坐标)，距离 $|OX-OX'|$ 是由于高程 $h$ 引起的视差。正射校正的目的是要消除这种由地面高程引起的视差，在数字高程模型（Digital Elevation Model，DEM）的帮助下，得到 $M$ 点正确的位置坐标 $OX$。

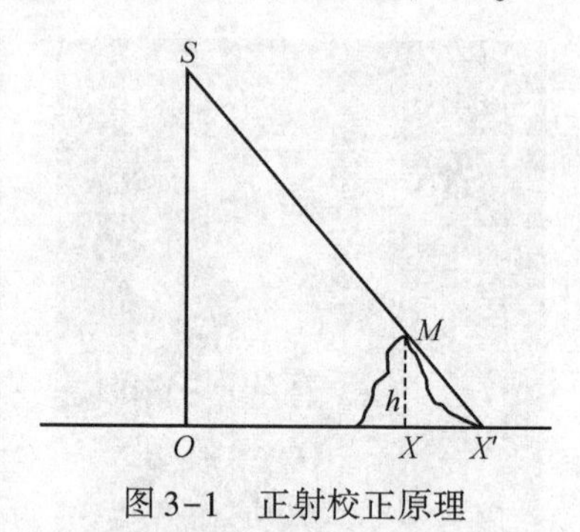


图 3-1　正射校正原理

## 3.2 正射校正方法

正射校正可以选择的方法很多，主要包括严格物理模型和通用经验模型两种。严格物理模型以共线方程为代表，但是为获得较高的精度需要已知传感器的轨道参数和姿态参数等等；经验模型应用灵活，只要有足够数量的控制点就可以获得正射影像，但是其精度往往受到地形和控制点的限制。目前最主要的正射影像制作基于立体像对的数字摄影测量方法，但立体像对遥感影像获取不易、成本较高，而且需要一定数量的控制点。本节介绍几种常见的正射校正算法。

### 3.2.1 共线方程模型

共线方程是摄影测量里最基本的公式，是研究最多和使用最广的空间几何模型。共线方程是建立在对传感器成像时的位置和姿态进行模拟和解算的基础上的。由于其严格给出了成像瞬间物方空间和像方空间的几何对应关系，所以其几何校正精度认为是最高的。共线方程模型的应用分两种情况：轨道参数及姿态参数已知和未知。现在的商业软件中基本拥有以此为基础实现各种来源的遥感影像纠正功能。目前对共线方程的研究主要是关于其解算结果并非最优问题。

### 3.2.2 基于仿射变换的严格几何模型

高分辨率卫星传感器的突出特征是长焦距和窄视场角，大量实验证明，这种成像几何关系如果用共线方程来描述将导致定向参数之间存在很强的相关性，从而影响定向的精度和稳定性。Okmamoto 提出了一种基于仿射投影模型的方法，Hatlori 与 Ono 进一步研究与应用了该模型。

二维仿射变换成像模型可用式（3-1）表示：

$$\begin{cases} x = A_1X + A_2Y + A_3Z + A_4 \\ \dfrac{f + \Delta Z/(m\cos\omega)}{f - y\tan\omega}y = A_5X + A_6Y + A_7Z + A_8 \end{cases} \tag{3-1}$$

式中，$x$、$y$ 为像点坐标；$X$、$Y$、$Z$ 为地面点坐标；$A_1 \sim A_8$ 为待求解系数；$f$ 为相机焦距；$\omega$ 为传感器绕飞行方向的侧视角；$\Delta Z$ 为高程差；$m$ 为缩放系数。其解算可线性化后按最小二乘法迭代求解。

在小视场角内的中心投影近似于平行光投影的假设下，利用仿射模型求解方位参数，可以克服方位参数的相关性。该方法用于较小比例尺地图、精度要求较低的情况下是有效的。

### 3.2.3 改进型多项式模型

改进型多项式的传感器模型是一种简单的通用成像传感器模型，其原理直观明了，并且计算较为简单，特别是对地面相对平坦的情况，具有较好的精度。这种方法的基本思想回避成像的几何过程，而直接对影像的变形本身进行数学模拟。把遥感图像的总体变形看作是平移、缩放、旋转、偏扭、弯曲，以及更高次的基本变形综合作用的结果。式（3-2）是一个常用的改进型多项式模型。

$$\begin{cases} x = \sum_{i=0}^{m}\sum_{j=0}^{n}\sum_{k=0}^{p} a_{ijk}X^iY^jZ^K \\ y = \sum_{i=0}^{m}\sum_{j=0}^{n}\sum_{k=0}^{p} b_{ijk}X^iY^jZ^K \end{cases} \tag{3-2}$$

式中，$x$、$y$ 为像点坐标；$X$、$Y$、$Z$ 为地面点坐标；$a_{ijk}$ 和 $b_{ijk}$ 为待求解的多项式系数。

这种方法对于不同的传感器模型尽管有不同程度的近似性，但对各种传感器都是普遍适用的。利用多项式的传感器模型进行正射校正，其定位精度与地面控制点的精度、分布和数量及实际地形有关。采用这种模型定向时，在控制点上拟合很好，但在其他点的内插值可能有明显偏离，与相邻控制点不协调，即在某些点处产生振荡现象。对于地形起伏较大的地区，该方法往往得不到满意的结果，特别是当倾斜角较大时，效果更差。

### 3.2.4 有理函数模型

有理函数模型（RFM）在近年来才受到普遍关注，此模型是各种传感器几何模型的一种更广义的表达形式。是对不同的传感器模型更为精确的表达形式，它适用于各类传感器，包括最新的航空和航天传感器。它的缺点是模型解算复杂、运算量大，并且要求控制点数目相对较多；但其优点是由于引入较多定向参数，模拟精度很高。

有理函数模型将像点坐标（$r$，$c$）表示为以相应地面点空间坐标（$X$，$Y$，$Z$）为自变量的多项式的比值。

$$\begin{cases} r_n = \dfrac{P1(X_n,\ Y_n,\ Z_n)}{P2(X_n,\ Y_n,\ Z_n)} \\ c_n = \dfrac{P3(X_n,\ Y_n,\ Z_n)}{P4(X_n,\ Y_n,\ Z_n)} \end{cases} \tag{3-3}$$

式中，（$r_n$，$c_n$）和（$X_n$，$Y_n$，$Z_n$）分别为像素坐标（$r$，$c$）和地面点坐标（$X$，$Y$，$Z$）经平移和缩放后的标准化坐标。多项式中每一项的各个坐标分量 $X$、$Y$、$Z$ 的幂最大不超过 3，每一项各个地面坐标分量的幂的总和也不超过 3。每个多项式形式为

$$P = \sum_{i=0}^{m1}\sum_{j=0}^{m2}\sum_{k=0}^{m3} a_{ijk}X^iY^jZ^k = a_0 + a_1Z + a_2Y + a_3X + a_4ZY + a_5ZX + a_6YX + a_7Z^2 + a_8Y^2 + a_9X^2 + a_{10}ZYX + a_{11}Z^2Y + a_{12}Z^2X + a_{13}ZY^2 + a_{14}Z^2X + a_{15}ZX^2 + a_{16}YX^2 + a_{17}Z^3 + a_{18}Y^3 + a_{19}X^3 \tag{3-4}$$

式中，$a_{ijk}$ 为待求解的多项式系数。

RFM 模型的应用目前主要是在 RPC 系数已知的情况下，大多数商业软件集成了目前主要的高分辨率传感器模型 RPC 参数解算方法。RFM 需要的控制点数目相对较多，而且在解算时对控制点的分布要求均匀分布，否则会导致方程矩阵奇异，迭代求解可能不收敛。

### 3.2.5 神经网络图像校正

遥感图像的正射校正函数是一个非线性、不确定的复杂函数，难以用精确的数学模型来表达。神经网络的一个重要特点就是可以用来模拟逼近任何非线性的复杂对应关系。神经网络方法的思想比较简单：影像几何校正是为了建立起像素的图像坐标（以行列为坐标值）和给定投影和基准后的地图坐标之间的对应关系。在神经网络模型结构中，这种对应关系的实现是依靠调节各层的权值使网络学会训练样本所表达的规律，即对应关系。网络结构的输入层对应给定投影和基准后的控制点坐标，网络结构的输出层对应影像上的控制点坐标（行列值），经过隐层权值和阈值的不断调整达到模型收敛，使最终的网络模型能够最大程度逼近传感器的成像几何模型。

## 3.3 实验操作

软件平台：ENVI Classic 5.3。

实验数据：\ 实验 3 \ GF-1 号影像；

\ 实验 3 \ SPOT4Pan。

### 3.3.1 自带 RPC 参数正射校正

这种正射校正方式主要依靠 RPC 文件和 DEM 数据定位和几何纠正图像，校正精度取决于所提供的 RPC 文件的定位精度和 DEM 分辨率。以下操作在 ENVI Classic 中完成。

（1）在主菜单中，选择 File Open Image File，打开待校正影像数据 GF1 号数据“GF1_WFV1_E115.8_N29.6_20170429_L1A0002333030”，进行数据的读取，在波段列表中可以看到 ENVI 自动识别了相应的 RPC 文件，打开多波段影像或单波段影像。

（2）由于缺少控制点信息，这里采用的是无控制点正射校正功能。在 ENVI 主菜单中，选择 Map→Orthorectification→Generic RPC and RSM→Orthorectify using RPC or RSM。在文件选择对话框中选择文件，点击 OK 弹出 Orthorectification Parameters 面板，如图 3-2 所示。

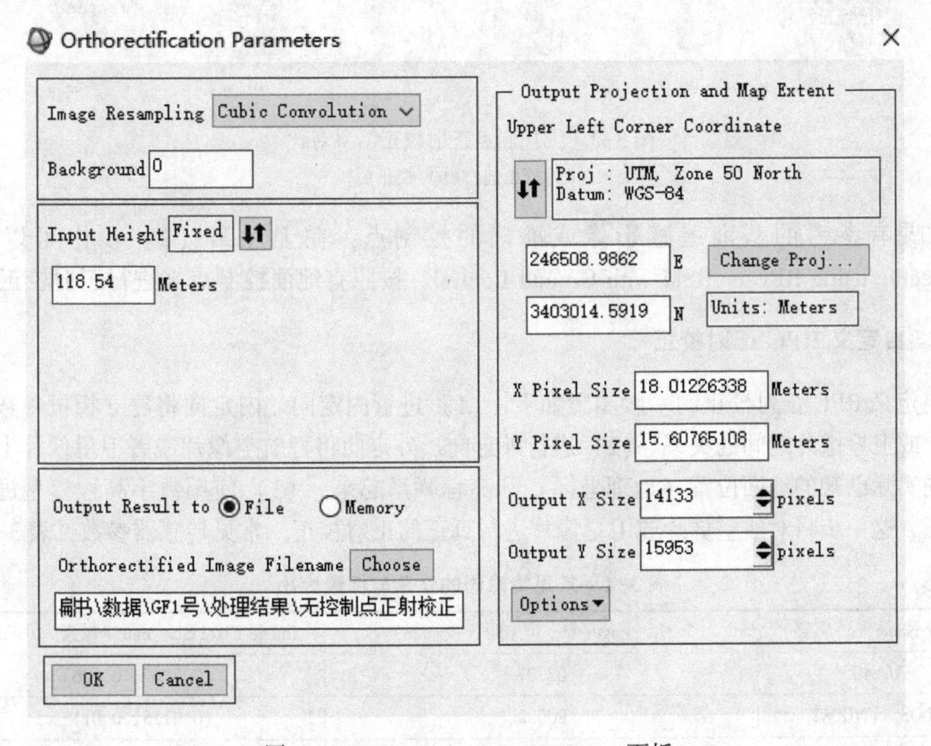


图 3-2　Orthorectification Parameters 面板

（3）在 Orthorectification Parameters 面板中，需要设置以下参数。

1）输出图像重采样方法（Image Resampling）：缺省 Bilinear，根据影像变形特点选择。

2）背景值（Background）：0。

3）输入高程信息（Input Height）：有 DEM 和 Fixed 两种方式，通过 ⇅ 按钮切换。这里选择输入 DEM，单击 Select DEM File 按钮，选择打开的 DEM 文件。

4）DEM 重采样方法（DEM Resampling）：缺省 Bilinear，根据需要选择。ENVI 自动对 DEM 进行重采样，生成与校正图像投影和分辨率一致的数据。

5）输出像元大小（X Pixel Size 和 Y Pixel Size）：默认会计算一个大概值，一般有一定的误差，需要手动更改。

(4) 选择校正结果输出路径以及文件名，单击 OK 执行正射校正。校正结果对比如图 3-3 所示。

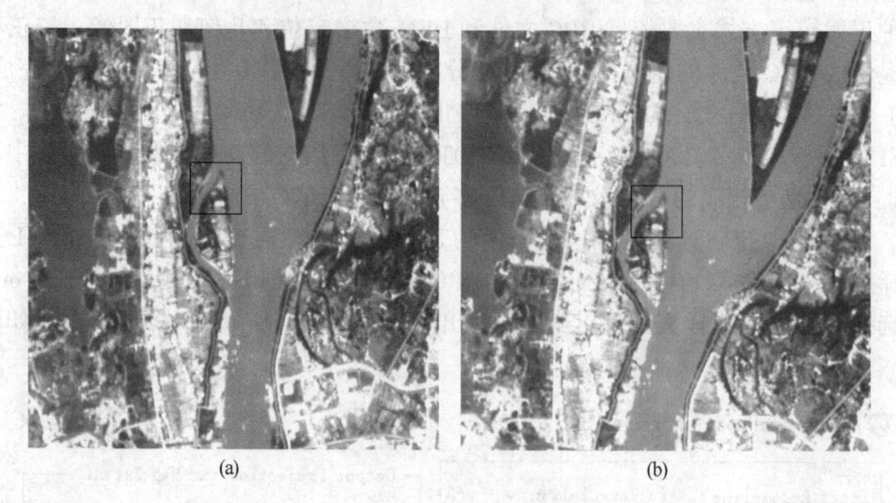

(a) (b)

图 3-3 无控制点正射校正结果对比

(a) 校正前；(b) 校正后

如果有参考的基准遥感影像或准确的控制点，在上述第（2）步中可以选择 Orthorectify using RPC or RSM with Ground Control，按照有地面控制点来进行正射校正。

### 3.3.2 自定义 RPC 正射校正

自定义 RPC 正射校正的一般步骤如下：(1) 进行内定向。内定向将建立相机参数和航空像片或卫星像片之间的关系。(2) 进行外定向。外定向将把航空像片或者卫星像片上的地物点同实际已知的地面位置（地理坐标）和高程联系起来。(3) 使用数字高程模型进行正射校正，这一步将对航空像片或卫星像片进行真正的正射校正。常见传感器参数见表 3-1。

**表 3-1 常见传感器的焦距与像素大小**

| Sensor Name（传感器） | Focal Length/mm（焦距长度/mm） | Image Pixel Size/mm（像素大小/mm） |
|---|---|---|
| ADS40 | 62.77 | (0.0065, 0.0065) |
| ALOS AVNIR-2 | 800.0 | (0.0115, 0.0115) |
| ALOS PRISM | 1939.0 | (0.007, 0.007) effective pixel size |
| ASTER | 329.0 (Bands 1, 2, 3N), 376.3 (Band 3B) | (0.007, 0.007), Bands 1, 2, 3N, 3B |
| EROS-A1 | 3500 | (0.013, 0.013) |
| FORMOSAT-2 | 2896 | (0.0065, 0.0065) Pan |
| IKONOS-2 | 10000 | (0.012, 0.012) Pan |
| IRS-1C | 982 | (0.007, 0.007) Pan |
| IRS-1D | 974.8 | (0.007, 0.007) Pan |
| KOMPSAT-2 | 900 Pan, 2250 Multispectral | (0.013, 0.013) |
| Kodak DCS420 | 28 | (0.009, 0.009) |
| MOMS-02 | 660 | (0.01, 0.01) |

续表 3-1

| Sensor Name（传感器） | Focal Length/mm（焦距长度/mm） | Image Pixel Size/mm（像素大小/mm） |
|---|---|---|
| QuickBird | 8836.2 | (0.013745, 0.013745) |
| RapidEye | 637 | (0.0065, 0.0065) |
| SPOT-1 through-4 | 1082 | (0.013, 0.013) Pan |
| SPOT-5 HRS | 580 | (0.0065, 0.0065) Pan |
| STARLABO TLS | 60 | (0.007, 0.007) |
| Vexcel UltraCamD | 101.4 | (0.009, 0.009) Pan |
| WorldView-2 | 13311 | (0.008, 0.008) |
| Z/I Imaging DMC | 120 | (0.012, 0.012) |

下面以一幅 SPOT-4 号数据为例，以 TIFF 格式提供介绍自定义 RPC 法正射校正卫星图像的操作过程，其他数据具有类似的操作过程。

#### 3.3.2.1 准备数据

除了 SPOT-4 号图像数据外，还需要 6 个以上的地面控制点信息（包括高程信息），以及一些图像的属性信息，包括焦距长度、像元大小、入射角大小、图像所在地区的 DEM 数据文件。

#### 3.3.2.2 构建 RPC 文件

首先在 ENVI Classic 中打开 SPOT-4 号图像数据，按照以下步骤构建 RPC 文件：

（1）ENVI Classic 主菜单中选择 Map Build PRC，在 Select Input File 对话框中，选择 SPOT 图像数据文件，单击 OK 按钮，打开 Build RPCs 面板（见图 3-4），设置 Build RPC 面板中的参数，参数说明见表 3-2。

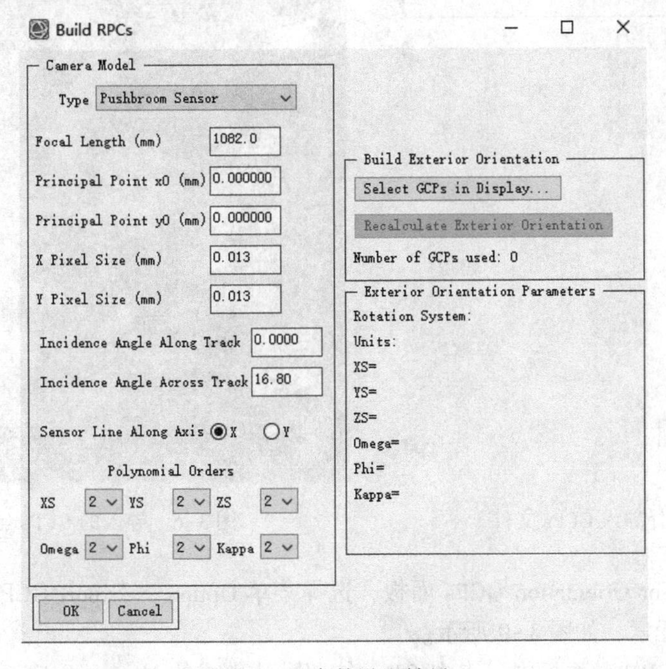


图 3-4 参数设置结果

表 3-2 相机参数介绍

| 参 数 | 含 义 |
|---|---|
| Type | 相机类型 |
| Focal Length（mm） | 相机或传感器焦距 |
| Principal Point x0（mm） | 像主点 x 坐标 |
| Principal Point y0（mm） | 像主点 y 坐标 |
| X Pixel Size（mm） | CCD 的 X 像素大小 |
| Y Pixel Size（mm） | CCD 的 Y 像素大小 |
| Incidence Angle Along Track | 沿轨道方向入射角 |
| Incidence Angle Across Track | 垂直轨道方向入射角 |
| Sensor Line Along Axis | 传感器前进方向轴 |
| Polynomial Orders | 多项式系数 |

（2）在 Build RPCs 面板中，单击 Select GCPs in Display 按钮，在 Select GCPs in Display 选择框中选择 Restore GCPs from ASCII File...，使用已有的控制点文件（见图 3-5）。在 Exterior Orientation GCPs 面板打开菜单 File—Restore GCPs from ASCII...，选择文件"\ 实验 3 \ SPOT4Pan \ GCP. pts"，点击 OK 将控制点导入到此面板，弹出控制点分布图和 Exterior Orientation GCPs 面板，结果如图 3-6、图 3-7 所示。Exterior Orientation GCPs 面板点击 Show List 出现控制点列表，如图 3-8 所示。

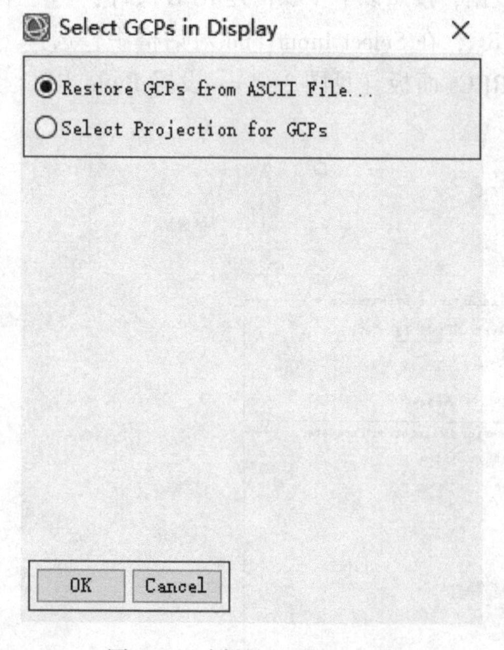


图 3-5 选择导入 GCPs 文件

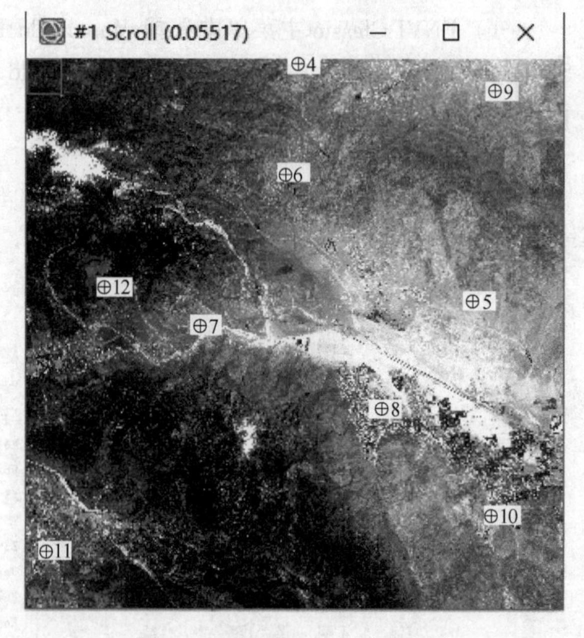


图 3-6 导入的 GCPs 影像显示

（3）在 Exterior Orientation GCPs 面板，选择菜单 Options—Export GCPs to Build RPCs。计算得到外方位元素，如图 3-9 所示。

（4）在 Build RPCs 面板中，点击 OK，按照默认生成的 Minimum Elevation 和 Maximum

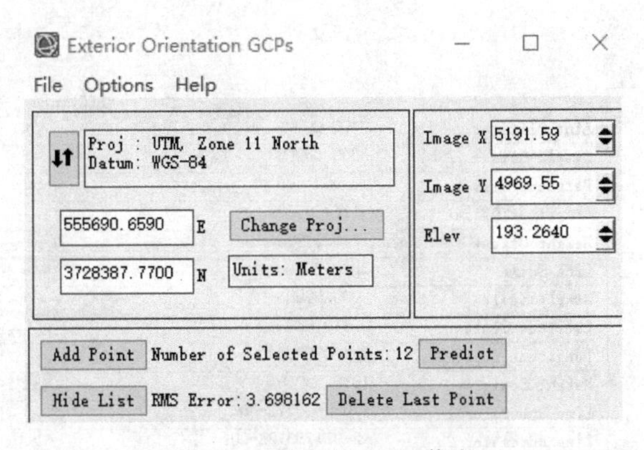


图 3-7　导入的 GCPs 信息

Ground Control Points List

File　Options

| | Map X | Map Y | Elev | Image X | Image Y | Predict X | Predict Y | Error X | Error Y | RMS |
|---|---|---|---|---|---|---|---|---|---|---|
| #1+ | 555690.66 | 3728387.77 | 193.26 | 5191.59 | 4969.55 | 5191.8222 | 4969.9482 | 0.2322 | 0.4022 | 0.4645 |
| #2+ | 501918.95 | 3732595.41 | 483.00 | 230.93 | 5378.82 | 231.0344 | 5378.8415 | 0.1094 | 0.0185 | 0.1109 |
| #3+ | 515114.08 | 3759740.58 | 974.40 | 869.54 | 2488.00 | 865.3500 | 2488.3757 | -4.1920 | 0.3797 | 4.2092 |
| #4+ | 543537.31 | 3779981.25 | 1281.30 | 3038.27 | 51.02 | 3040.7774 | 50.8381 | 2.5074 | -0.1819 | 2.5140 |
| #5+ | 558640.30 | 3751516.72 | 348.98 | 4999.41 | 2636.85 | 4993.0491 | 2636.5579 | -6.3629 | -0.2901 | 6.3696 |
| #6+ | 539381.67 | 3768419.39 | 795.15 | 2890.88 | 1258.85 | 2897.2749 | 1258.4572 | 6.3949 | -0.3948 | 6.4071 |
| #7+ | 526013.66 | 3753709.86 | 466.42 | 1978.14 | 2919.00 | 1981.5372 | 2918.7864 | 3.3992 | -0.2176 | 3.4061 |
| #8+ | 545372.75 | 3741643.25 | 122.00 | 3982.97 | 3817.81 | 3987.4138 | 3816.6614 | 4.4448 | -1.1516 | 4.5916 |
| #9+ | 566189.19 | 3773586.98 | 1027.71 | 5239.47 | 337.38 | 5236.7855 | 338.0192 | -2.6825 | 0.6352 | 2.7567 |
| #10+ | 555690.66 | 3728387.77 | 193.26 | 5191.59 | 4969.55 | 5191.8222 | 4969.9482 | 0.2322 | 0.4022 | 0.4645 |
| #11+ | 501918.95 | 3732595.41 | 483.00 | 230.93 | 5378.82 | 231.0344 | 5378.8415 | 0.1094 | 0.0185 | 0.1109 |
| #12+ | 515114.08 | 3759740.58 | 974.40 | 869.54 | 2488.00 | 865.3500 | 2488.3757 | -4.1920 | 0.3797 | 4.2092 |

Goto　On/Off　Delete　Update　Hide List

图 3-8　导入的 GCPs 信息

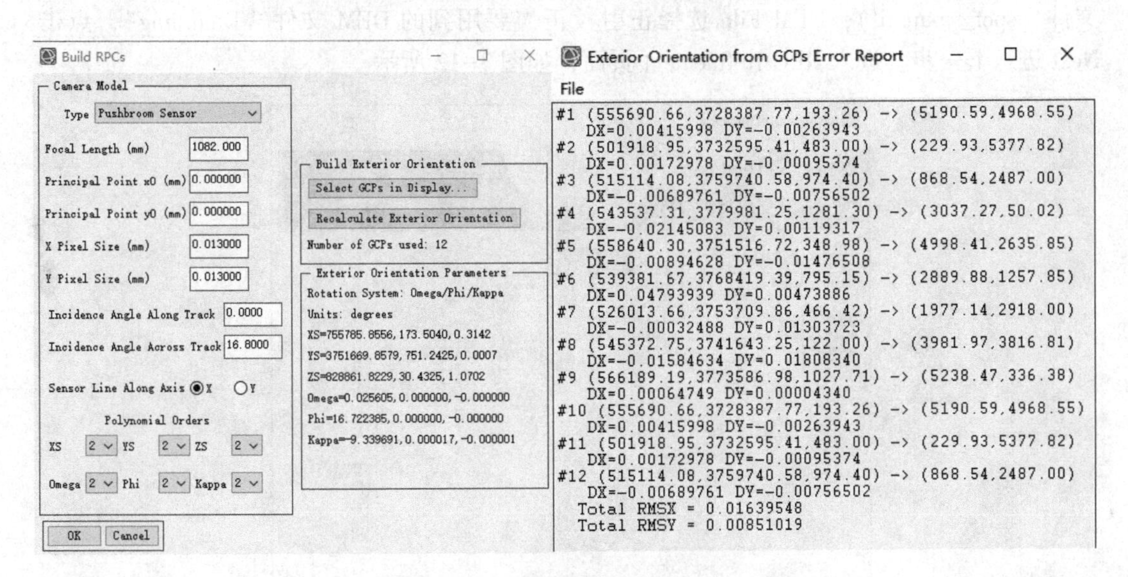


图 3-9　计算得到的外方位元素

Elevation 即可。生成的 RPC 信息会自动保存在图像的头文件中，在 ENVI 中可以通过查看 View Metadata 查看 RPC Info（构建 RPC 后需重新打开影像），如图 3-10 所示。

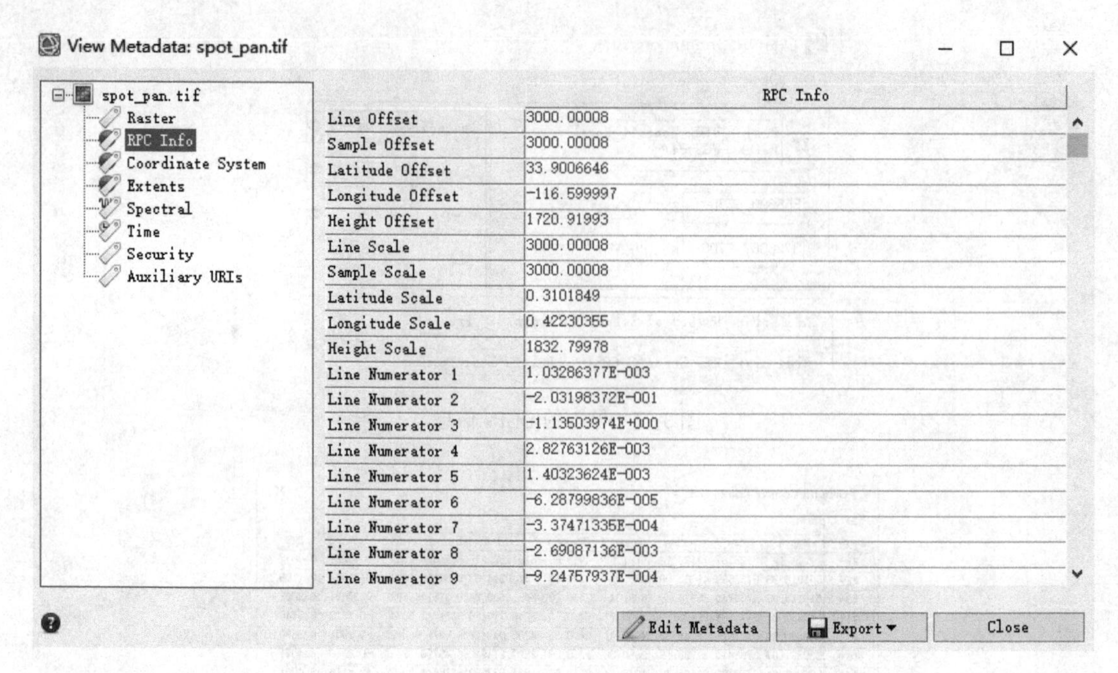


图 3-10 查看影像头文件的 RPC 信息

3.3.2.3 正射校正

正射校正步骤为：

(1) 打开正射校正流程工具 Toolbox Geometric Correction Orthorectification RPC Orthorectification Workflow，如图 3-11 所示。在工具面板选择输入文件，Input File 输入待校正文件（spot_ pan. tif)，DEM File 选择正射校正需要用到的 DEM 文件“Dem. img”，点击 Next 进入下一步，进入 RPC Refinement 页面，如图 3-12 所示。

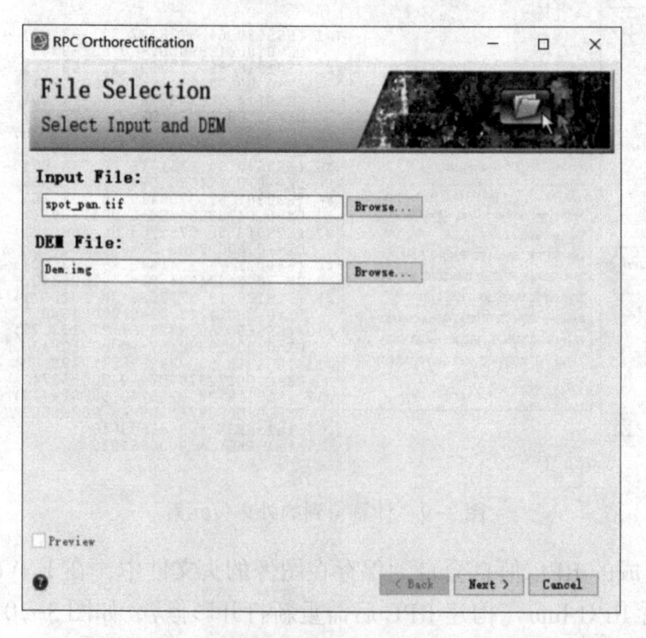


图 3-11 文件选择

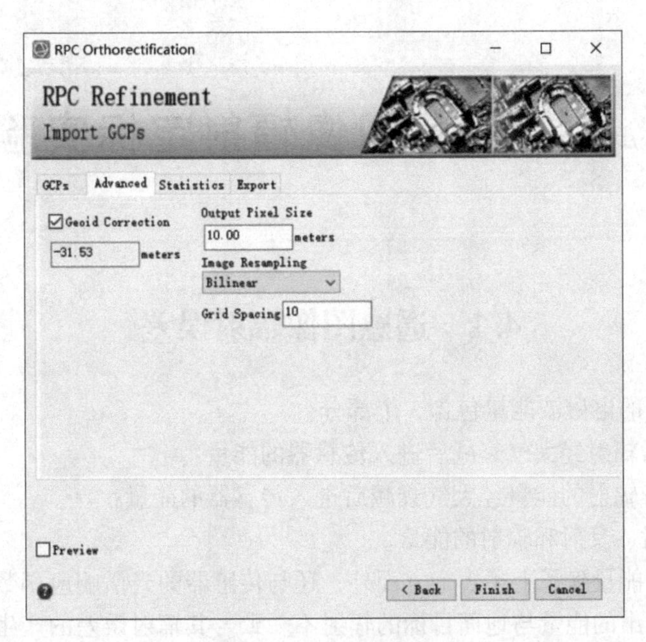


图 3-12 RPC 参数设置

（2）在 RPC Refinement 页面进行参数的设置和控制点的输入，但该操作不使用控制点，直接切换到 Advanced 选项卡进行设置，设置输出像元大小 Output Pixel Size 为 10.0m，其他参数默认；然后切换到 Export 选项卡，设置输出路径，点击 Finish 即可进行正射校正。校正结果对比如图 3-13 和图 3-14 所示（在参数和控制点设置完毕后，可以点击面板左下角的 Preview 进行正射结果的预览，有助于修改参数和控制点）。

图 3-13 正射校正前局部图像

图 3-14 正射校正后局部图像

# 4 遥感图像辐射定标实验

## 4.1 遥感图像辐射误差

由传感器接收的电磁波能量包含 3 个部分：

（1）地面反射辐射经大气衰减后进入传感器的能量；

（2）地面本身辐射的能量经大气衰减后进入传感器的能量；

（3）大气散射、反射和辐射的能量。

传感器输出的能量除了上述 3 个方面外，还与传感器的光谱响应函数有关。受这些因素影响，传感器输出的能量与地面目标的辐射不一致。其辐射误差的产生主要取决于传感器本身性能引起的辐射误差、大气的散射和吸收引起的辐射误差等方面。辐射误差造成了遥感图像失真，表现为遥感影像在灰度上的失真，影响遥感图像的判读和解译。为了从遥感图像上得到地面目标真实的辐射值，需要校正或消除这些误差。大气引起的辐射误差校正见第 5 章。本章实验讨论传感器性能引起的误差校正，即传感器辐射定标。

## 4.2 遥感辐射定标方法

辐射定标是将传感器输出的数字值（DN 值）转换为辐射亮度值（或表观反射率），目的是消除传感器本身产生的误差。DN 值通常被用来描述还没有校准到具有意义单位的像素值，它转化为辐射率（也叫辐射亮度值）之后才有单位标识，一般来说辐射亮度值的单位为 $W/(m^2 \cdot \mu m \cdot sr)$。

按照不同的使用要求或应用目的，可以将辐射定标分为相对定标和绝对定标。相对定标又称为传感器探测元件归一化，是为了校正传感器中各个探测元件响应度差异而对卫星传感器测量到的原始亮度值进行归一化的一种处理过程。绝对定标是通过各种标准辐射源，建立辐射亮度值和数字量化值之间的定量关系。如对于一般的线性传感器，绝对定标通过一个线性关系式就可完成数字量化值与辐射亮度值的转换：

$$L_\lambda = Gain \times Pixel\ value + Offset \tag{4-1}$$

式中，$L_\lambda$ 为辐射亮度值；*Pixel value* 为 DN 值；*Gain* 为增益；*Offset* 为偏移值参数，定标时默认单位为 $W/(m^2 \cdot \mu m \cdot sr)$。

传感器辐射定标产品也常用表观反射率表示。大气表观反射率（简称 TOA reflectance）是飞行在大气层之外的航天传感器测量的反射率。这种反射率包括云层、气溶胶和气体的贡献。大气表观反射率通过辐射亮度定标参数、太阳辐照度、太阳高度角和成像时间等几个参数计算得到。

$$\rho_\lambda = \frac{\pi L_\lambda d^2}{ESUN_\lambda \sin\theta} \tag{4-2}$$

式中，$L_\lambda$ 为辐射亮度值；$d$ 为以天文单位表示的日地距离；$ESUN_\lambda$ 为以 W/($m^2$ · μm) 为单位的太阳辐照度；$\theta$ 为以度为单位的太阳高度角。

传感器辐射定标可分为3个方面的内容：发射前的实验室定标；基于星载定标器的星上定标；发射后的场地定标。

（1）实验室定标。在传感发射之前对其进行的波长位置、辐射精度、光谱特性等进行精确测量，这就是实验室定标。它一般包含两部分内容。

1）光谱定标：确定遥感传感器每个波段的中心波长和带宽以及光谱响应函数。

2）辐射定标：在模拟太空环境的实验室中，建立传感器输出的量化值与传感器入瞳处的辐射亮度之间的模型，一般用线性模型表示。

（2）星上定标。有些卫星载有辐射定标源、定标光学系统，在成像时实时、连续地进行定标。

（3）场地定标。场地定标指的是传感器处于正常运行条件下，选择辐射定标场地，通过地面同步测量对传感器的定标。场地定标可以实现全孔径、全视场、全动态范围的定标，并考虑到了大气传输和环境的影响。该定标方法可以实现对遥感器运行状态下与获取地面图像完全相同条件的绝对校正，可以提供传感器整个寿命期间的定标，并对传感器进行真实性检验和对一些模型进行正确性检验。但是地面目标应是典型的均匀稳定目标，需要注意的是，地面定标还必须同时测量和计算传感器过顶时的大气环境参量和地物反射率。

按辐射定标数据使用的波段不同，辐射定标可分为反射波段的辐射定标和发射波段的辐射定标。反射波段的辐射定标是指在0.36～2.5μm 的可见光到短波红外波段；发射波段的辐射定标是指大于3μm 的热红外波段，也称“热红外定标”。

## 4.3 实验操作

实验软件：ENVI 5.3 或 ENVI Classic 5.3。

实验数据：L8 数据 \ 实验 4 \ LC81210402018100LGN00；

L5 数据 \ 实验 4 \ LT512204 32011232 \ LT51220432011232。

### 4.3.1 自带参数的辐射定标

#### 4.3.1.1 数据读取

以 Landsat 8 数据为例，打开 ENVI 5.3，选择菜单 File→Open as→Landsat→Geo Tiff with Metadata，在弹出的 Open 窗口中浏览文件所在目录，选中 Landsat 8 数据中的 MTL 文件，打开数据文件显示在主界面，点击工具栏上的 Optimized Linear→Linear 2% 将数据进行 2% 拉伸。如要更改影像显示，按 1.5.2 节图像显示方法操作。

#### 4.3.1.2 辐射定标

辐射定标具体操作为：

（1）在 Toolbox 工具箱中，选择 Radiometric Correction→Radiometric Calibration，在 File Selection 对话框中，选择要定标的文件“可见光—红外组（7 个波段）”，如图 4-1 所示。

Radiometric Calibration 支持 Landsat、QuickBird、SPOT、Hyperion、GeoEye、IKONOS、Orbview、Pleiades、WorldView、高分一号、资源一号 02C、资源三号等遥感数据辐射定标。

（2）单击 OK 按钮，在 Radiometric Calibration 对话框（见图 4-2）中设置如下参数：

1）校正类型（Calibration Type）有两种类型：Radiance 和 Reflectance。Radiance 项将原始 DN 值转化为辐射亮度值，见式（4-1）；Reflectance 项将原始 DN 值转化为表观反射率，见式（4-2）。一般选择 Radiance。

2）输出文件格式（Output Interleave），有 BSQ、BIL、BIP3 种。根据后续图像处理的需要选择一种文件格式，如 FLAASH 大气校正要选 BIL。

3）输出数据类型（Output Data Type），有 Float（浮点型）、Double（双精度浮点型）、Uint（16 位无符号整型）3 种类型。一般选 Float。

4）比例系数（Scale Factor），缺省值是 1，输出的辐射亮度单位是 W/($m^2$ · μm · sr)。如要输出不同单位的辐射亮度，输入合适的单位换算系数。

5）Apply FLAASH Settings 按钮，点击自动调整参数以符合 FLAASH 大气校正输入要求，上述参数会分别设置为 Radiance、BIL、Float、0.1，输出单位是 μW/($cm^2$ · sr · nm)。

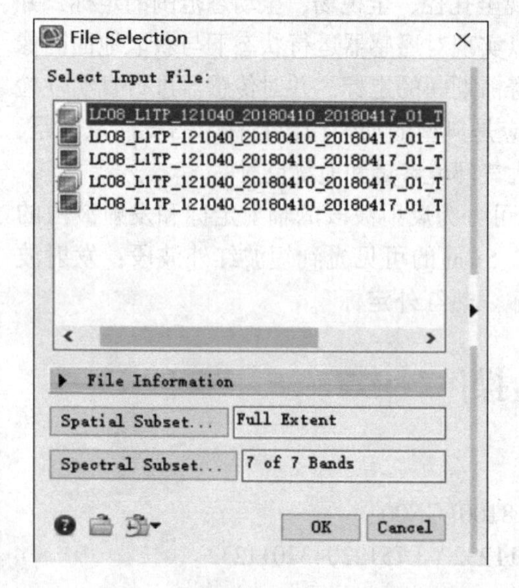


图 4-1 选择可见光——红外波段

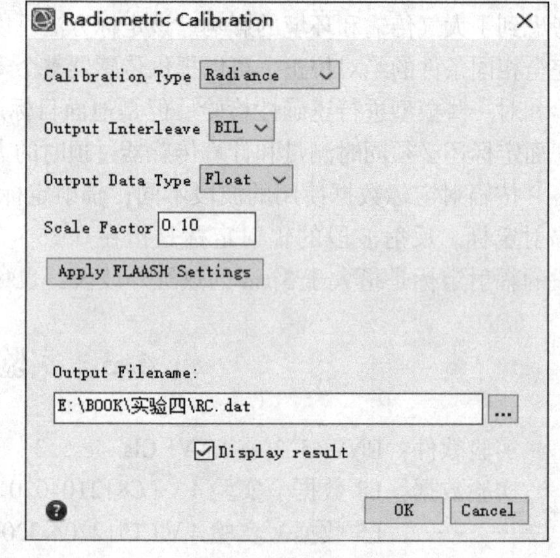


图 4-2 设置定标参数

（3）设置定标影像数据的保存路径。选择 Display result，会自动显示校正后的影像在主界面，点击 OK 运行。进行数据辐射定标时，传感器定标需要一些时间，在工具箱右下角的状态栏可以看到进度，定标结果如图 4-3 所示。图 4-3 左侧为定标结果，右上角为定标前十字交叉点的光谱曲线图，右下角为定标后同一点光谱曲线图。

### 4.3.2 自定义参数辐射定标

因部分传感器定标数据在某些软件平台可能不支持直接计算辐射定标，或者遥感数据文件不带有辐射定标参数，需要在软件中自定义参数进行计算。如 ENVI 中可以利用 Band math 工具进行计算。本次实验使用 Landsat 5 TM 2011 年影像为例说明自定义参数辐射定标。

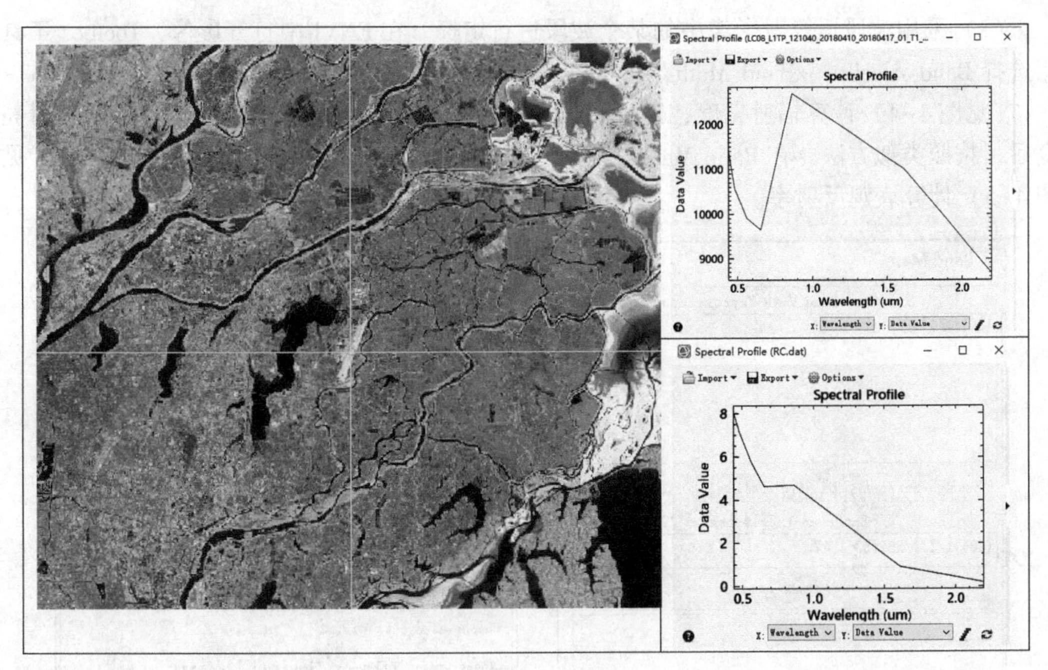


图 4-3 定标结果

(1) 确定公式及参数值。Landsat5 辐射定标计算公式如下：

$$\text{radiance} = [(l_{max} - l_{min})/(\text{qcal}_{max} - \text{qcal}_{min})] \times (\text{qcal} - \text{qcal}_{min}) + l_{min} \qquad (4-3)$$

式中，radiance 为辐射亮度；qca$l$ 为 DN 值；qca$l_{max}$ 为 DN 值的最大值，对于 TM 为 8bit 来说，qca$l_{max}$ = 255；qca$l_{min}$ 为 DN 值的最小值，一般为 0；$l_{max}$ 和 $l_{min}$ 从头文件或参数表（见表 4-1）中查询。

**表 4-1 Landsat 5 TM 的 $L_{max}$ 和 $L_{min}$ 值**

| 波段 | 1984/03/01 至 2003/05/04 | | 2003/05/04 之后 | |
|---|---|---|---|---|
| | $L_{min}$ | $L_{max}$ | $L_{min}$ | $L_{max}$ |
| 1 | −1.52 | 152.10 | −1.52 | 193.0 |
| 2 | −2.84 | 296.81 | −2.84 | 365.0 |
| 3 | −1.17 | 204.30 | −1.17 | 264.0 |
| 4 | −1.51 | 206.20 | −1.51 | 221.0 |
| 5 | −0.37 | 27.19 | −0.37 | 30.2 |
| 6 | 1.2378 | 15.303 | 1.2378 | 15.303 |
| 7 | −0.15 | 14.38 | −0.15 | 16.5 |

Landsat 表观反射率计算公式为：

$$\rho = \pi L d_2 / (\text{ESUN} \times \cos\theta) \qquad (4-4)$$

式中，$\theta$=90°−太阳高度角（太阳高度角可以在元数据中查询）；大气顶层太阳辐照度（ESUN）可从遥感权威单位定期测定并公布的信息中获取，见表 4-2。

**表 4-2 大气顶层太阳辐照度（ESUN）**

| Band | Band1 | Band2 | Band3 | Band4 | Band5 | Band7 |
|---|---|---|---|---|---|---|
| L5 TM | 1957 | 1829 | 1557 | 1047 | 219.3 | 74.52 |

（2）采用波段运算对影像中的某个波段进行定标。在 ENVI 中打开影像，Toolbox 工具箱选择 Band Algebra→Band Math，在 Bath Math 中输入如下公式（264+1.17)/255 * b3-1.17(见图 4-4）计算辐射亮度，选择将第 3 波段的 DN 值转化为辐射亮度。计算辐射亮度后，按照类似方法，在 Band Math 中输入 $3.14*(b3)*1.00176^2/(1557*0.88255)$（见图 4-5）计算表观反射率。

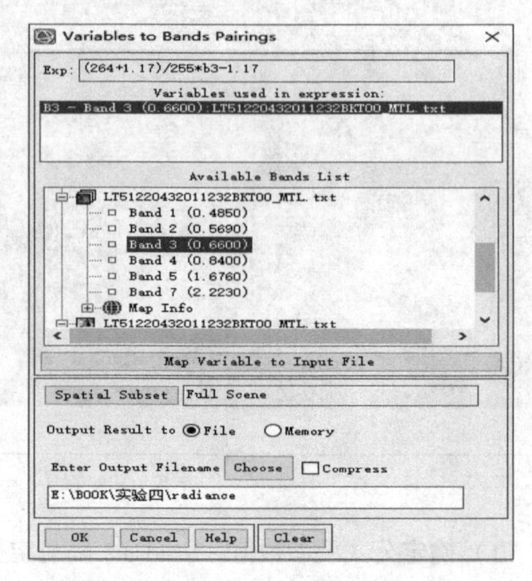


图 4-4 计算辐射亮度

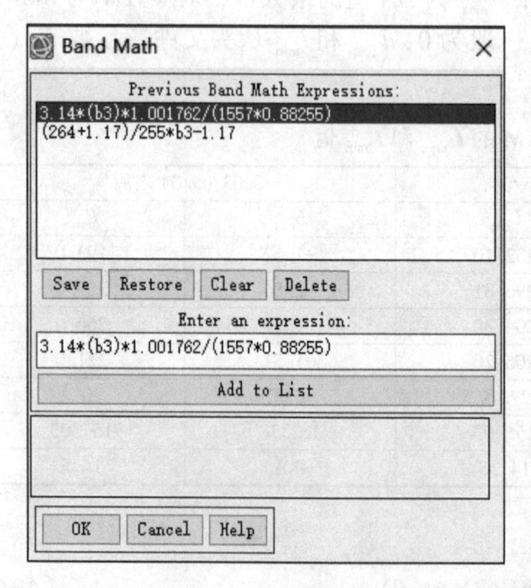


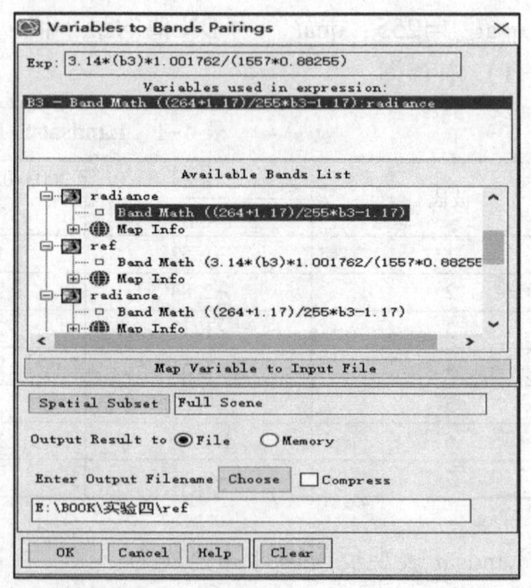


图 4-5 计算表观反射率

对于其他波段，只要知道相应的参数，即可按相同的方法进行定标。

除此之外，辐射定标还可以用 Toolbox 工具箱中的 Apply Gain and Offset 来进行定标，在 Gain 和 Offset Value 面板中的相关参数从头文件读取或手动编辑输入。

# 5 遥感图像大气校正实验

## 5.1 遥感大气辐射传输过程

大气辐射传输是指电磁辐射在大气介质中的传播输送过程，如图 5-1 所示。受大气组分影响，电磁辐射经过大气层时会发生吸收、散射、反射、折射等过程。大气中吸收太阳辐射的主要成分是氧气、臭氧、水汽、二氧化碳、甲烷等，不同气体对不同波段辐射的吸收作用也不同，这种性质称为大气对辐射能的选择吸收。散射作用的强弱取决于入射电磁波的波长及散射质点的性质和大小。当散射粒子的尺度远小于波长时，称为分子散射或瑞利散射，散射系数与波长的四次方成反比。当粒子尺度可与波长相比拟时，称为米氏散射，散射系数是波长和粒子半径的一个复杂函数。当粒子尺度远大于波长时，称为无选择性散射。散射系数与波长无关。大气辐射传输过程图如图 5-1 所示。

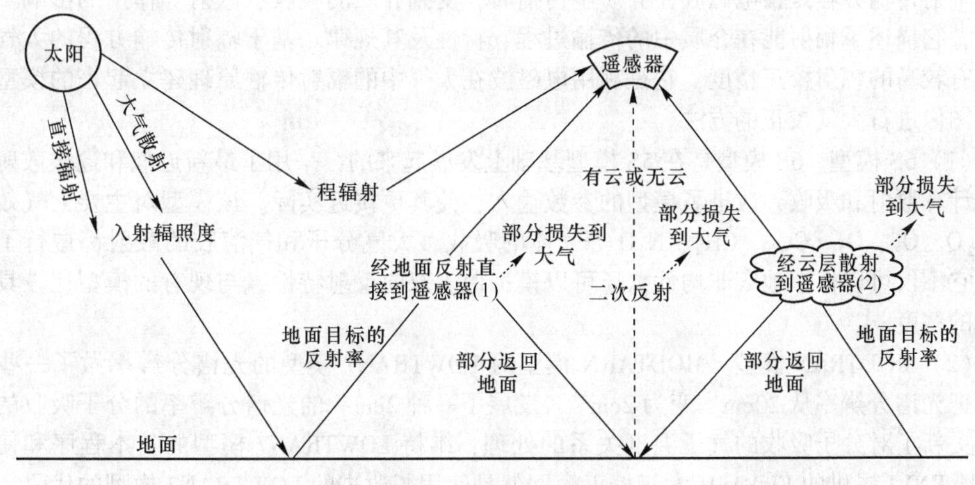


图 5-1　大气辐射传输

太阳辐射进入大气层时，部分太阳辐射被大气散射和吸收而衰减，经过大气衰减后的太阳辐射到达地表，与地表相互作用后，被选择性反射、吸收、透射、折射。包含不同地表特征波谱响应的辐射能再次进入大气层，被大气吸收、散射衰减到达遥感平台被传感器记录。大气作用不仅使传感器接收的地表辐射能减弱，而且由于散射产生天空散射光使遥感影像反差降低并引起遥感数据的辐射误差、图像模糊，并直接影响到图像的清晰度、质量、解译精度。

总的来说，传感器接收的电磁辐射能包含 3 部分：

（1）地面反射辐射经大气衰减后进入传感器的能量；

（2）地物本身辐射经大气衰减后进入传感器的能量；

（3）大气散射、反射和辐射的能量。

遥感传感器所接收到的信号与地物真实辐射会有差异性。要从传感器接收的能量值恢复地表的真实辐射值，需要去除大气的辐射影响，即大气校正过程。

## 5.2 遥感图像大气校正方法

大气校正的目的是消除大气对地物辐射的影响，获得地物反射率、辐射率等真实物理模型参数。按照不同的校正方法所得到结果的不同，可以将大气校正方法分为两种：绝对辐射校正和相对辐射校正。绝对辐射校正是将遥感图像的 DN 值转换为地表反射率、地表辐射率和地表温度等方法，常见的有基于辐射传输方程的 6S 模型、MODTRAN 模型、LOWTRAN 模型等，以及基于简化辐射传输模型的暗像元法。大多数的历史卫星数据都无法获取其大气属性数据，即使在现在，也难以实现表面反射的精确提取，因为这个原因才发展了相对辐射校正技术，相对辐射校正常见的方法有基于统计的不变目标法和直方图匹配法等。相对辐射校正可用于归一化单时相遥感影像不同波段的强度，将多时相影像遥感数据各个波段的强度归一化到某一选定的标准影像上。

### 5.2.1 辐射传输方程法

辐射传输方程是指电磁波在介质中传播时，受到介质的吸收、散射等作用的影响发生衰减，它描述了辐射能在介质中的传输过程、特性及其规律。基于辐射传输方程的大气校正具有较高的辐射校正精度，它是利用电磁波在大气中的辐射传输原理建立起来的模型对遥感图像进行大气校正的方法。

（1）6S 模型。6S 模型是在 5S 模型基础上发展起来的，采用了最新近似和逐次散射算法来计算散射和吸收，改进了模型的参数输入，使其更接近实际。该模型对主要大气效应如 $H_2O$、$O_3$、$O_2$、$CO_2$、$CH_4$、$N_2O$ 等气体的吸收，大气分子和气溶胶的散射都进行了考虑。它不仅可以模拟地表非均性，还可以模拟地表双向反射特性，与现有的模型比较具有较高的精度。

（2）MODTRAN 模型。MODTARN 模型对 LOWTRAN7 模型的光谱分辨率做了一些改进，把光谱分辨率从 $20cm^{-1}$ 变为 $2cm^{-1}$，发展了一种 $2cm^{-1}$ 的光谱分辨率的分子吸收的算法，更新了对分子吸收的气压温度关系的处理，维持 LOWTRAN7 模型的基本程序和使用结构。ENVI 提供的 FLAASH 大气校正模型就是使用了改进的 LOWTRAN7 模型的代码。

（3）LOWTRAN 模型。其中的 LOWTRAN7 模型是以 $20cm^{-1}$ 的光谱分辨率的单参数带模式计算 $0 \sim 50000cm^{-1}$ 的大气透过率、大气背景辐射、单次散射的光谱辐射亮度、太阳直射辐射度，增加了多次散射的计算以及新的带模式、臭氧和氧气在紫外线波段的吸收参数。提供了 6 种参考大气模式的温度、气压、密度的垂直廓线，$H_2O$、$O_3$、$O_2$、$CO_2$、$CH_4$、$N_2O$ 的混合比垂直廓线及其他 13 种微量气体的垂直廓线，城乡大气气溶胶、雾、沙层、火山喷雾物、云、雨廓线和辐射参量如消光系数、吸收系数、非对称因子的光谱分布。

### 5.2.2 暗像元法

在假定待纠正的遥感图像上存在黑暗像元区域，地表为朗伯面反射，大气性质均一，在大气多次散射辐照作用和邻近像元漫反射作用可以忽略的前提下，反射率或辐射亮度很小的黑暗像元由于大气的影响，其亮度值相对增加，可以认为这部分增加的亮度是由于大气的程辐射（即路径辐射，指一部分太阳辐射在到达地表目标物前就直接被大气散射到太空并被传感器接收，这部分太阳辐射参与了辐射平衡，但它们并不携带任何有关目标物的信息，因此大气纠正必须将这部分路径辐射剔除出去）所致。利用黑暗像元计算程辐射，并代入适当的大气纠正模型，获得相应的参数后，通过计算就得到了地物真实的反射率。

### 5.2.3 不变目标法

不变目标法即可以用某一基准影像校正不同时相的其他影像。回归分析用于建立基准影像与其他时相影像的伪不变特征光谱特征之间的联系，该算法假定时相 b+1 或 b-1 的像元与基准影像 b 相同位置上的像元是线性相关的。在选取伪不变特征点后，用回归分析的方法求出基准影像像元灰度值 $y$ 与待校正像元灰度值 $x$ 相同位置上的线性关系 $y=ax+b$，以此来校正待校正影像的所有像元值。

### 5.2.4 直方图匹配法

直方图匹配法是指如果确定某个没有受到大气影响的区域和受到大气影响的区域的反射率是相同的，并且可以确定出不受影响的区域的反射率，就可以利用它的直方图对受影响地区的直方图进行匹配处理。这种方法实施起来较为简单容易。该方法的关键在于寻找两个具有相同反射率但受大气影响却相反的区域，而且它还假定气溶胶的空间分布是均匀的。因此如果能把范围较大的某一景遥感图像分成很多小块，再分别用这种方法进行大气校正将取得更好的效果。

## 5.3 实验操作

实验软件：ENVI 5.3 或 ENVI Classic 5.3。

实验数据：\ 实验4 \ LC81210402018100LGN00；

\ 实验6 \ LC81210402017353LGN00。

### 5.3.1 FLAASH 大气校正

该实验以 LC81210402018100LGN00 数据为例进行辐射定标之后，对遥感数据进行 FLAASH 大气校正操作（实验数据见第4章）。

在 ENVI 5.3 Toolbox 工具箱中，选择 Radiometric Correction→Atmospheric Correction Model→FLAASH Atmospheric Correction 工具可以启动 FLAASH 模块，双击打开 FLAASH Atmospheric Correction Model Input Parameters 对话框，如图 5-5 所示。

（1）文件输入与输出设置。单击 Input Radiance Image 按钮，选择上一步准备好的辐射定标后的数据，如果经过了单位换算，在 Radiance Scale Factors 对话框中选择 Use single scale factor for all bands（并且 single scale factor：1.000000），如图 5-2 所示。单击 Output Reflectance File 按钮，选择输出文件名和路径。

（2）传感器与图像参数。传感器、图像信息一般可以从影像文件中自动读取，如没有

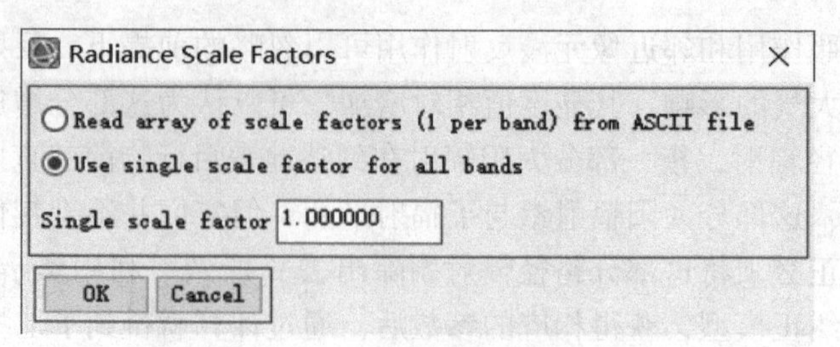


图 5-2 设置比例系数

自动获取需手动按实际影像参数设置。大气校正传感器参数如表 5-1 所示。

**表 5-1 大气校正传感器参数**

| | |
|---|---|
| Scene Center Location | 图像中心位置经纬度，度分秒、十进制度切换 |
| Sensor Type | 传感器类型 |
| Sensor Altitude | 传感器高度 |
| Ground Elevation | 地面高程 |
| Pixel Size | 像元大小 |
| Flight Date | 成像日期 |
| Flight Time | 成像时间（格林尼治时间） |

（3）大气参数设置。

1）大气模型（Atmospheric Model）。利用基于季节——纬度选择 MODTRAN 大气模型，如表 5-2 所示。在 Sub-Arctic Winter(SAW)、Mid-Latitude Winter(MLW)、U. S. Standard、Sub-Arctic Summer(SAS)、Mid-Latitude Summer(MLS)、Tropical(T) 中选择 Mid-Latitude Summer(MLS)。

**表 5-2 基于季节——纬度选择 MODTRAN 大气模型**

| 纬度（°N） | 1 月 | 3 月 | 5 月 | 7 月 | 9 月 | 11 月 |
|---|---|---|---|---|---|---|
| 80 | SAW | SAW | SAW | MLW | MLW | SAW |
| 70 | SAW | SAW | MLW | MLW | MLW | SAW |
| 60 | MLW | MLW | MLW | SAS | SAS | MLW |
| 50 | MLW | MLW | SAS | SAS | SAS | SAS |
| 40 | SAS | SAS | SAS | MLS | MLS | SAS |
| 30 | MLS | MLS | MLS | T | T | MLS |
| 20 | T | T | T | T | T | T |
| 10 | T | T | T | T | T | T |
| 0 | T | T | T | T | T | T |
| -10 | T | T | T | T | T | T |
| -20 | T | T | T | MLS | MLS | T |
| -30 | MLS | MLS | MLS | MLS | MLS | MLS |

续表 5-2

| 纬度（°N） | 1月 | 3月 | 5月 | 7月 | 9月 | 11月 |
|---|---|---|---|---|---|---|
| -40 | SAS | SAS | SAS | SAS | SAS | SAS |
| -50 | SAS | SAS | SAS | MLW | MLW | SAS |
| -60 | MLW | MLW | MLW | MLW | MLW | MLW |
| -70 | MLW | MLW | MLW | MLW | MLW | MLW |
| -80 | MLW | MLW | MLW | MLW | MLW | MLW |

2）气溶胶模型（Aerosol Model）。从下拉菜单选择标准 MODTRAN 气溶胶类型（Urban、Rural、Maritime、Tropospheric），根据所处区域选其一。能见度高（大于 40 公里）的情况下，气溶胶类型的选择不重要。

3）气溶胶反演（Aerosol Retrieval）。2-Band（K-T）使用暗像元方法反演气溶胶，如没有合适暗像元，将使用初始能见度（Initial Visibility）反演气溶胶；2-Band over water 适合海洋区域。

4）初始能见度（Initial Visibility）。如果不反演气溶胶，这个初始能见度数值将用来大气校正。干洁空气为 40～100km；中等霾为 20～30km；厚霾等于或小于 15km。

（4）多光谱（Multispectral Settings）/高光谱设置（Hyperspectral Settings）。面板下端出现多光谱设置还是高光谱设置，取决于传感器类型的选择。本实验传感器类型是多光谱。点击 Multispectral Settings，窗口如图 5-3 所示；Defaults 下拉框设置 Over—Land Retrieval Standard（660：2100）。

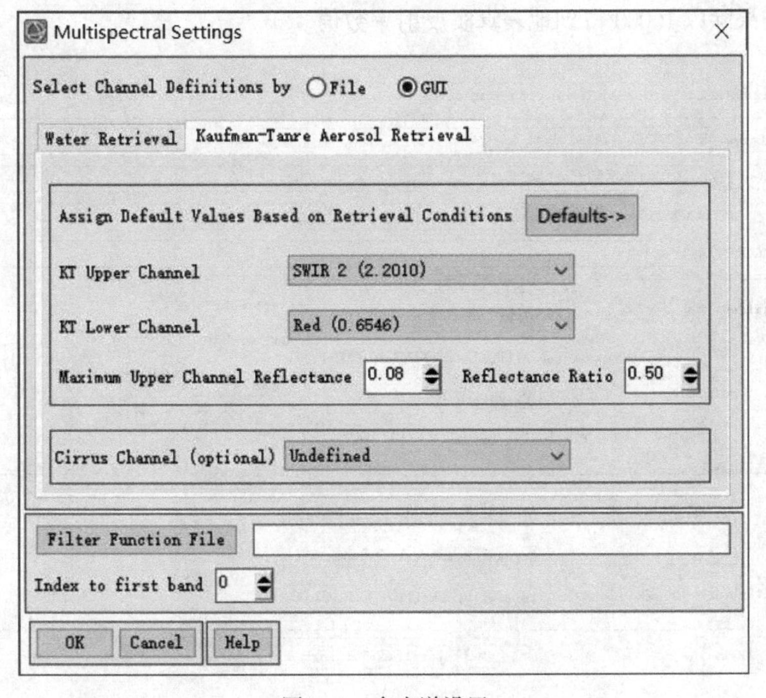


图 5-3 多光谱设置

（5）高级设置（Advanced Settings）。如图5-4所示，Tile Size：100；其他默认设置。

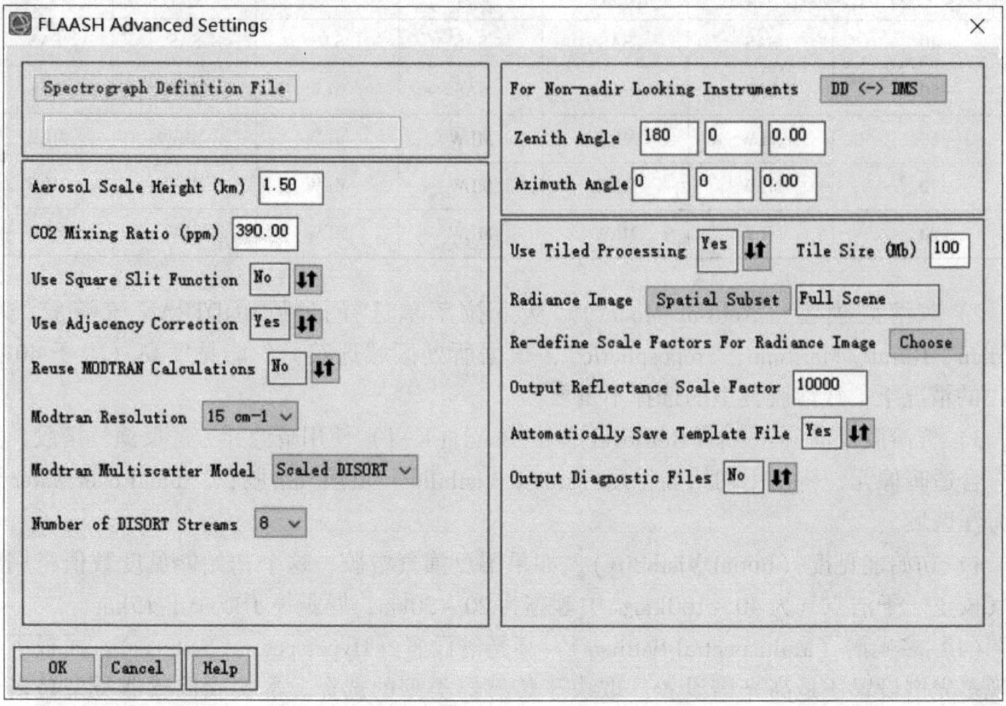

图5-4 高级设置

FLAASH参数设置如图5-5所示。单击Apply按钮，执行FLAASH处理，结果如图5-6所示。校正结果除以10000得到地表真实反射率数值。

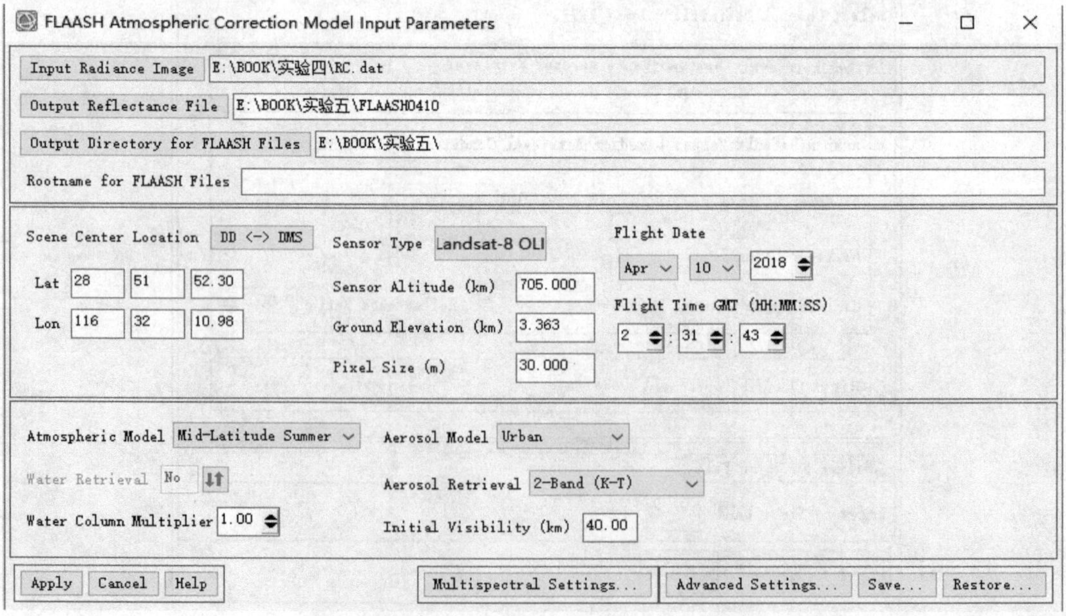

图5-5 大气校正参数设置

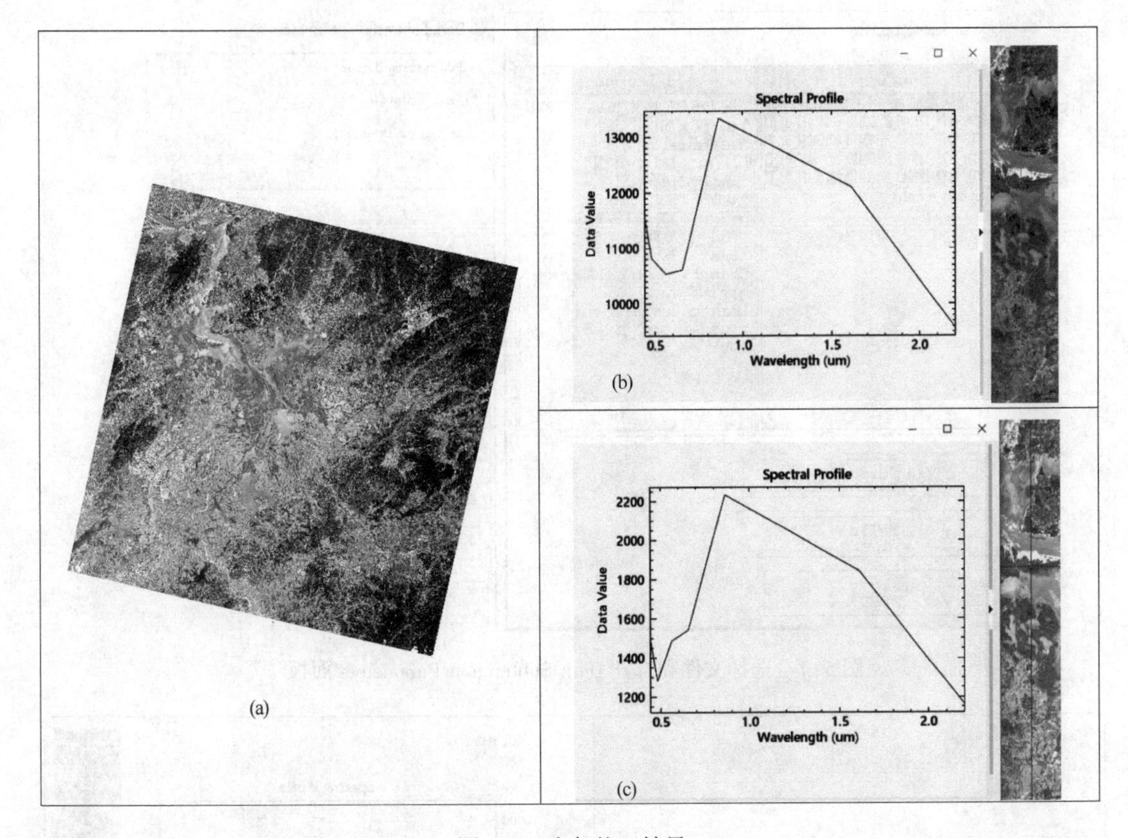


图 5-6 大气校正结果

（a）校正结果图；（b）校正前某一点光谱曲线图；（c）校正后同一点光谱曲线图

### 5.3.2 暗像元法大气校正

ENVI 的 Dark Subtraction 工具提供波段最小值、ROI 的平均值、自定义值 3 种方式确定黑暗像元的像素值（实验数据采用第 4 章 LC81210402018100LGN00 辐射定标的结果）。操作过程如下：

（1）在 ENVI 5.3 打开待校正图像文件。

（2）在 Toolbox 工具箱中，双击 Radiometric Correction→Dark Subtraction 工具，在文件选择对话框中选择待校正图像文件，单击 OK 按钮，打开 Dark Subtraction Parameters 面板，如图 5-7 所示。

（3）在 Dark Subtraction Parameters 面板中，确定黑暗像素值，包括 3 种方法（Subtraction Method）：

1）波段最小值（Band Minimum）。自动统计每个波段的最小值作为黑暗像元的像元值，每个波段减去这个值作为结果输出，如图 5-8 所示。

2）ROI（Region Of Interest）的平均值。用 ROI Tool 工具在待校正图像上绘制黑暗像元区域（如阴影区、清澈深水体等）。绘制好的 ROI 显示在 Available Regions 列表中（见图 5-9），选择标示黑暗像元的感兴趣区。每个波段减去感兴趣区的平均像元值作为结果输出。如图 5-10 所示。

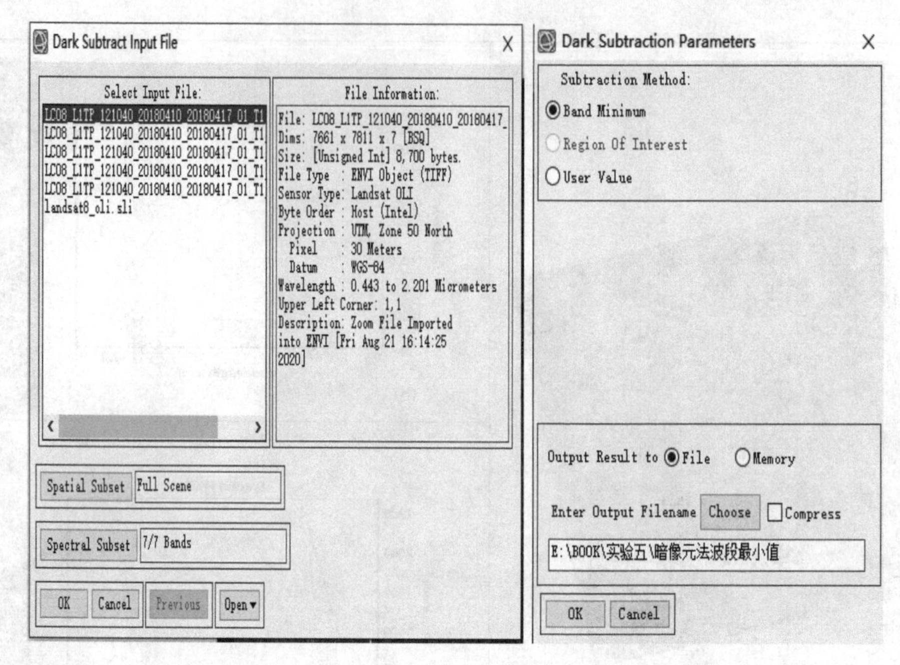


图 5-7　选择文件和打开 Dark Subtraction Parameters 面板

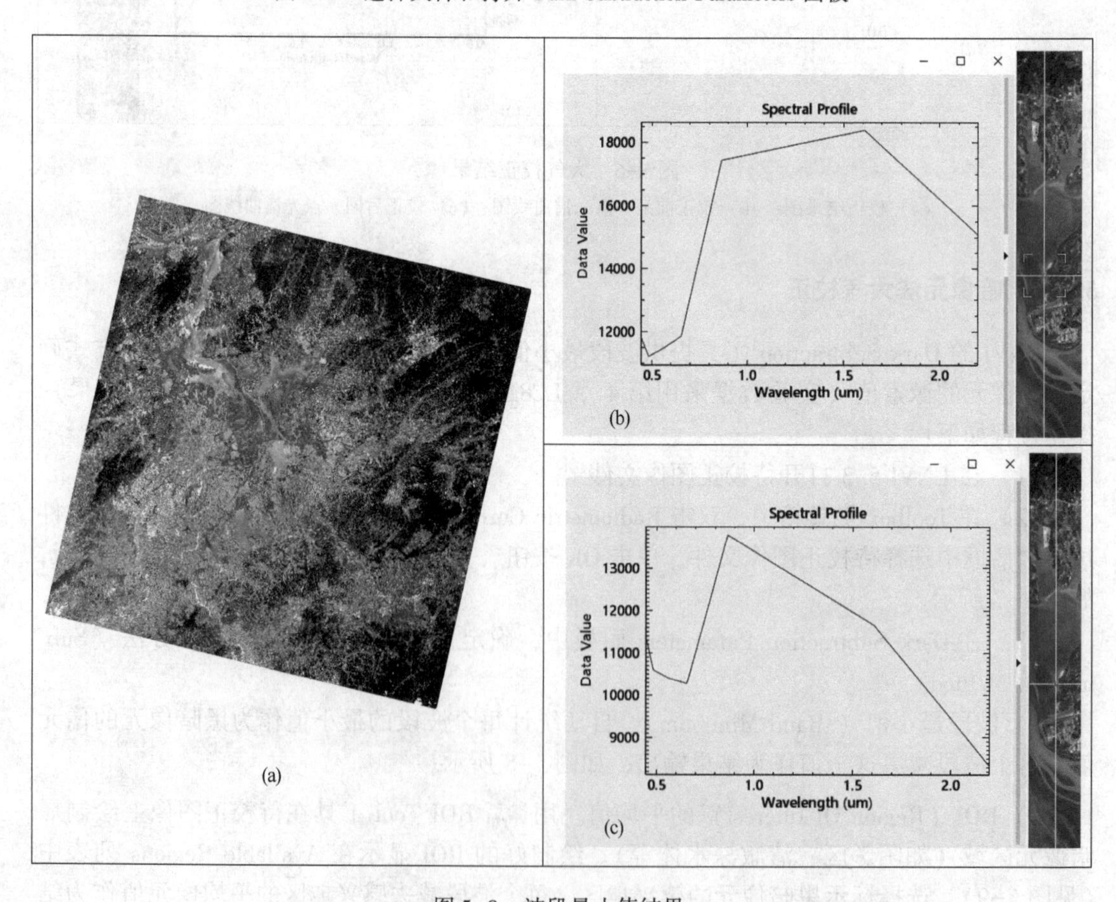


(a)　(b)　(c)

图 5-8　波段最小值结果

（a）结果图；（b）原始影像某一点光谱曲线图；（c）计算后同一点光谱曲线图

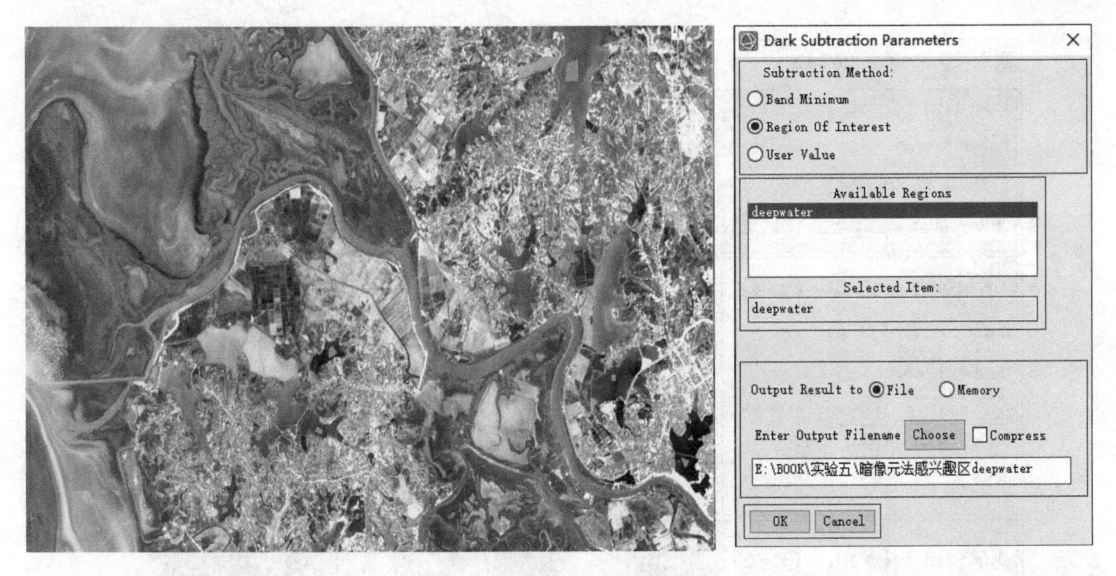


图 5-9 ROI 的平均值法设置

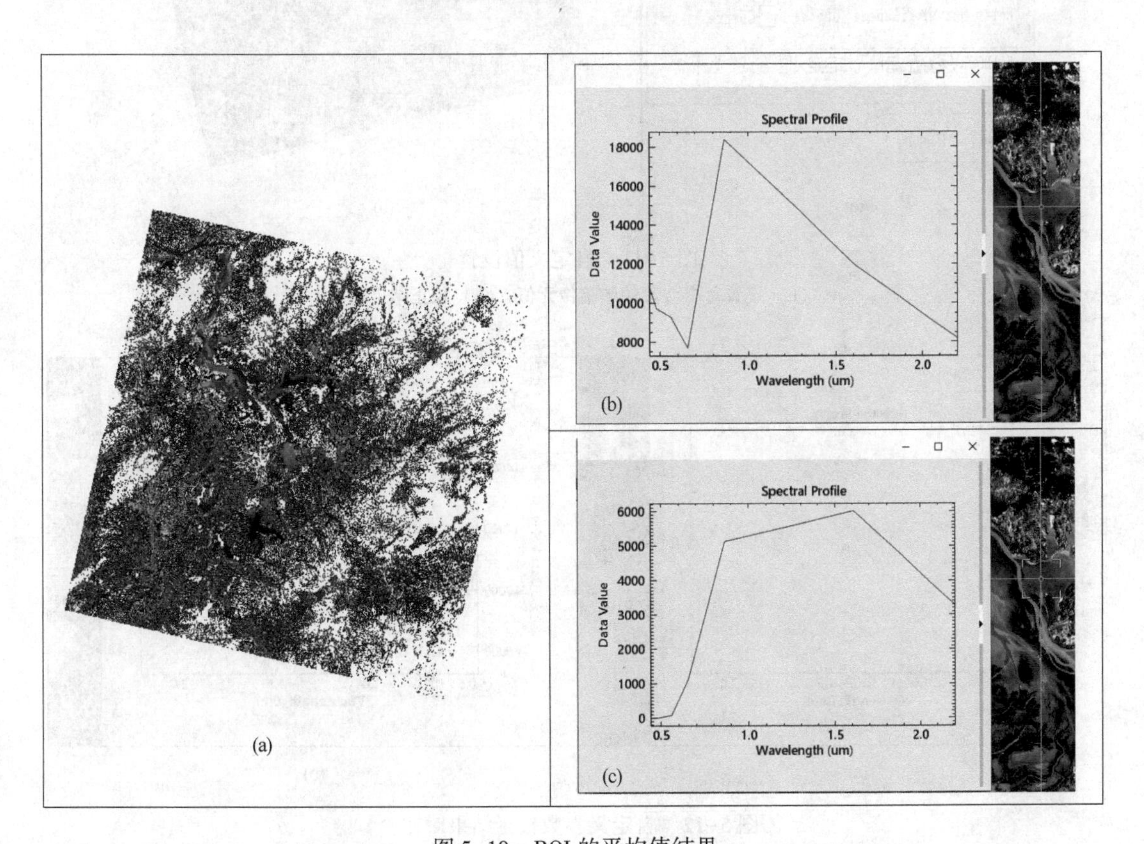


图 5-10 ROI 的平均值结果

(a) 结果图；(b) 原始影像某一点光谱曲线图；(c) 计算后同一点光谱曲线图

3) 自定义值（User Value）。手动输入每个波段的黑暗像元值（见图 5-11），每个波段减去自定义值作为结果输出。图 5-12 为自定义参数校正结果对比图。

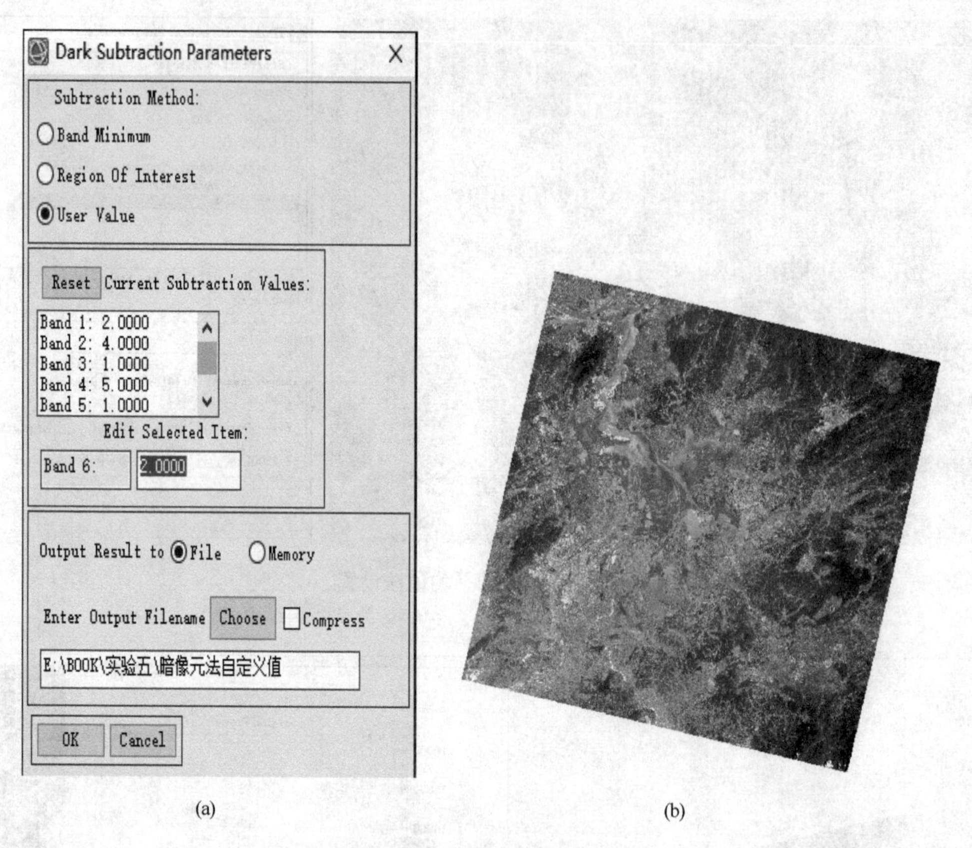


(a) (b)

图 5-11　自定义值设置

（a）设置每个波段的黑暗像元值；（b）校正结果图

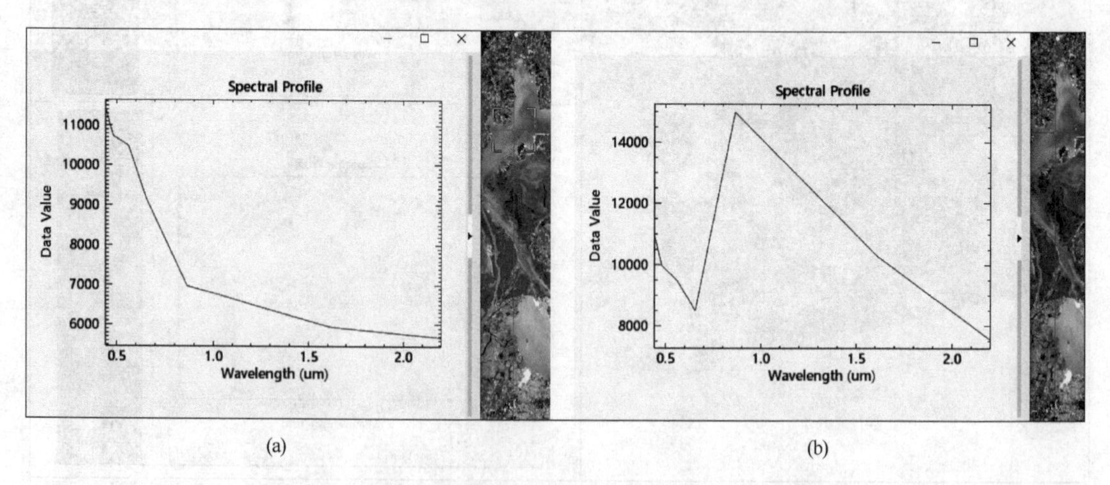


(a) (b)

图 5-12　自定义参数校正结果对比

（a）原始影像某一点光谱曲线图；（b）计算后同一点光谱曲线图

### 5.3.3　不变目标法大气校正

下面以两景在不同大气环境下成像，并已经经过辐射校正的 2018 年和 2017 年的

Landsat 8 数据为例（实验数据采用第 4 章的 LC81210402018100LGN00 和第 6 章的 LC81210402017353LGN00 分别进行辐射定标后的结果数据）。线性校正法的操作步骤如下。

5.3.3.1 伪不变特征要素（PIF）选择

选择一幅目视质量较好的图像作为基准图像（本实验选择 2018 年数据），另一幅作为待校正图像（选择 2017 年数据）。在两幅图像上选择相同区域的沥青房顶、砾石面、洁净湖体等地物作为 PIF，这些地物不会随时间的变化而变化。

（1）ENVI 5.3 主界面中，选择 File→Open as，打开两幅图像。

（2）ENVI 5.3 主界面中，选择 Views→Two Vertical Views，打开两个垂直显示窗口。

（3）ENVI 5.3 的图层管理器（Layer Manager）中，选中其中一个 View 窗口，在工具栏中单击按钮打开数据管理（Data Manager），在 2017 影像图层上右键选择 RGB 对应的 5（近红外）、4（红）、3（绿）3 个波段，单击 Load data 按钮。利用同样方法为另外一个 View 窗口加载显示 2018 年的影像。

（4）ENVI 5.3 主界面，选择 Views→Link Views，在 Link Views 面板中，选择 Geo Link，单击 New Link 按钮，在右边两个视图中分别单击鼠标左键，单击 OK 按钮，将两幅图像进行地理链接显示，如图 5-13 所示。

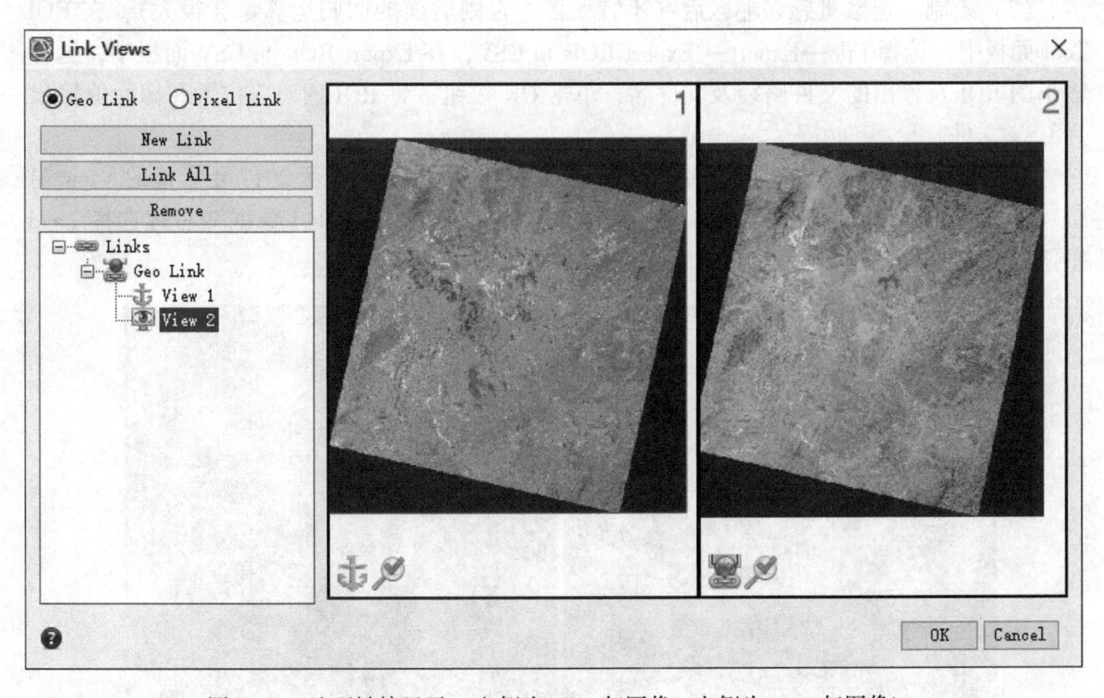


图 5-13 地理链接显示（左侧为 2018 年图像，右侧为 2017 年图像）

（5）图层管理器（layer Manager）中，在 2018 年影像图层上点击右键选择“New Region of Interest”，打开 ROI Tool 面板。

（6）通过目视方式，从两幅图像上找到光谱或者稳定的相同地物作为样本，用 Polygon 或者 Point 类型绘制感兴趣区，如图 5-14 所示。

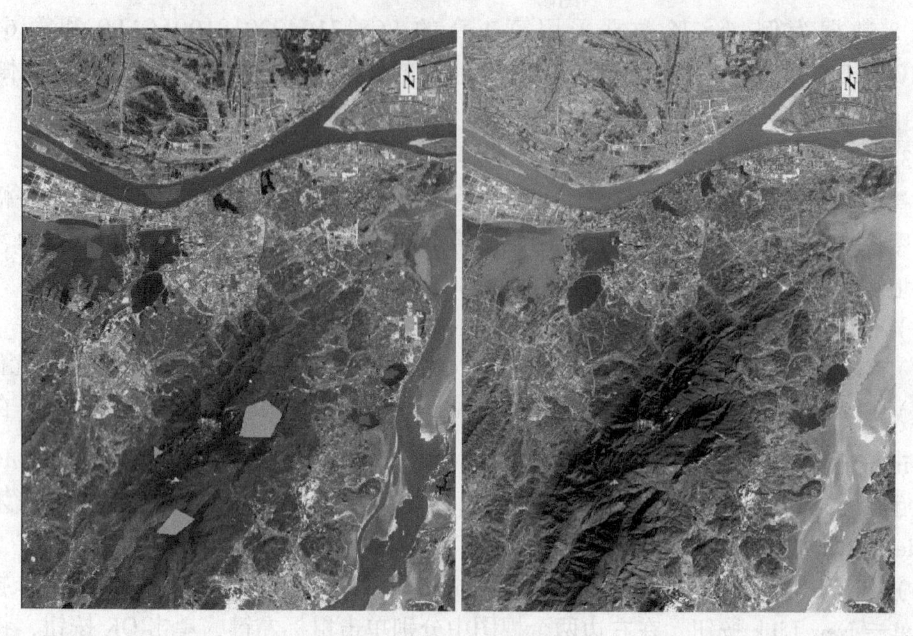

图 5-14　绘制地物样本

（7）绘制一定数量感兴趣区后（不宜太多，否则后面的回归运算量会很大），在 ROI Tool 面板中，选择 File→Export→ Export ROIs to CSV，在 Export ROIs to CSV 面板中，选择输出的 ROI 及输出的文件路径及文件名，单击 OK 按钮，将 ROI 内对应位置和像元值输出为 CSV 文件。

（8）回到主界面，在图层管理器（Layer Manager）中选中显示 2017 年影像的 View 窗口，工具栏中打开数据管理（Data Manager），找到前面绘制的 ROI 数据并右键选择 Load 按钮，将 ROI 加载到 2017 年影像图层上，如图 5-15 的右图所示。

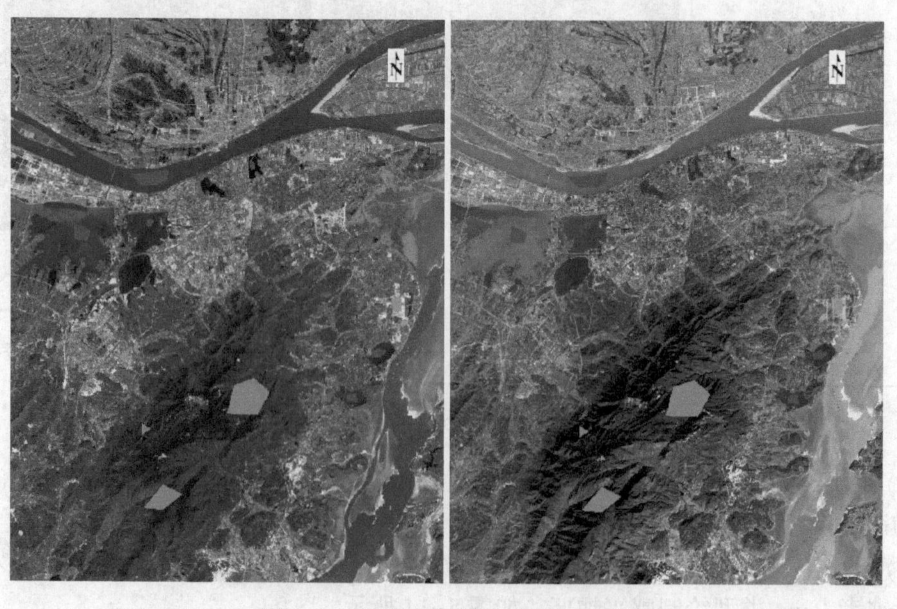

图 5-15　将 ROI 加载到 2017 年图层

（9）回到主界面，在图层管理器（Layer Manager）2017 年影像上的 ROI 图层上双击鼠标打开 ROI Tool 面板。重复上述的第（7）步导出使其为 CSV 文件。

分别用 Microsoft Office Excel 打开上面步骤得到的两个文本文件，得到 2017 年图像和 2018 年图像对应的伪不变特征要素（PIF）的像素值。从 Excel 中可以看到，两个时相图像每一个波段的像素值是一一对应关系，对应式（5-1）中的 $x$ 和 $y$。下文第二步利用这些像素值，根据最小二乘回归分析法获得式（5-1）中的 $a$ 和 $b$ 两个参数。

$$y = ax + b \tag{5-1}$$

5.3.3.2 线性关系式求解

可以使用最小二乘回归的方法来求解线性回归式。根据最小二乘回归分析法从式（5-1）可得

$$a = \frac{\sum_{i=1}^{n}(x_i - \bar{x})(y_i - \bar{y})}{\sum_{i=1}^{n}(x_i - \bar{x})^2} \tag{5-2}$$

$$b = \bar{y} - a\bar{x} \tag{5-3}$$

式中，$x_i$、$y_i$ 分别表示参考图像和待校正图像对应的第 $i$ 个 PIF 像元值。

这里直接使用 Microsoft office Excel 求解线性回归式，将第一步获得的 PIF 的像元值分别导入同一个 Excel 电子表格中（同一个 sheet），利用 Excel 电子表格计算散点图功能很容易计算式（5-1）中的 $a$ 和 $b$。这样就得到待校正图像每个波段的线性变换关系式，如表 5-3 所示。

**表 5-3 每个波段的 $a$ 和 $b$ 值**

| 波段 | $a$ | $b$ |
|---|---|---|
| Band1 | 0.012321 | −61.605090 |
| Band2 | 0.012617 | −63.084360 |
| Band3 | 0.011626 | −58.131700 |
| Band4 | 0.009804 | −49.019920 |
| Band5 | 0.005999 | −29.997750 |
| Band6 | 0.001492 | −7.460170 |
| Band7 | 0.000503 | −2.514480 |

5.3.3.3 ENVI 中的线性变换

根据获得的 $a$、$b$ 值，利用 ENVI 的辐射定标工具（Apply Gain and Offset）对待校正图像进行线性变换，或者使用 band math 工具，步骤如下：

（1）在 Toolbox 工具箱中，双击 Radiometric Correction→Apply Gain and Offset 工具，在 Gain and Offset Input File 对话框中选择待校正影像。

（2）确定后弹出窗口（见图 5-16），此时 ENVI 会自动计算 Gain 和 Offset，这些数值是从头文件中读取，需要修改，分别输入前面计算得到的每个波段的 Gain 值（对应 $a$）、Offset 值（对应 $b$）。Output DataType 选择 Floating Point，选择输出路径和文件名，单击 OK 按钮，执行运算。结果如图 5-17 所示。

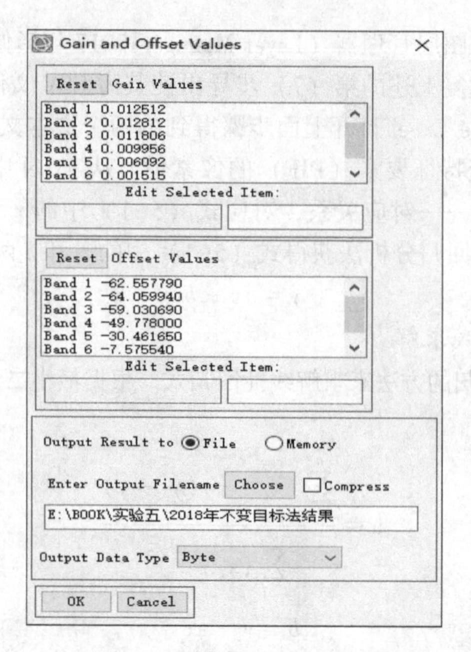


图 5-16　计算 Gain 和 Offset

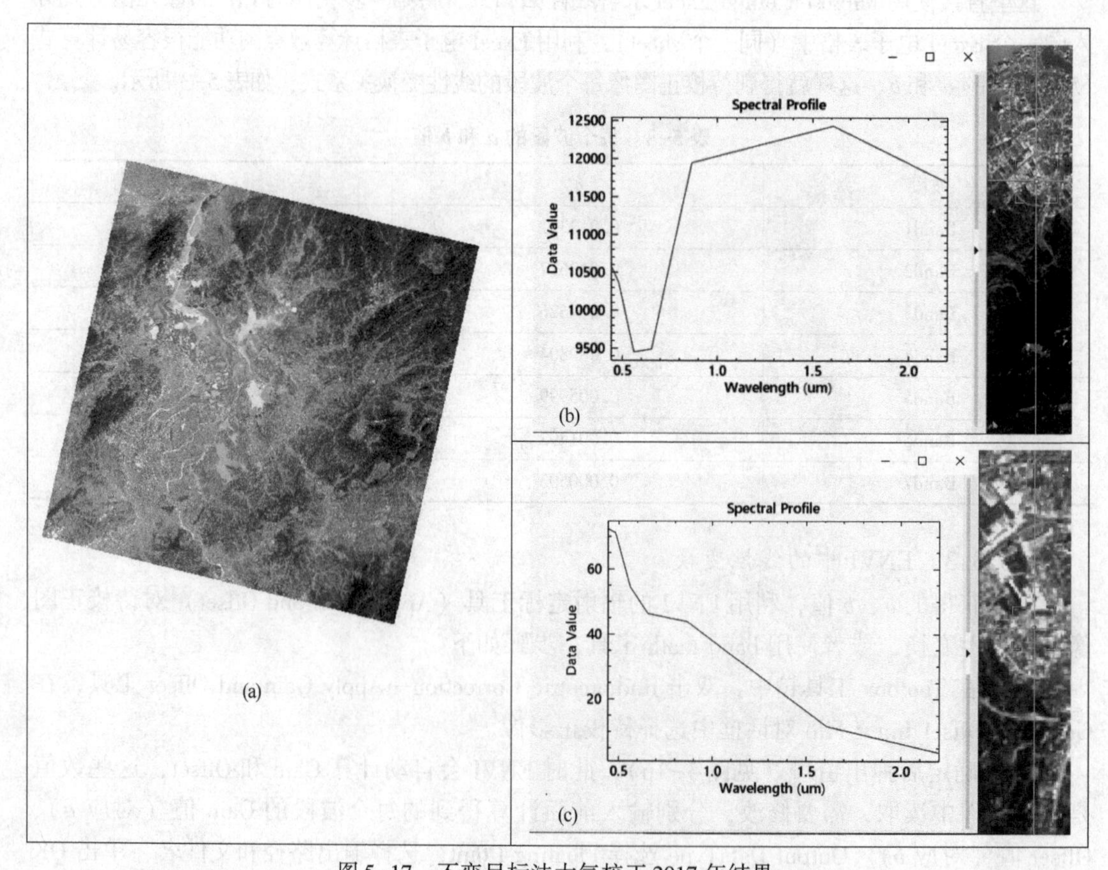


图 5-17　不变目标法大气校正 2017 年结果

（a）结果图；（b）2017 年影像中某一点光谱曲线图；（c）计算后同一点光谱曲线图

# 6 遥感图像裁剪与镶嵌实验

## 6.1 遥感图像裁剪

图像裁剪的目的是将不需要的区域去除。常用方法是按照行政区划边界或自然区划边界进行图像裁剪。在基础数据生产中，还经常要进行标准分幅裁剪。按照图像裁剪过程，图像裁剪可分为规则裁剪和不规则裁剪。规则裁剪是指裁剪图像的边界范围是一个矩形，这个矩形范围获取途径包括行列号、左上角和右下角两点坐标、图像文件、矢量文件等。不规则裁剪是指裁剪图像的外边界范围是一个任意多边形，任意多边形可以是事先生成的一个完整的闭合多边形区域，也可以是一个手工绘制的感兴趣区多边形，还可以是遥感软件支持的矢量数据文件。

## 6.2 遥感图像镶嵌

图像镶嵌是指在一定数学基础的控制下把多景相邻遥感图像拼接成一个大范围、无缝的图像的过程。图像镶嵌前应保证镶嵌区有一定数量像素的重叠区，镶嵌时应对多景影像数据的重叠区进行严格配准。影像镶嵌时除了要满足在镶嵌线上相邻影像几何特征一致性，还要求相邻影像的色调保持一致。镶嵌影像应保证色调均匀、反差适中。如果两幅或多幅相邻影像时相不同，使得影像光谱特征反差较大时，应在保证影像上地物不失真的前提下进行匀色，尽量保证镶嵌区域相关影像色彩过渡自然平滑。根据用于镶嵌的影像是否经过几何纠正、是否含有地理编码，镶嵌可分为基于像元的镶嵌和基于地理坐标的镶嵌。影像镶嵌一般包括以下几个主要过程：

（1）影像定位。影像定位即指相邻影像间的几何配准，其目的是为了确定影像的重叠区。重叠区确定得准确与否直接影响到影像镶嵌效果的好坏。

（2）色彩平衡。色彩平衡是遥感影像数字镶嵌技术中的一个关键环节。不同时相或成像条件存在差异的影像，由于要镶嵌的影像辐射水平不一样，影像的亮度差异较大，若不进行色调调整，镶嵌在一起的几幅图即使几何位置配准很理想，但由于色调各不相同，也不能很好地应用实际。另外，成像时相和成像条件接近的影像也会由于传感器的随机误差造成不同像幅的影像色调不一致，从而影响应用的效果，因此必须进行色调调整。色彩平衡包括影像内部的色彩平衡以及影像间的色彩平衡。

（3）接缝线处理。接缝线处理可细分为重叠区接缝线的寻找以及拼接缝的消除。接缝线处理的质量直接影响镶嵌影像的效果。在镶嵌过程中，即使对两幅影像进行了色调调整，但两幅影像接缝处的色调也不可能完全一致，为此还需对影像的重叠区进行色调的平滑以消除拼接缝。

对于已经过地理坐标定位的影像，采用基于地理坐标的镶嵌方式，影像间重叠区由其坐标计算而得；不包含地理编码的影像则须采取基于像元的镶嵌，可以通过影像间的特征点匹配或手工指定来确定重叠区，ENVI 使用手工指定方式。

## 6.3　实验操作

实验软件：ENVI 5.3 或 ENVI Classic 5.3。

实验数据：\ 实验6 \ LC81210402017353LGN00；

　　　　　\ 实验6 \ LC81220402017344LGN00。

### 6.3.1　建立感兴趣区

首先在 ENVI 5.3 中打开数据（数据可采用光盘：\ 实验 6 \ LC81210402017353LGN00），选择4(红)、3(绿)、2(蓝) 波段进行真彩色合成，并对影像做 2% 线性拉伸显示；

在工具栏上单击图标，弹出 Region of Interest(ROI) Tool 对话框（见图6-1），在对话框中单击图标新建 ROI，设置以下参数：

（1）ROI Name：water；

（2）ROI Color：；

（3）默认 ROI 绘制类型为 Polygon(多边形)，还可以绘制 Rectangle(矩形)、Ellipse(椭圆)、Polyline(线) 和 Point(点)。

在影像上辨别水体区域并单击鼠标开始绘制样本，双击鼠标左键或单击鼠标右键，选择 Complete and Accept Polygon，完成样本的绘制。用同样的方法，绘制多个样本，绘制的样本可以保存作为以后分类的训练样本，如图 6-2 所示。

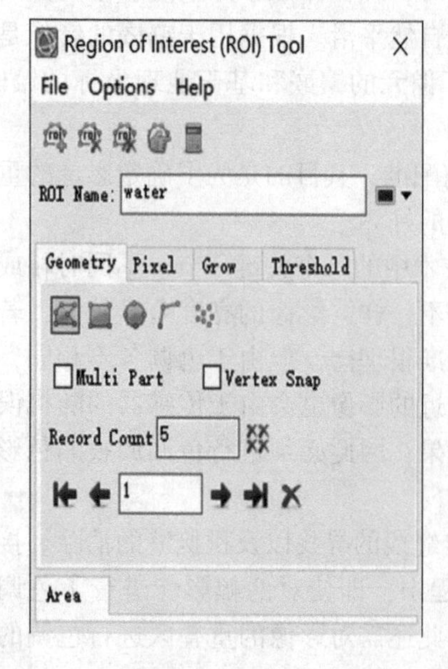


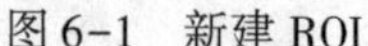
图6-1　新建 ROI

图6-2　绘制样本

需要注意的是：

（1）若要对某个样本进行编辑，可将鼠标移到样本上单击右键，选择 Edit Record 修改样本，单击 Delete Record 则删除样本；

（2）一个样本 ROI 中可包含 $n$ 个多边形或其他形状的记录；

（3）若不小心关闭了 Region of Interest（ROI）Tool 对话框，可在 Layer Manager 中的某一类样本（感兴趣区）上双击鼠标；

（4）选择样本时也可在 ROI 面板中 Pixel 栏下以边长 1～5 个像素长的正方形绘制。

### 6.3.2 遥感图像掩膜

掩膜是一幅由 0 和 1 组成的二进制图像，当掩膜用在 ENVI 的处理操作中时，1 值区域被处理，0 值区域在计算中被忽略。掩膜常用于统计、分类、线性波谱分离、匹配滤波和波谱特征拟合等操作中。

6.3.2.1 创建掩膜文件

（1）ENVI 5.3 中打开文件（数据可采用 \ 实验 6 \ LC81210402017353LGN0），在 Toolbox 工具箱中选择 Raster Management→Masking→Build Mask，弹出 Build Mask Input File 对话框，选择影像文件。

（2）弹出 Mask Definition 对话框（见图 6-3），在 Mask Definition 对话框菜单栏中选择 Options→import ROIs，弹出 Mask Definition Input ROIs 对话框（见图 6-4）。

（3）选择 Select All Items，单击 OK 按钮，选择输出文件路径和文件名，单击 OK 按钮，建立的掩膜结果如图 6-5 所示。

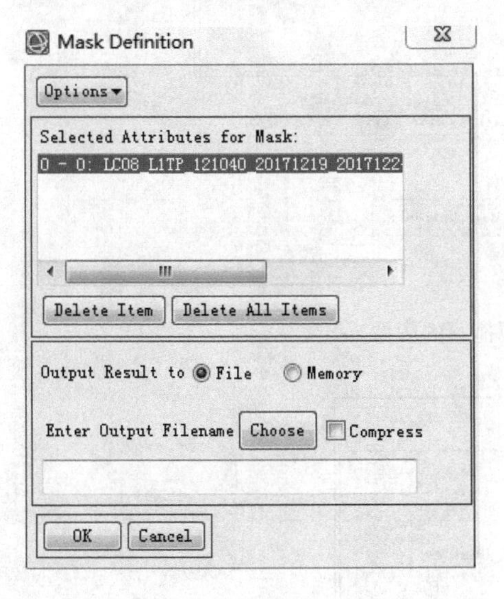


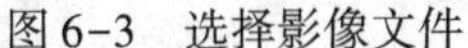
图 6-3 选择影像文件

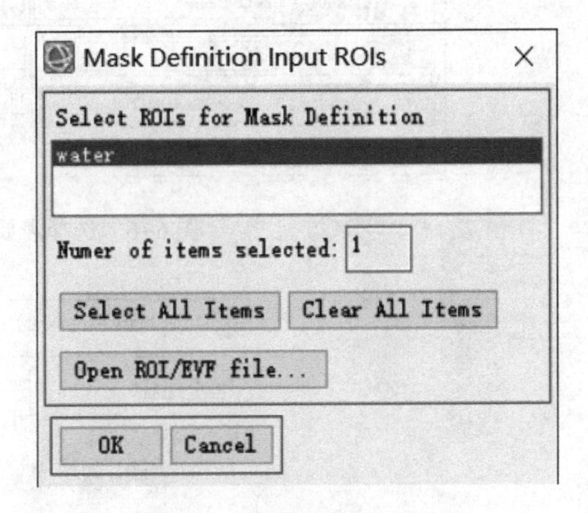


图 6-4 选择掩膜用的样本

6.3.2.2 应用掩膜文件

（1）在工具箱中，选择 Raster Management→Masking→Apply Mask，弹出 Apply Mask Input File 对话框（见图 6-6），在 Select Input File 中选择待掩膜的影像文件，在 Select Mask Band 中选择已建立的掩膜图层，如没有掩膜图层则需要新建，点击 Mask Options→

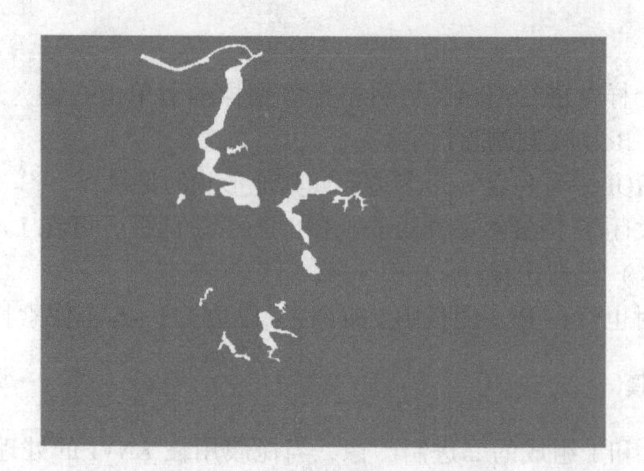

图 6-5　创建掩膜图层

Build Mask... 新建掩膜图层（见前文），选择掩膜图层后单击 OK 按钮，弹出 Apply Mask Parameters 对话框（见图 6-7）。

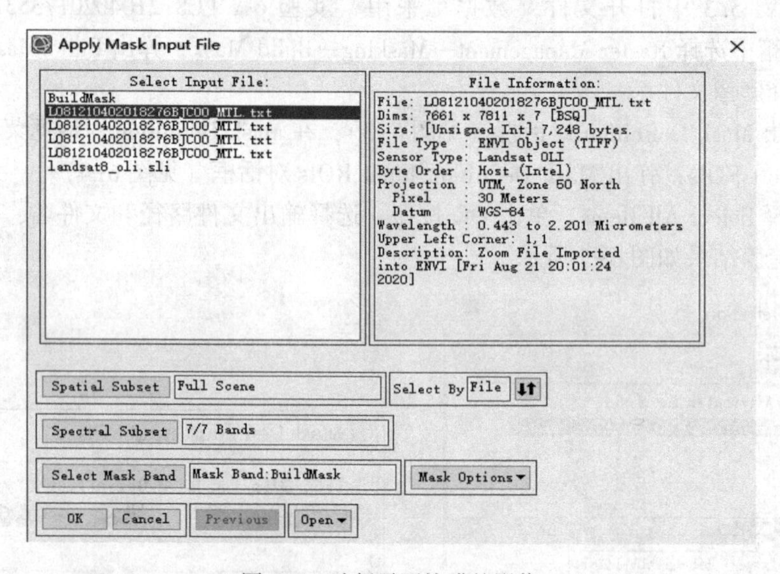


图 6-6　选择需要掩膜的影像

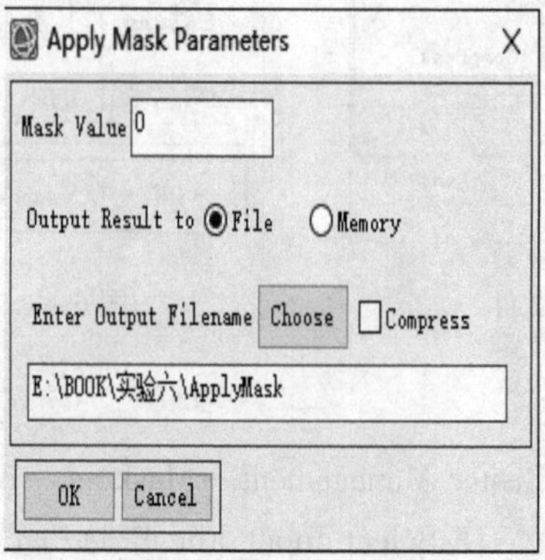

Apply Mask Parameters

Mask Value 0

Output Result to ◉File ○Memory

Enter Output Filename Choose □Compress

E:\BOOK\实验六\ApplyMask

OK　Cancel

图 6-7　输出掩膜文件

（2）选择输出文件路径和文件名，单击 OK 按钮。应用掩膜结果如图 6-8 所示。

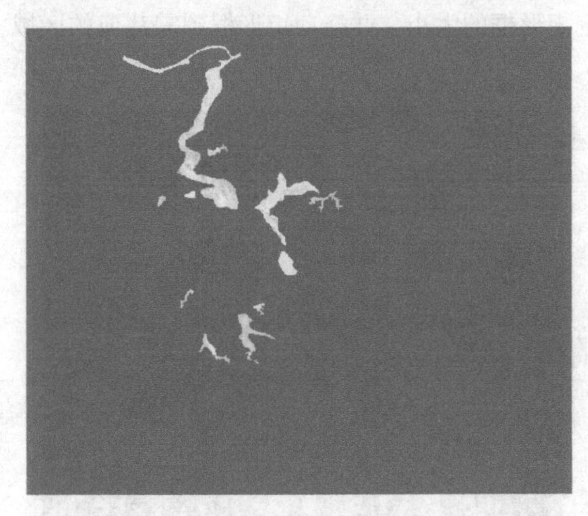

图 6-8 掩膜结果

### 6.3.3 遥感图像裁剪

本次实验以 Landsat 8 影像为例（数据可采用光盘：\ 实验 6 \ LC81210402017353LGN0)，介绍图像裁剪的具体操作过程。

6.3.3.1 规则分幅裁剪

（1）利用规则分幅裁剪图像：启动 ENVI 5.3，打开需要裁剪的影像；

（2）在 Toolbox 工具箱中，选择 Raster Management→Resize Data，在输入裁剪文件对话框中（Resize Data Input File)，输入裁剪图像；

（3）在 Resize data input file 对话框中，单击 Spatial subset 按钮，弹出 Select Spatial Subset 对话框，如图 6-9 所示；

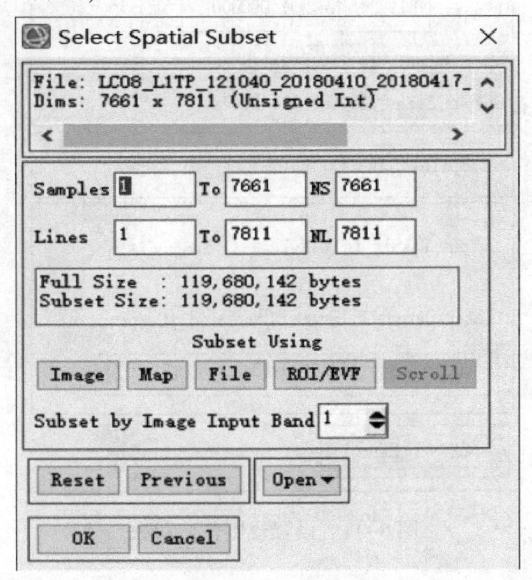


图 6-9 规则裁剪

（4）对话框中选择 Image 按钮，在 Subset by Image 中拖动红色矩形框到需裁剪的区域，或输入行列号确定矩形框的大小，并拖动矩形框到需裁剪的区域，如图 6-10 所示；

图 6-10　规则裁剪

（5）单击 OK 按钮，在 Resize Data Parameters 对话框中，设置采样方式、输出路径及名称，保存裁剪文件，如图 6-11 所示；

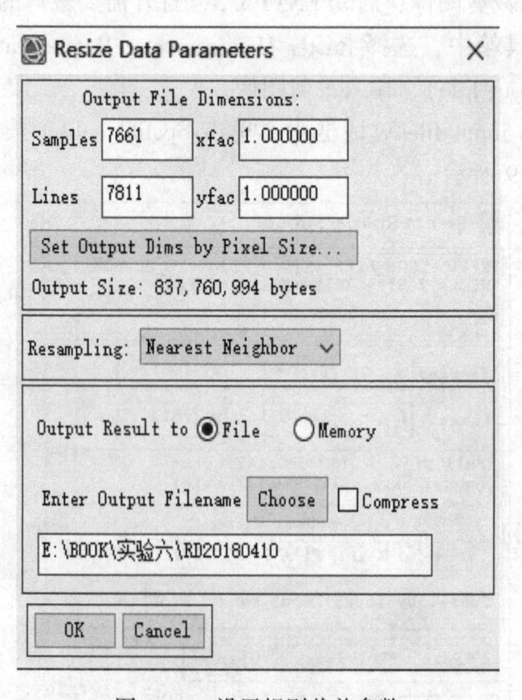


图 6-11　设置规则裁剪参数

（6）单击 OK 按钮，进行裁剪，结果如图 6-12 所示。

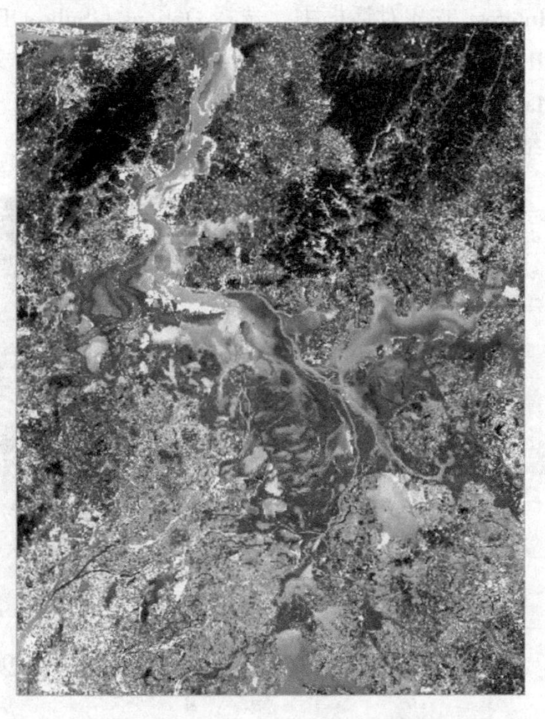

图 6-12　规则裁剪结果

#### 6.3.3.2　不规则分幅裁剪

利用感兴趣区裁剪图像：

（1）打开影像，单击主窗体界面中的 ROI 按钮，弹出 Region of Interest（ROI）Tool 对话框。

（2）在 Region of Interest（ROI）Tool 对话框中，单击多边形按钮，创建 ROI，如图 6-13 所示。

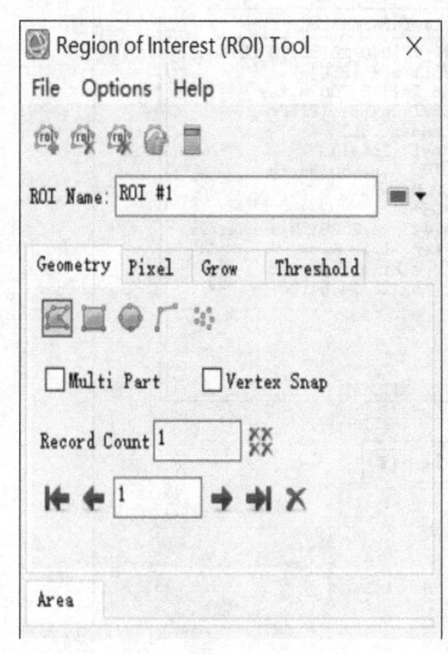

图 6-13　创建感兴趣区

（3）在 Region of Interest Tool 对话框中，选择 Options→Subset Data With ROIs...，弹出 Spatial Subset Via ROI Parameters 对话框（见图6-14），设定输出文件路径及名称，保存文件。注意对话框中 Mask pixels output of ROS？设置是或否的差异。

（4）单击 OK，其结果如图 6-15 所示。

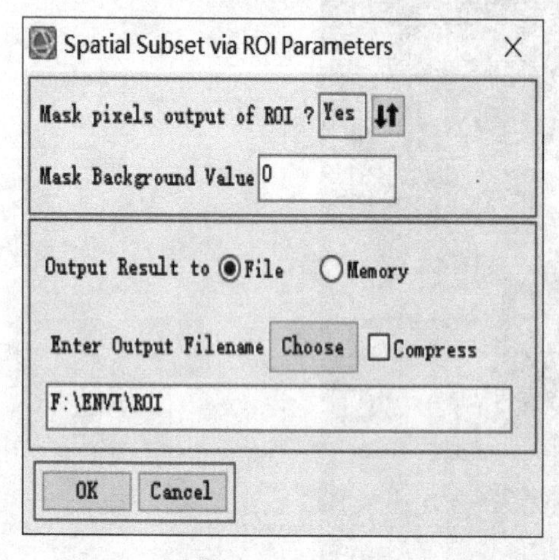


图 6-14 设定输出文件路径及名称

图 6-15 不规则裁剪结果

### 6.3.3.3 使用已有矢量数据裁剪影像

使用已有矢量数据裁剪影像的操作过程和绘制感兴趣区裁剪的过程的基本类似。

（1）打开影像数据和矢量数据（影像 LC81210402017353LGN00 和矢量数据文件）。

（2）在 Toolbox 工具箱中选择 Regions of Interest→Subset Data From ROIs，在 Select Input File to Subset via ROI 对话框中选择需要裁剪的文件，如图 6-16 所示，单击 OK 按钮。

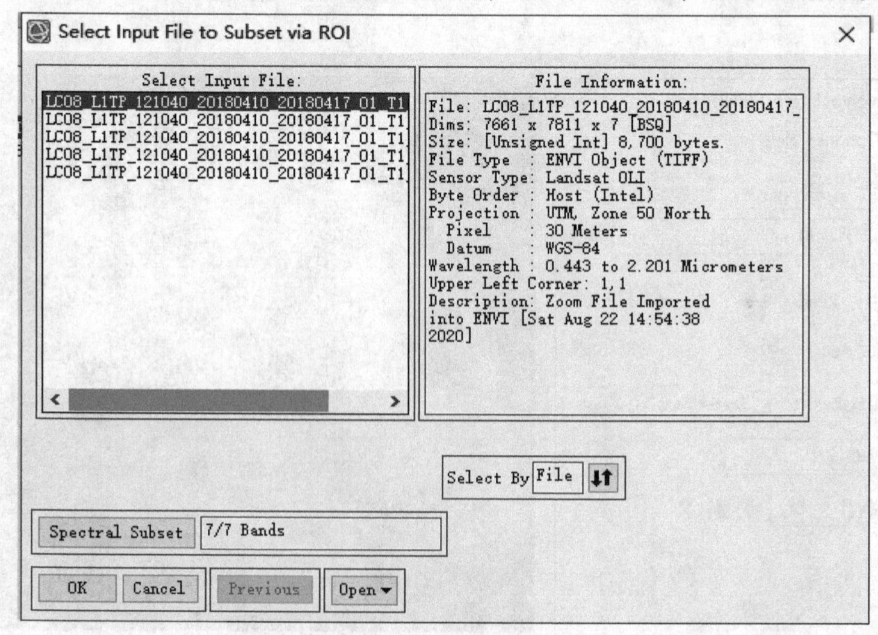


图 6-16 选择需裁剪文件

（3）在 Spatial Subset via ROI Parameters 对话框中，选择 ROI 文件，设置背景值，设定输出文件路径和名称，保存文件即可，如图 6-17 所示。

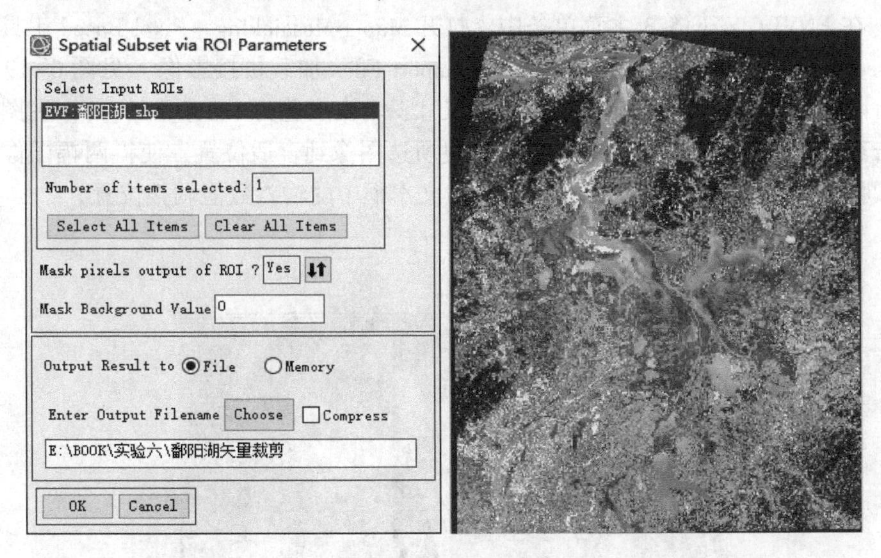


图 6-17 裁剪结果

### 6.3.4 遥感图像镶嵌

ENVI 的图像镶嵌功能可以提供交互式的方法将没有地理坐标或者有地理坐标的多幅影像拼接生成一幅影像（数据见 \ 实验 6 \ LC81210402017353LGN00 和 LC81220402017344LGN00）。

6.3.4.1 基于像元的图像拼接

（1）启动经典版 ENVI Classic 5.3，加载拼接图像（本次实验以每个影像的 Band1 为实验数据），如图 6-18 所示。

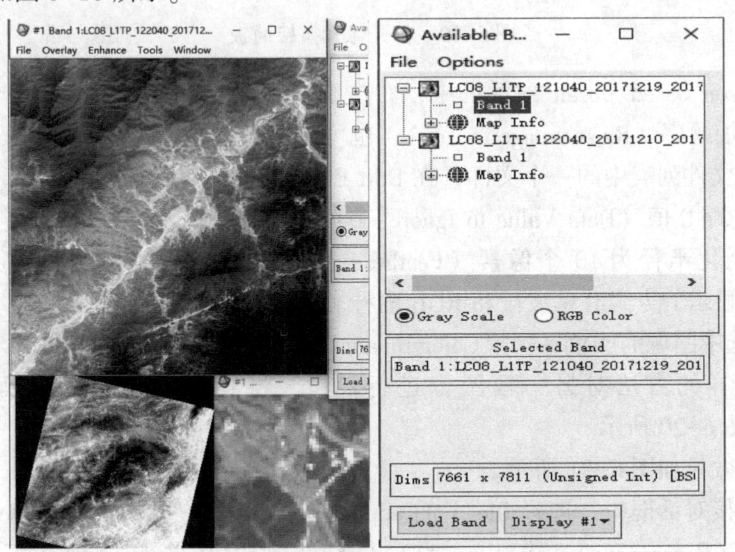


图 6-18 导入两幅拼接图像

（2）首先打开拼接图像，查看图像信息的大小（File Information）。

（3）将需要拼接图像行列号相加，得到一个像元拼接区域的大概范围。

（4）在 ENVI Classic 5.3 主菜单条中，打开 Map→Mosaicking→Pixel Based 工具，打开 Pixel Based mosaic 工具面板，选择 Import→ Import Files 加载拼接影像（见图 6-19）在拼接大小对话框中（如有需要可输入 X，Y 的尺寸，本次实验为 12680 * 7901）。在图像窗口中，点击其中一个图像并按住鼠标左键，拖曳所选图像到合适位置，使得两幅图像重叠区相同像素吻合，或者更改窗口下方的 X0、Y0 文本框中的输入数值调整位置。

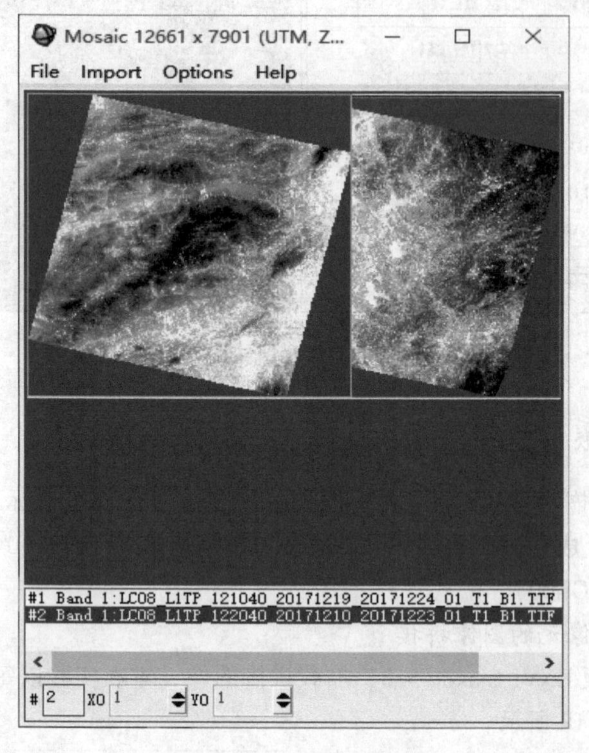


图 6-19　打开像元拼接面板

（5）在 Pixel Based Mosaic 对话框中，右击窗口影像或文件列表中的一个文件，可以调整文件的叠加顺序（Raise Image to Top），也可以编辑文件（Edit Entry）。

（6）选择文件列表中的一个文件，在 Edit Entry 对话框中设置如下：

1）设置忽略 0 值（Data Value to Ignore：0）。

2）设置羽化半径为 10 个像素（Feathering Distance），在拼接窗口的显示（Mosaic Display）中，显示的方式有单波段和 RGB 两种。

3）设置选中图像的颜色平衡（Color Balancing）为基准图像（Fixed）。

（7）用同样的方法对另一幅图像进行设置，将其设置为颜色平衡的校正图像（Adjust）。如图 6-20 所示。

（8）设置效果如图 6-21 所示。

（9）在拼接对话框中，选择 file 下的 apply 进行应用，在 Mosaic Parameters 对话框中设置采样方式（Resampling），输出文件路径及名称，以及其背景值。如图 6-22 所示。

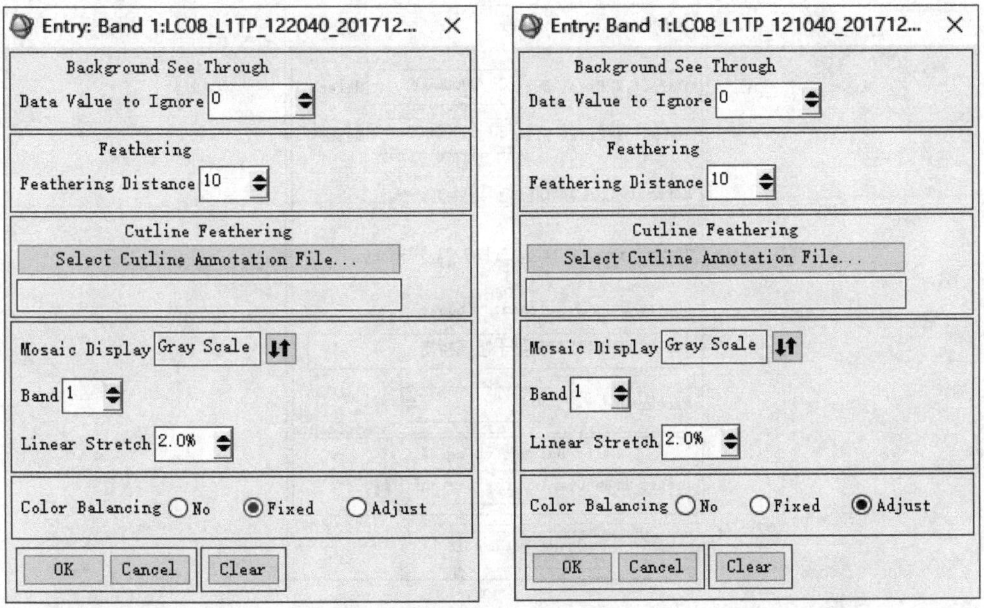

Entry: Band 1:LC08_L1TP_122040_201712...
Background See Through
Data Value to Ignore 0
Feathering
Feathering Distance 10
Cutline Feathering
Select Cutline Annotation File...
Mosaic Display Gray Scale
Band 1
Linear Stretch 2.0%
Color Balancing ○No ◉Fixed ○Adjust
OK Cancel Clear

Entry: Band 1:LC08_L1TP_121040_201712...
Background See Through
Data Value to Ignore 0
Feathering
Feathering Distance 10
Cutline Feathering
Select Cutline Annotation File...
Mosaic Display Gray Scale
Band 1
Linear Stretch 2.0%
Color Balancing ○No ○Fixed ◉Adjust
OK Cancel Clear

图 6-20 设置拼接图像参数

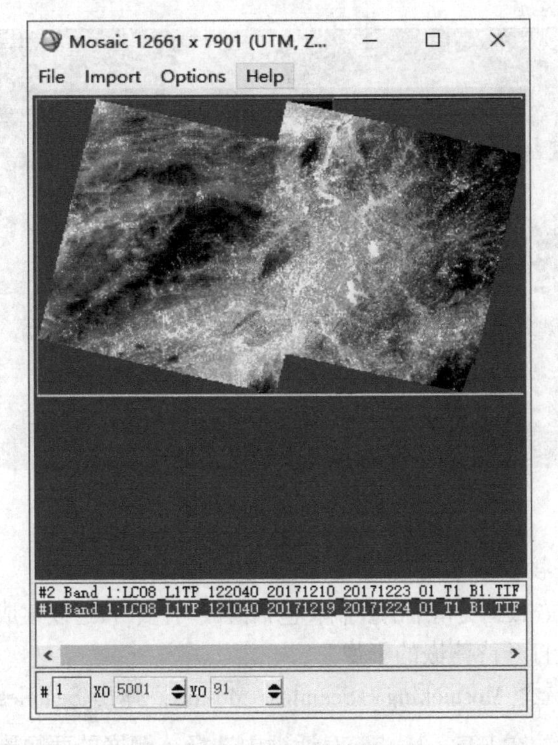


图 6-21 设置效果

（10）全部设置完成之后，点击 OK，进行拼接，拼接结果如图 6-23 所示。

ENVI 经典版中基于地理位置的镶嵌点击 Map→Mosaicking→Georeferenced，除了图像位置不能移动外，其他参数设置与上述步骤相似。

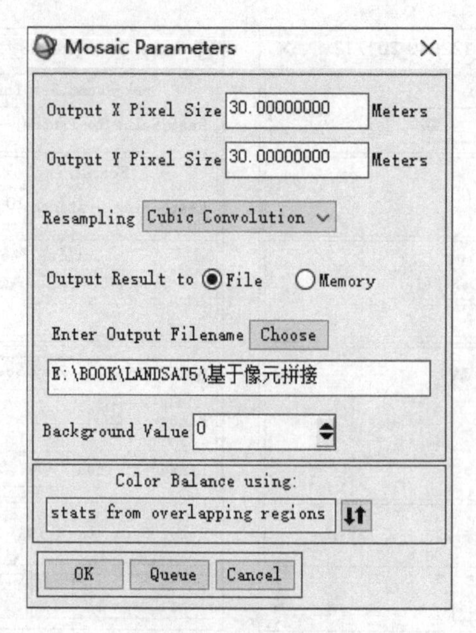


图 6-22　设置拼接参数

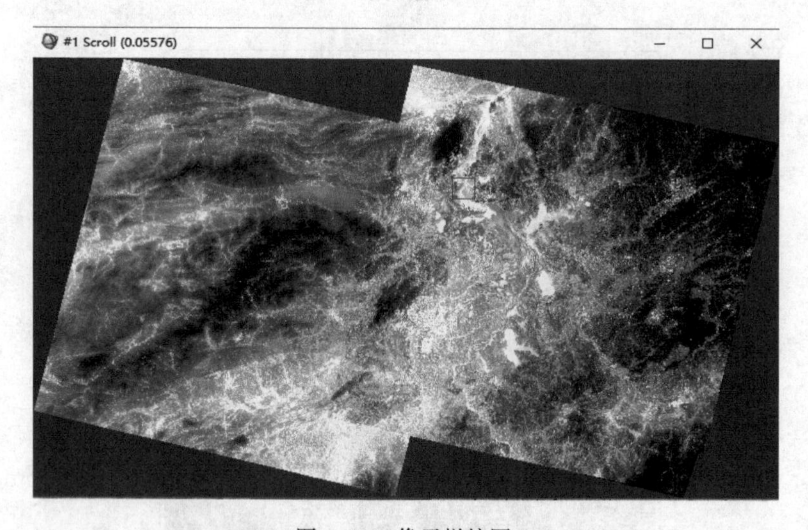


图 6-23　像元拼接图

6.3.4.2　无缝拼接

使用该工具可对镶嵌做到更精细的控制，包括镶嵌匀色、接边线生成和预览镶嵌效果等。

（1）启动 ENVI，打开待镶嵌的影像。

（2）在工具箱中选择 Mosaicking→Seamless Mosaic，弹出 Seamless Mosaic 对话框，单击 add scenes 按钮，在 File selection 对话框中选择待镶嵌的两幅影像，单击 OK 按钮将两幅影像添加到 Seamless Mosaic 对话框中，如图 6-24 所示。

（3）在 Color Correction 窗口中选中 Histogram Matching，选择 Overlap Area Only，统计重叠区直方图进行匹配，如图 6-25 所示，或者选择 Entire Scene，统计整幅图像直方图进行匹配。

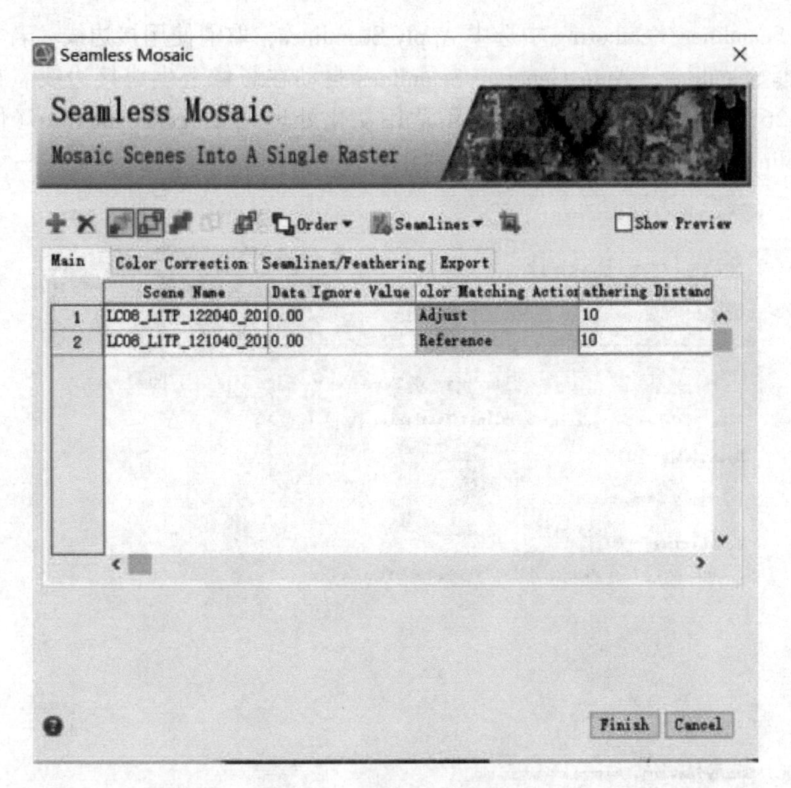


图 6-24 添加待拼接影像

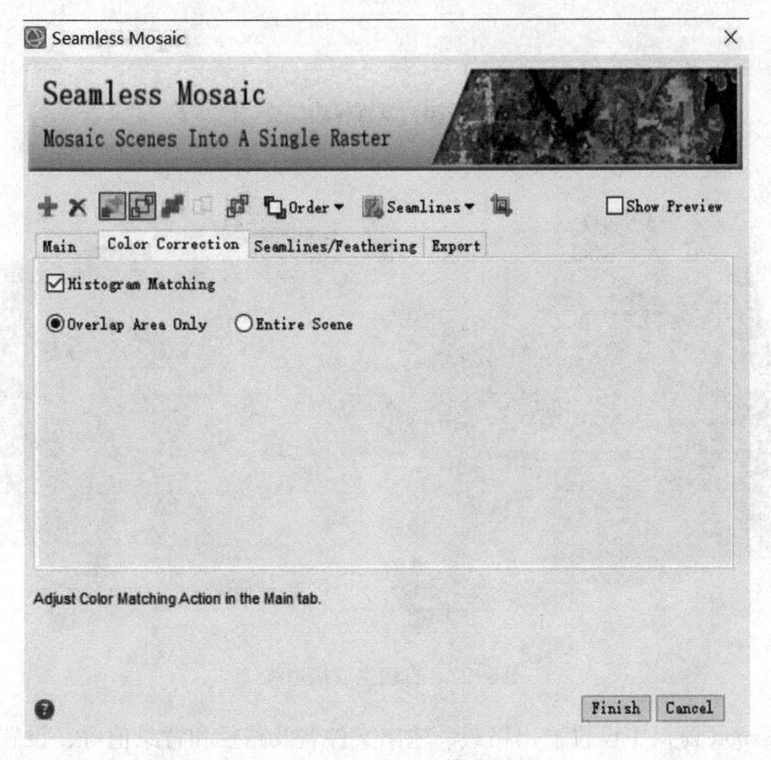


图 6-25 直方图匹配

（4）在 Seamlines/Feathering 中选中 Apply Seamlines，取消使用接边线，若需要添加接边线，可选择 Seamlines→Auto Generate Seamlines 自动在影像上生成接边线。在羽化设置中，如图 6-26 所示，可以选择 None（不适用羽化处理）、Edge Feathering（使用边缘羽化）和 Seamlines Feathering（使用接边线羽化），羽化结果如图 6-27 所示。

图 6-26　设置接边线

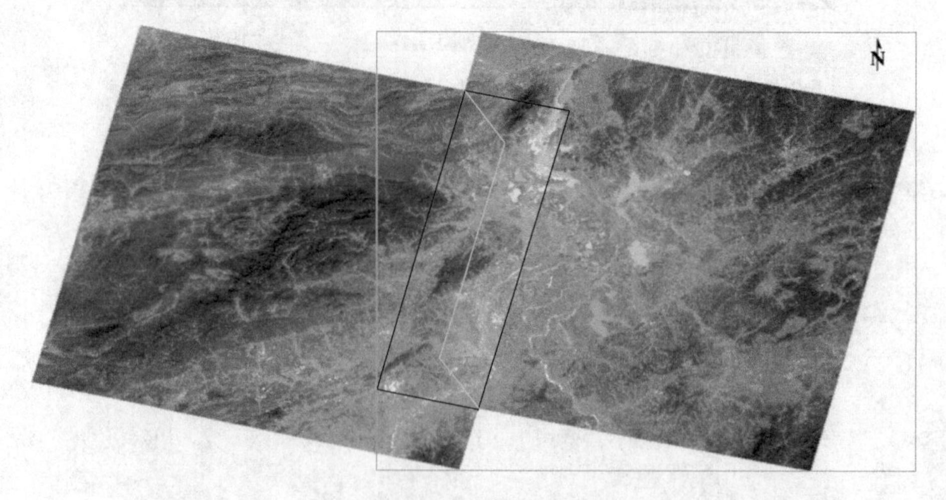


图 6-27　自动生成接边线

（5）在 Export 窗口中设置输出格式、输出文件名及路径和背景值等，设置完成后，单击 Finish 按钮完成镶嵌过程，显示镶嵌结果，如图 6-28 所示。

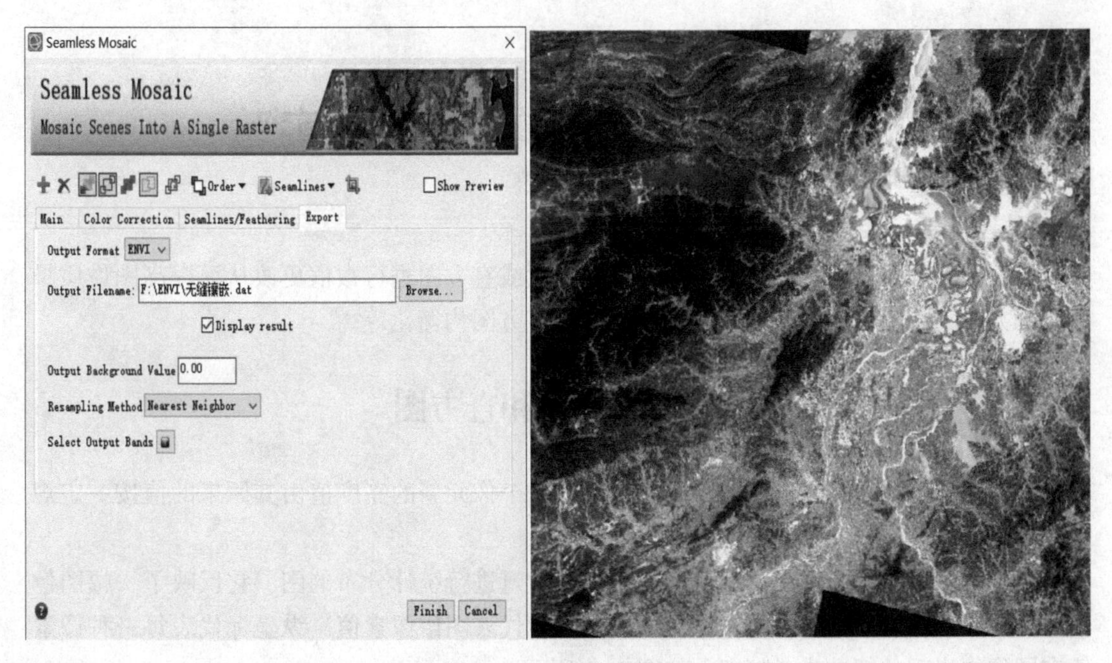
Seamless Mosaic
Seamless Mosaic
Mosaic Scenes Into A Single Raster
Order
Seamlines
Show Preview
Main
Color Correction
Seamlines/Feathering
Export
Output Format
ENVI
Output Filename:
F:\ENVI\无缝镶嵌.dat
Browse...
Display result
Output Background Value
0.00
Resampling Method
Nearest Neighbor
Select Output Bands
Finish
Cancel

图 6-28　无缝拼接结果

# 7 遥感图像辐射增强实验

遥感图像辐射增强是针对每个像元通过函数或直方图进行数值更改从而提高图像质量的处理方法，包括对比度拉伸、直方图匹配、直方图均衡化等。

## 7.1 点操作和直方图

点操作：辐射增强有一个共同的特点就是一个像元新的亮度值由其原来的值按一定规则产生，不受邻域像元的影响。

直方图：对图像中每个灰度值相同的像元数量进行统计分布的图，它反映了一幅图像中灰度级与其出现概率之间的关系。一般横坐标代表图像像素值，纵坐标代表每一种像素值在图像中出现的频数或者频率，如图 7-1 所示。

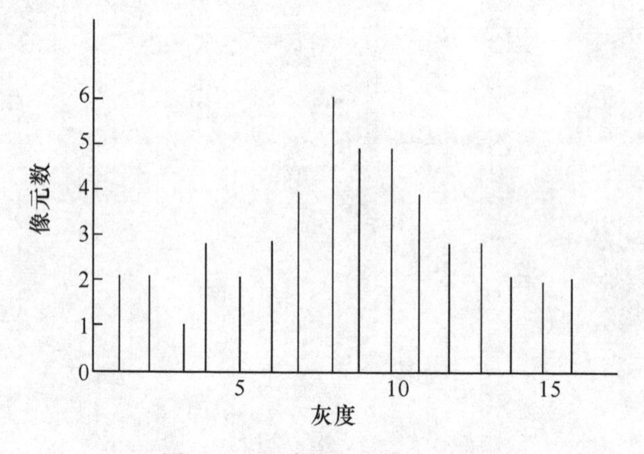


图 7-1　遥感数字图像直方图

直方图只反映灰度值出现的频率，不包含位置信息。一幅遥感图像有唯一的直方图，但不同的遥感图像可能有相同的直方图。直方图可以反映一幅图像的质量，在图像处理分析、特征提取、图像匹配等方面有着重要作用。

## 7.2 对比度拉伸方法

遥感图像的对比度拉伸，也称为对比度增强处理，是一种点处理方法，是将原图像的灰度值经过一个变换函数变换成新的灰度（即改变像元数值大小）的辐射增强方法，经过处理后的图像区分度大，地物之间对比明显，有利于信息提取。

对比度拉伸分为线性拉伸和非线性拉伸。

### 7.2.1 线性拉伸

遥感图像的量化级一般为256（现在很多传感器因辐射分辨率提高，量化级实际远远高于这个数），然而实际遥感图像数据很少能利用到256个灰度级。用线性变换方式扩展图像灰度动态范围可以加大图像的对比度，增加图像的可解译性。

一般图像线性扩展是对原图像中的灰度动态范围不加区别地扩展到整个图像灰度的动态范围。在实际的遥感图像数字处理工作中，有时需要把图像的低亮度值和高亮度值像元的灰度值分别进行适当的合并，例如仅对原图像整个灰度范围中间的某一部分进行线性扩展，这种线性扩展又称“去头去尾”线性扩展。

### 7.2.2 非线性拉伸

非线性扩展对于要进行扩展的灰度范围是有选择性的。常用的非线性扩展方法有指数变换法（增强原始图像的亮度值部分，即亮区扩展）、对数变换法（扩展原始图像的低亮度部分，常称之为暗区扩展）、高斯变换（扩展图像中间灰度范围，常称之为中区扩展）、正切变换（暗、亮区扩展）等。例如在比较潮湿的地区或山体阴影区内的目标，对数变换是比较有利的。

## 7.3 直方图均衡化方法

直方图均衡是将随机分布的图像直方图修改成均匀分布的直方图，其实质是对图像进行非线性拉伸，重新分配图像像元值，使一定灰度范围内的像元的数量大致相等。这种方法通常用来增加图像的局部对比度，尤其是当图像有用数据的对比度相当接近的时候。通过这种方法，亮度可以更好地在直方图上分布。这样就可以用于增强局部的对比度而不影响整体的对比度，直方图均衡化通过有效地扩展常用亮度来实现这种功能。

## 7.4 直方图匹配方法

直方图匹配，又称直方图规定化，即变换原图的直方图为规定的某种形式的直方图，从而使两幅图像具有类似的色调和反差。直方图匹配属于非线性点运算。

直方图匹配的原理：对两个直方图都做均衡化，变成相同的归一化的均匀直方图，以此均匀直方图为媒介，再对参考图像做均衡化的逆运算。

直方图匹配对在不同时间获取的同地区或邻接地区的图像，或者由于太阳高度角或大气影响引起差异的图像很有用，特别是对图像镶嵌或变化检测。

## 7.5 实验操作

实验平台：ENVI 5.3 或 ENVI Classic 5.3。

实验数据：\ 实验7 \ L820181003；<br>
　　　　　\ 实验7 \ L820180410。

### 7.5.1 对比度拉伸实验

ENVI 5.3 有 3 种方式实现对比度拉伸。首先在 ENVI 5.3 中打开影像。

（1）快速拉伸。在 ENVI 5.3 工具栏点选拉伸工具，如图 7-2 中的虚线框。下拉该框，选择需要的拉伸方式。该快捷栏包含的功能有 Linear（线性拉伸）、Linear 1%（线性拉伸 1%）、Linear 2%（线性拉伸 2%）、Linear 5%（线性拉伸 5%）、Equalization（均衡化）、Gaussian（高斯拉伸）、Square Root（平方根拉伸）、Logarithmic（对数拉伸）、Optimized Linear（最优线性拉伸）、Custom（用户自定义拉伸）。

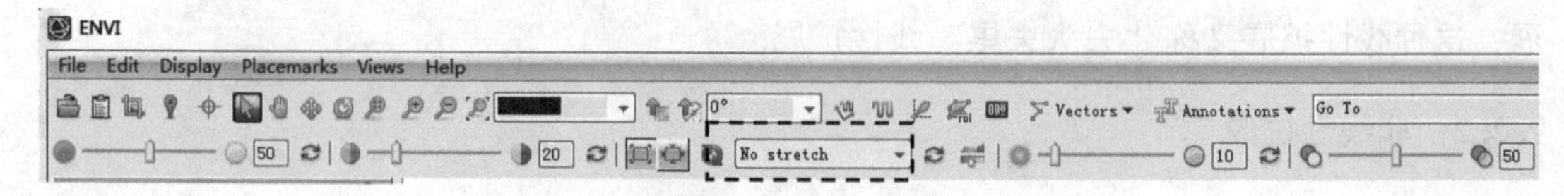


图 7-2 拉伸工具

选择 Linear 2%（线性拉伸 2%），拉伸前后对比图如图 7-3 和图 7-4 所示。

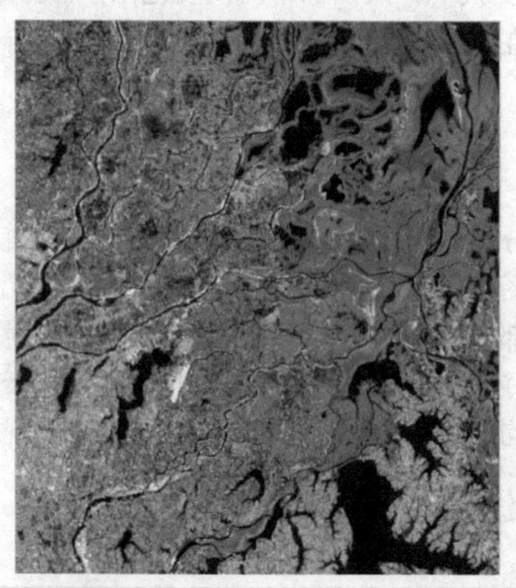

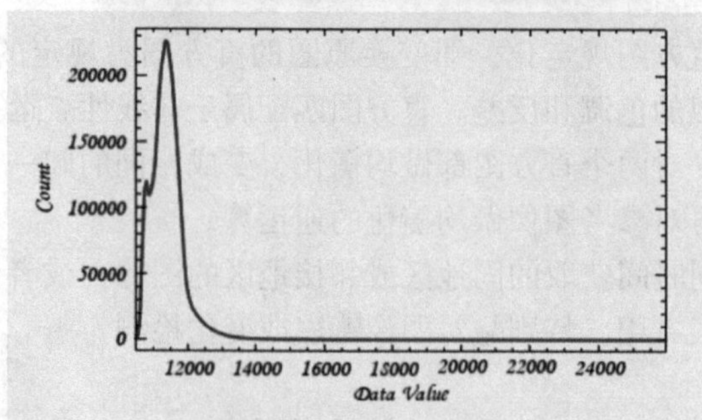


图 7-3 拉伸前

（2）自定义交互式拉伸。在 ENVI 5.3 主菜单点击 Display 下的 Custom Stretch 或工具栏上的▬，弹出自定义拉伸面板（见图 7-5）。在面板下方的下拉列表中，选择需要的拉伸方法，用鼠标将直方图中垂直线移动到所需要的位置，设定拉伸范围，或在“Black-

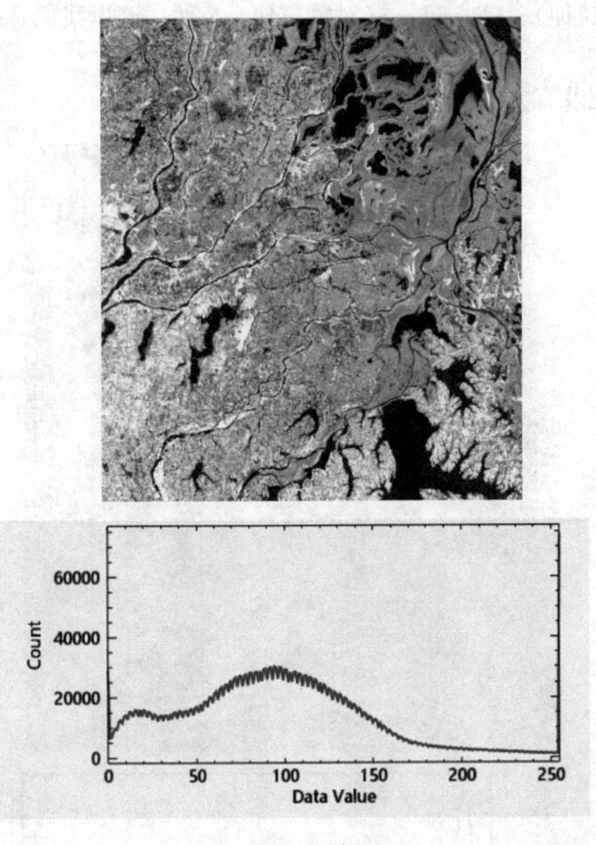


图 7-4　拉伸后

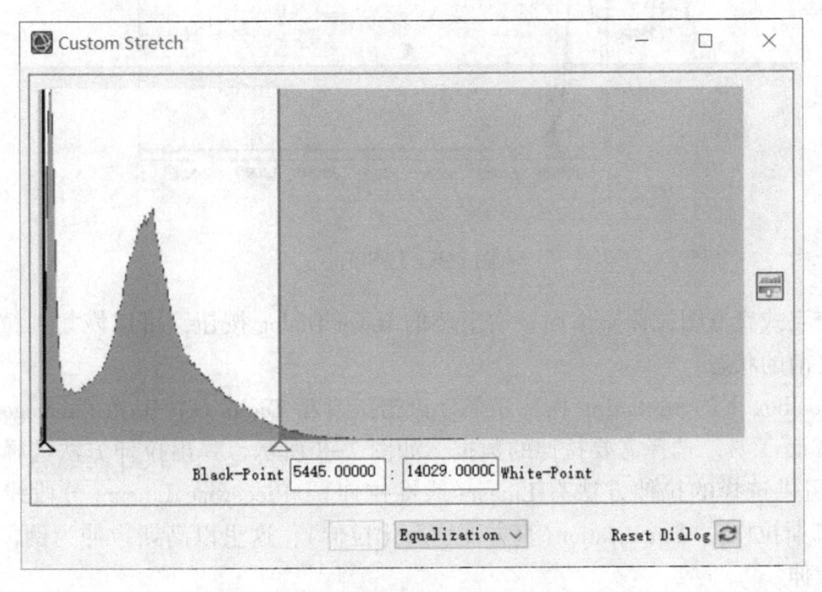


图 7-5　自定义拉伸窗口

Point”和“White-Point”文本框中分别输入最小值和最大值，设定后自动生效。该面板可选择的拉伸方法有 Linear（线性拉伸）、Equalization（均衡化）、Gaussian（高斯拉伸）、

Sqaure Root（平方根拉伸）、Logarithmic（对数拉伸）5 种。这里我们选择 Equalization（均衡化）拉伸方法。

拉伸前后的对比及直方图对比如图 7-6、图 7-7 所示。

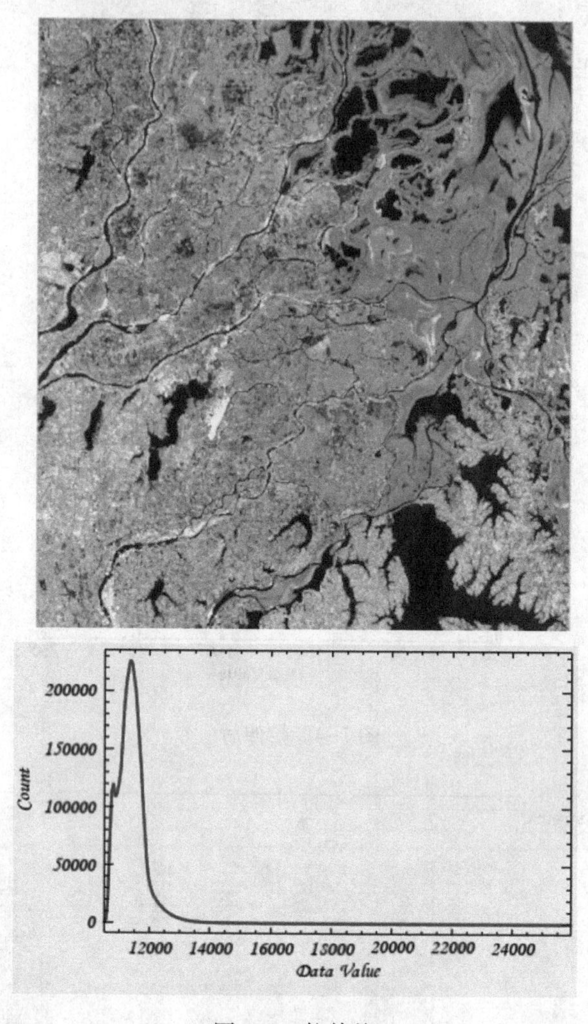


图 7-6 拉伸前

单击交互式直方图拉伸操作面板右下侧的 Reset Dialog 按钮，可以恢复到拉伸方法打开此面板之前的状态。

（3）Toolbox 下的 Stretching Data 工具。点击工具箱 Toolbox 中 Raster management 下的 Data Stretching 工具。选择需要拉伸的数据，如图 7-8 所示，弹出拉伸方法选择界面（见图 7-9），可供选择的拉伸方法有 Linear（线性拉伸）、Piecewise Linear（分段线性拉伸）、Gaussian（高斯拉伸）、Equalization（直方图均衡化拉伸），这里以高斯拉伸为例，对多光谱影像进行拉伸。

选择拉伸方式为高斯拉伸，并选择“by percent”，在“Output Data Range”一栏设置数据输出拉伸范围百分比，或选择“By Value”，设置拉伸的值；在“Output Data Type”下拉菜单选择输出字节型（Byte）或浮点型（Floating Point）。选择合适的输出路径，单击

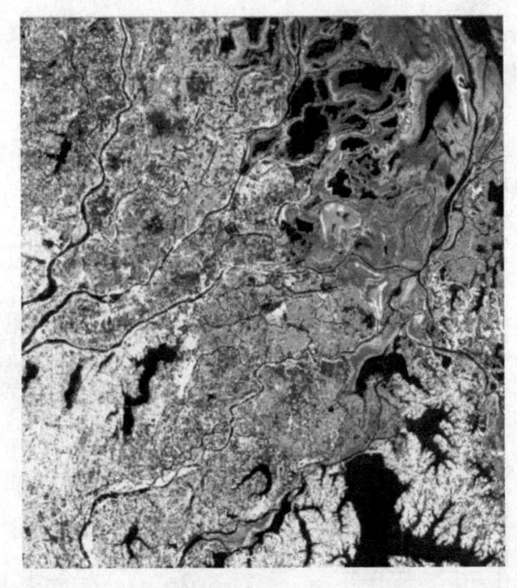

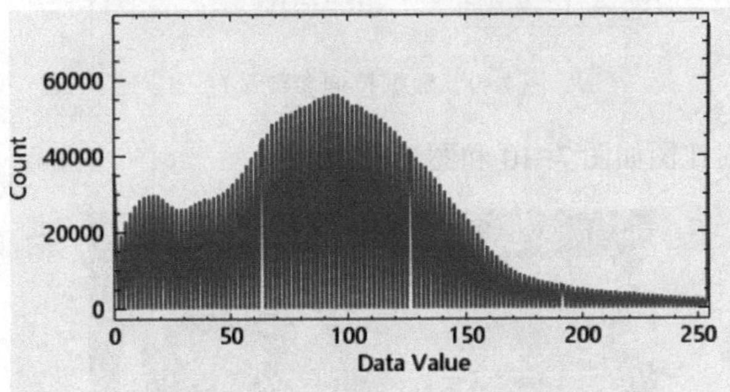


图 7-7 拉伸后

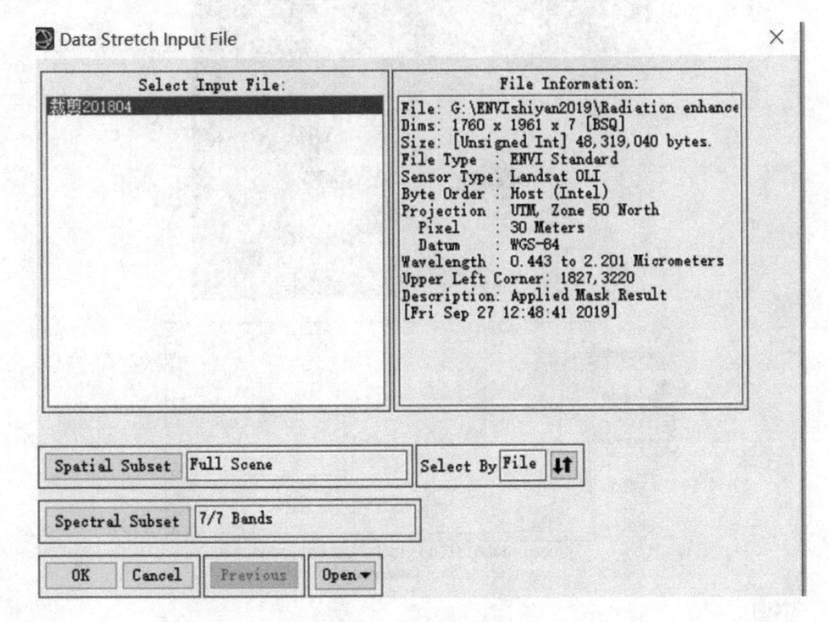


图 7-8 选择拉伸数据

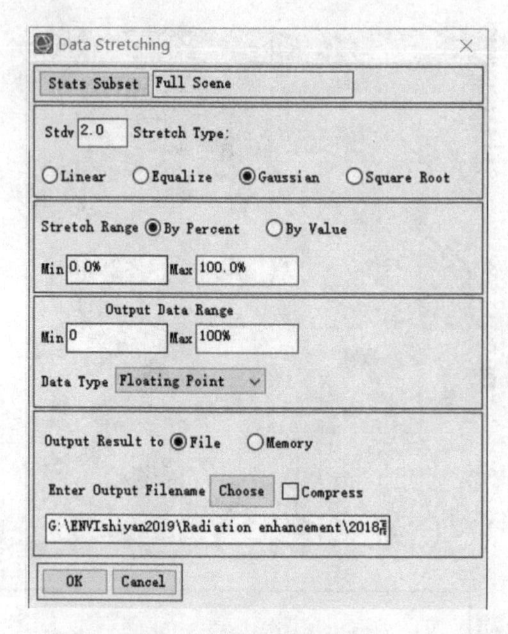


图 7-9 数据拉伸参数设置

OK 按钮，拉伸前后对比图如图 7-10 和图 7-11 所示。

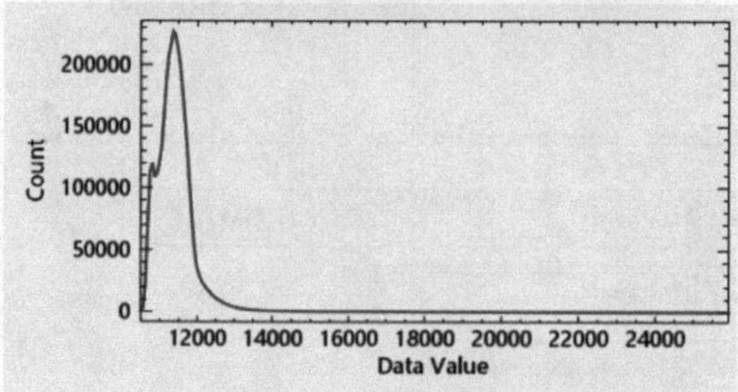


图 7-10 拉伸前

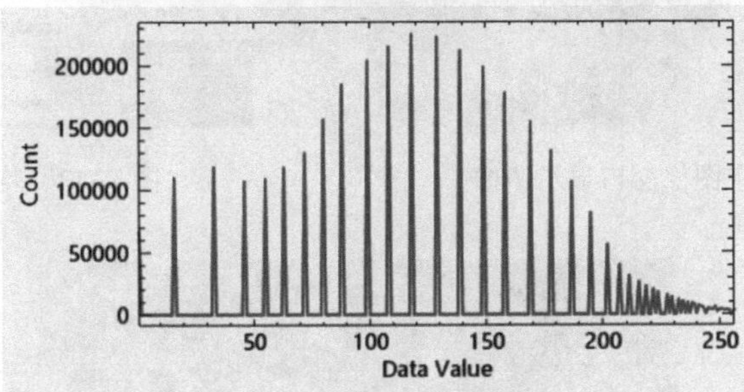


图 7-11 拉伸后

经典版 ENVI Classic 5.3 下也有类似功能。一是在 Image 窗口菜单 Enhance 中选择 Image、Zoom、Scroll 的各种快速拉伸方式；二是 Image 窗口菜单 Enhance 的 Interactive Stretching；三是 ENVI 主菜单 Basic Tools 下的 Stretching Data。拉伸工具的参数设置方法同上。

### 7.5.2 直方图均衡化实验

直方图均衡化的实现窗口同 7.5.1 节的 3 种方式，操作过程如下。

（1）打开 ENVI Classic 5.3，打开需要进行拉伸操作的影像，影像局部显示如图 7-12 所示。

（2）在 Image 图像窗口菜单上选择 Enhance 中的［Image］Equalization，如图 7-13 所示，得到的影像结果如图 7-14 所示。如要保存均衡化结果，在 ENVI 经典版显示图像的主图像窗口 File 菜单下选择 Save image as 的 Image File...，并在弹出的 Output Display to Image File 面板中设置参数保存图像。

（3）点击 Available Bands List 面板上的 New Display 选项，在 image 窗口菜单上点击 Enhance/［Zoom］Equalization，得到结果的影像如图 7-15 所示。

图 7-14 和图 7-15 两种直方图均衡化结果明显不同。图 7-14 为原始影像在 Image 窗口进行的均衡化，图 7-15 为原始影像在 Zoom 窗口进行的均衡化，两者均衡化的对象不一

致，所以在影像上表现为亮度不一样。

图 7-12　主图像窗口显示图像

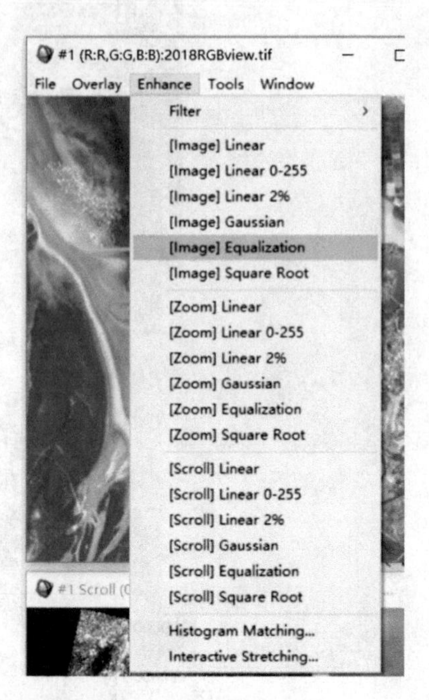


图 7-13　均衡化菜单

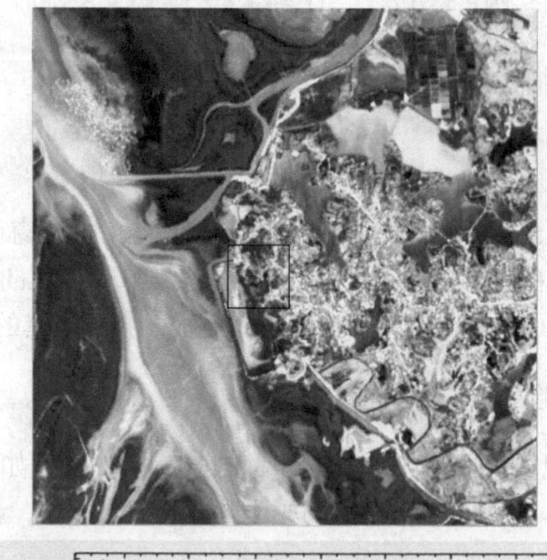

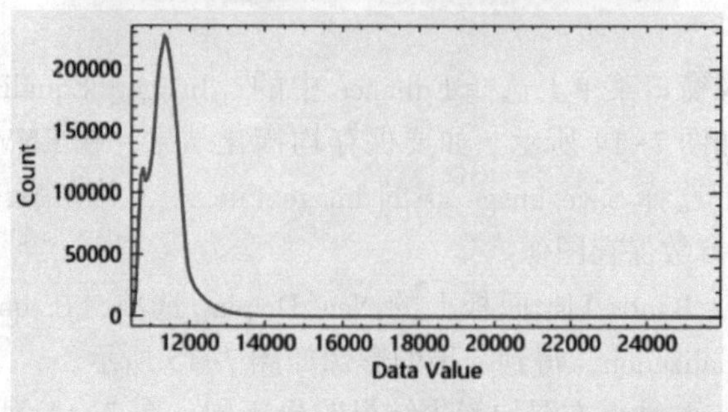


图 7-14　拉伸前

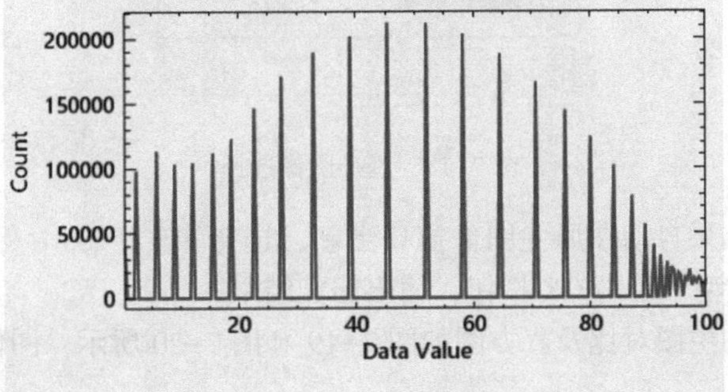


图 7-15 拉伸后

(4) 若使用的是 ENVI 界面版，则在 Toolbox 工具箱中选择 Raster Management 的 Stretching Data 工具，选择我们裁剪后的数据，在弹出的 Data Stretching 对话框中，选择拉伸方式为 Equalization，设置数据拉伸范围百分比值即可。

### 7.5.3 直方图匹配实验

直方图匹配实验如下。

(1) 启动 ENVI Classic，打开并在主窗口显示两幅影像，如图 7-16 和图 7-17 所示。

图 7-16 Display 窗口 1 图像

图 7-17 Display 窗口 2 图像

（2）在待匹配图像的主图像窗口的菜单 Enhance 下选择 Histogram Matching，在弹出的对话框 Match To 列表中，选择作为基准图像所对应的显示窗口，在 Input Histogram 下方有 5 个供选择的直方图匹配参考范围选项：Image 窗口、Scroll 窗口、Zoom 窗口、Band 窗口、ROI 窗口。从中选择 Image，将 Image 窗口中显示的图形作为匹配的基准图像，如图 7-18 所示，单击 OK。

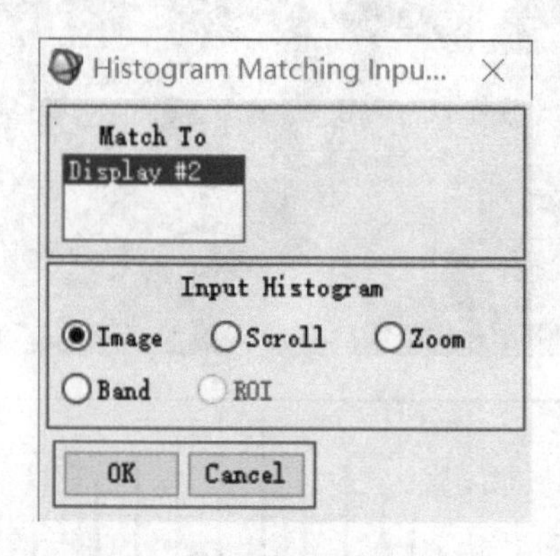


图 7-18 基准图像选择

（3）匹配后的结果自动在原主图像窗口更新，选择 File 下 Save 保存项，设置输出路径及文件名，数据类型，单击 OK 按钮，输出匹配结果。

（4）拉伸前后的主图对比及直方图如图 7-19 和图 7-20 所示，图像直方图参考 1.5.6 节方法操作显示。

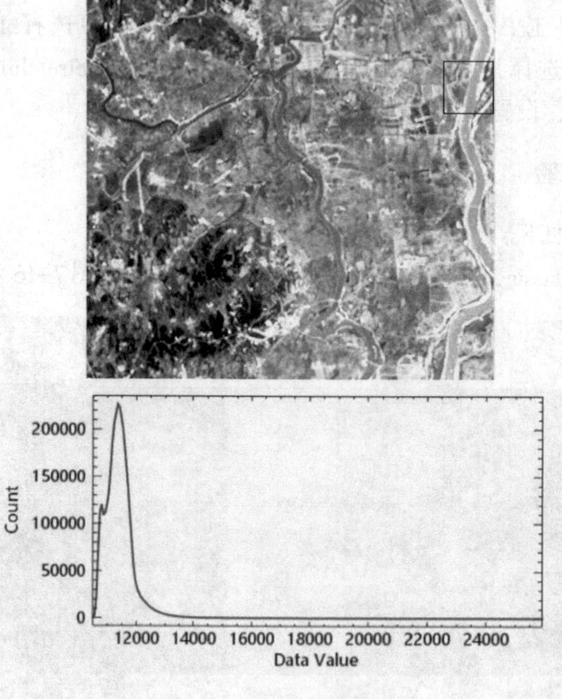


图 7-19 直方图匹配前

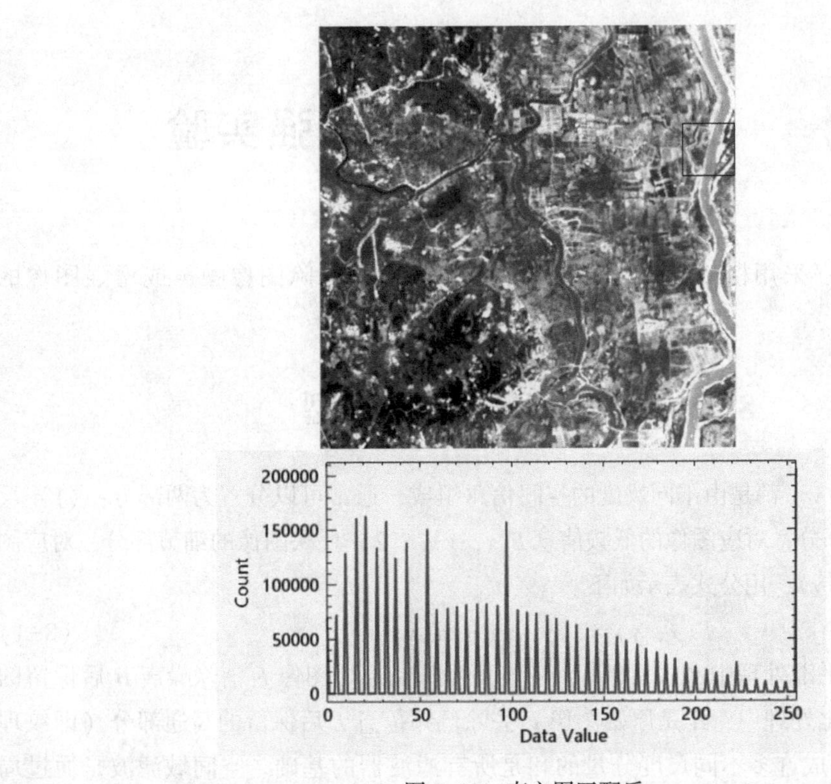
200000
150000
100000
50000
0
Count
0
50
100
150
200
250
Data Value

图 7-20 直方图匹配后

# 8 遥感图像空间域增强实验

空间域滤波增强采用模板处理方法对图像进行滤波、去除图像噪声或增强图像的细节。

## 8.1 空间域滤波的图像模型

任何图像 $F(x, y)$ 都是由不同尺度的空间信息组成，通常可以分解为两部分：(1) 反映图像的平均状况部分，对应图像的低频信息 $L(x, y)$；(2) 反映图像的细节部分，对应图像的高频信息 $H(x, y)$，用公式表示如下。

$$F(x, y) = L(x, y) + H(x, y) \tag{8-1}$$

在空间域图像平滑处理中，式（8-1）中 $L$ 可看作是原始图像 $F$ 消除噪声 $H$ 后保留的低通部分；而在锐化处理中，$H$ 是原始图像 $F$ 去除低频信息 $L$ 后保留的高通部分（即纹理细节）。把图像分解成许多不同尺度分量的和是所有滤波器的基础。空间域滤波是通过局部性的积和运算（也叫卷积）而进行，通常采用 nxn 的矩阵算子（也叫算子）作为卷积函数。卷积函数决定了平滑或锐化处理的效果。

## 8.2 空间域卷积运算

卷积滤波的基本操作是在图像上使用一个移动窗口。对输入的像元在一个窗口内执行运算，计算值被放到输出图像的相同位置，也就是输入图像窗口的中心位置，然后窗口沿着同一行内再移动一个像元，以处理下一个输入像元的邻域图像数据，窗口内的后续计算是不变的。当一行图像处理结束后，窗口会移到下一行，重复进行处理。

卷积运算基本公式为

$$V = \sum_{i=1}^{q} \sum_{j=1}^{q} f_{ij} d_{ij} \tag{8-2}$$

式中，$V$ 为输出像元值；$f_{ij}$ 为卷积核系数；$d_{ij}$ 为对应像元的值；$q$ 为卷积核维数。

如图 8-1 所示，3×3 卷积核应用到样本数据，样本数据中第 3 行第 3 列这个像元（对应卷积核中心的像元）的输出值的卷积计算公式为

$$(-1 \times 8) + (-1 \times 6) + (-1 \times 6) + (-1 \times 2) + 16 \times 8 +$$
$$(-1 \times 6) + (-1 \times 2) + (-1 \times 2) + (-1 \times 8) = 11$$

计算完这个像元后，卷积核平移一个像元，继续计算下一个像元卷积结果。

表 8-1 列举了常用的一些滤波函数和功能。

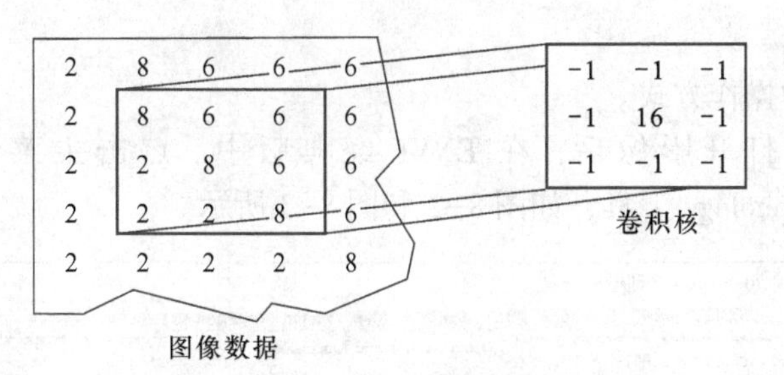


图 8-1　卷积核应用于遥感图像

**表 8-1　各种卷积滤波和功能**

| 滤波名称 | 滤波原理说明 | 应　用 |
|---|---|---|
| 均值滤波 | 卷积核维数一般为奇数，卷积核中的每个元素包含相同的权重，使用中心元素周围像元的平均值来代替原像素值。ENVI 通过 Low Pass 方法或自定义实现 | 平滑图像，降低噪声 |
| 中值滤波 | 中值滤波是一种非线性滤波。根据卷积核对应的像元灰度值大小排序，用其中间位置的灰度值代替原来影像中位置的灰度值。ENVI 通过 Median 方法或自定义实现，默认核大小是 3×3 | 平滑图像，消除椒盐噪声或斑点噪声 |
| Sobel 滤波 | Sobel 滤波器是非线性边缘增强，使用 Sobel 函数的近似值，预先设置 3×3 窗口的非线性边缘增强算子，4-领域加权差分 | 边缘增强和锐化 |
| Roberts 滤波 | Roberts 滤波器是一个类似于 Sobel 的边缘检测滤波。是一个简单的二维空间的差分方法。模板采用 2×2，对角差分运算 | 边缘增强和锐化 |
| 拉普拉斯滤波 | 拉普拉斯滤波是二阶导数的边缘增强滤波，它的运行不用考虑边缘的方向。卷积核是一个大小为 3×3，中心值为“4”，4-领域均为“-1”的算子 | 边缘增强和锐化 |
| 方向滤波 | 有选择性地增强有特定方向成分的图像特征，卷积核元素值总和为 0，输出的图像中有相同像元值的区域为 0，不同像元值的区域呈现为亮的边缘 | 边缘增强和锐化 |

## 8.3　实验操作

实验平台：ENVI 5.3 或 ENVI Classic 5.3。

实验数据：\ 实验 8 \ 含噪声图；

　　　　　\ 实验 8 \ GF2 数据。

### 8.3.1　去噪处理

在图像获取和传输过程中，受传感器和大气等因素的影响会产生噪声，影像上表现为一些亮点或亮度过大的区域，为抑制噪声和改善图像质量需要进行去噪处理。去噪处理有中值滤波、均值滤波、高斯低通滤波等方法。

#### 8.3.1.1 中值滤波

中值滤波有3种操作方式。

(1) 第一种：打开影像后，在ENVI经典版中，点击主菜单栏上Filter中的Convolutions and Morphology工具，如图8-2和图8-3所示。

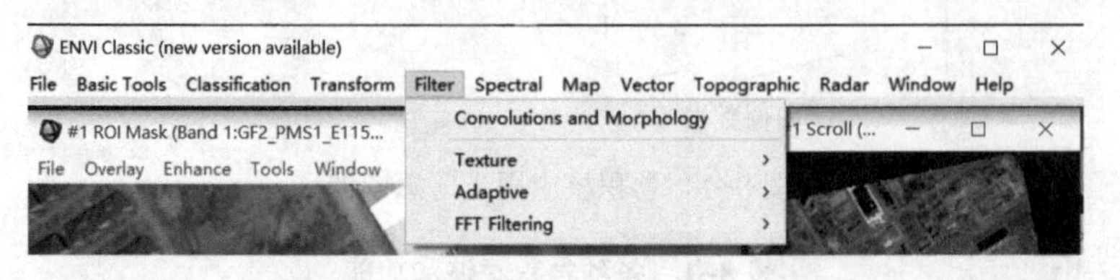


图8-2 菜单栏Filter功能

在Convolutions and Morphology工具面板中点击Convolutions菜单，可供选择的滤波类型有：高通滤波（High Pass）、低通滤波（Low Pass）、拉普拉斯算子（Laplacian）、方向滤波（Directional）、高斯高通滤波（Gaussian High Pass）、高斯低通滤波（Gaussian Low Pass）、中值滤波（Median）、Sobel、Roberts，以及自定义卷积核。如图8-4所示。

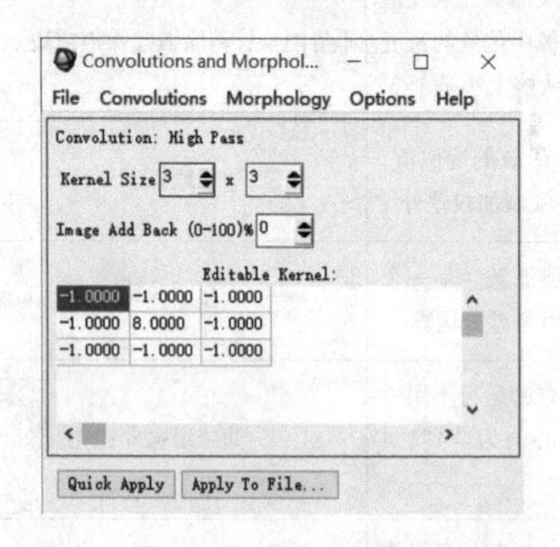


图8-3 Convolutions and Morphology Tool

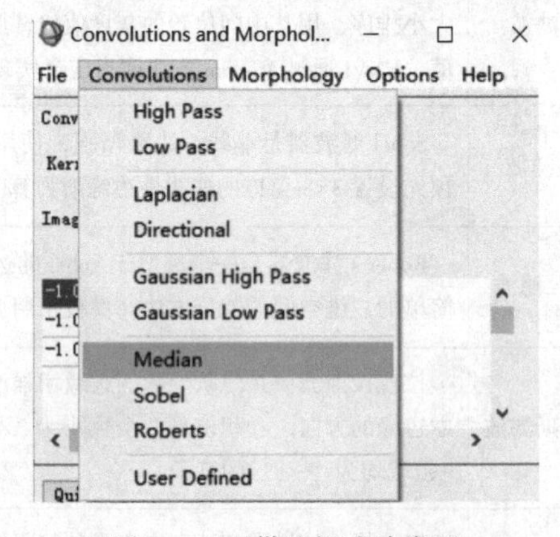


图8-4 可供选择滤波类型

不同的滤波类型对应不同的参数，主要包括以下3项参数：

1）Kernel Size。卷积核大小，以奇数来表示，如3×3、5×5等，有些卷积核不能改变大小，包括Sobel和Roberts。默认卷积核是正方形，如果需要使用非正方形，选择Option-Square kernel。

2）Image Add Back。输入一个加回值（add back），将原始图像中的一部分“加回”到卷积滤波结果物像上，有助于保持图像的空间连续性。该方法经常用于图像锐化。“加回”值是原始图像在结果输出图像中所占的百分比。例如，如果为“加回”值输入40%，那么40%的原始图像将被“加回”到卷积滤波结果图像上，并生成最终的结果图像。

3）Editable Kernel。卷积核中各项的值，在文本框中双击鼠标可以进行编辑，选择File-Save Kerme或者Restore Kermel，可以把卷积核保存为文件（.ker）或者打开一个卷积核文件。

在Convolutions and Morphology Tool中，选择Convolutions下的滤波类型，因本次实验需要进行的是中值滤波，故选择中值滤波（Median），如图8-5所示。

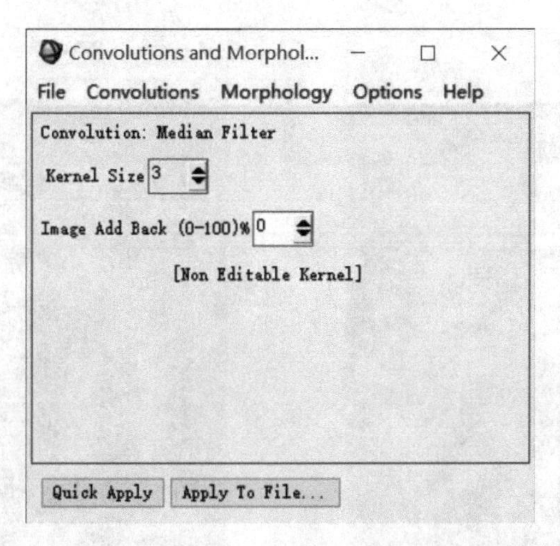


图 8-5 中值滤波参数设置

如对单波段影像处理，单击 Quick Apply 按钮，第一次点击此按钮会提示选择滤波的波段（见图 8-6），滤波后的波段影像在 Display 窗口中显示。如要更改卷积增强波段，在卷积运算窗口中选择菜单 Options→Change Quick Apply Input Band。

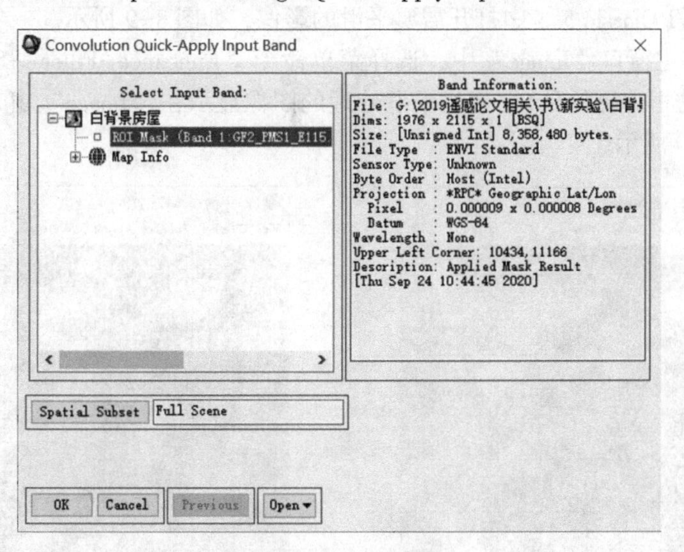


图 8-6 滤波影像选择

如对整个影像文件进行滤波处理，单击 Aply To File 按钮，在 Convolution Input File 对话框中选择图像文件，点击确认后，弹出窗口选择输出路径及文件名。

（2）第二种：打开需要中值滤波处理的影像，如图 8-7 所示，点击 Image 窗口中的菜单 Enhance 中的 Filter 选项 Median［# * #］（其中#为 3 或 5）。本次实验选择的为 Median［5 * 5］，操作后的图像如图 8-8 所示。原图中的大部分竖向条纹已去除。

（3）第三种：若使用 ENVI，则在打开影像后在工具栏中选择“Filters→Convolutions and Morphology”命令，点击选择“Convolutions”命令，选择需要进行的滤波操作。操作同第一种方法。

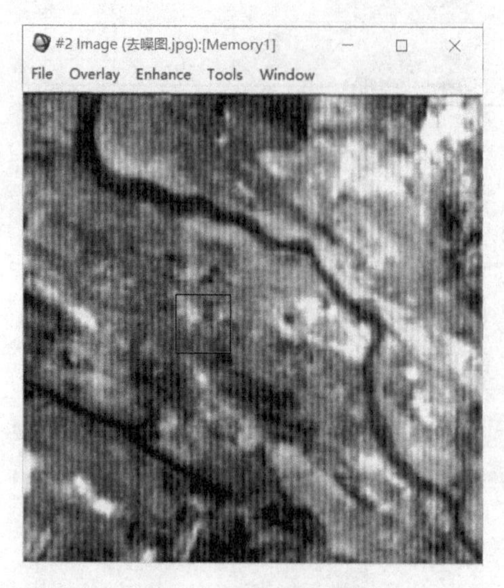


图 8-7 中值滤波处理前

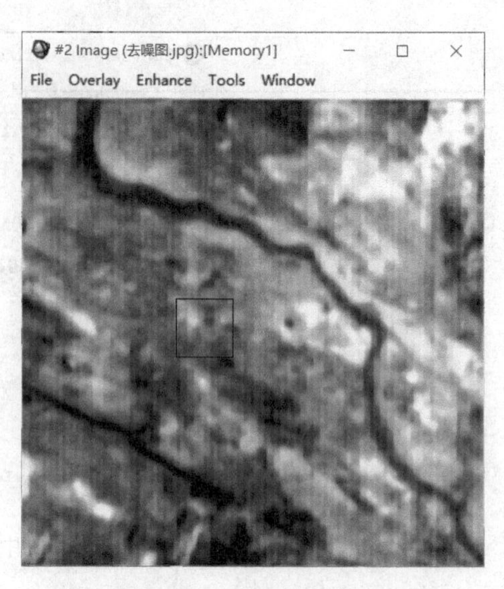


图 8-8 中值滤波处理后

8.3.1.2 平滑滤波

（1）在 ENVI Classic 5.3 中打开需要平滑的影像，如图 8-9 所示。

（2）在图像主窗口“Image”中，选择菜单命令“Enhcance-Filter--Smooth［#x#］”（#为 3 或 5），这里选择的是 5。经过平滑处理的图像显示在“Image”窗口。平滑后的图像局部如图 8-10 所示。

图 8-9 平滑前影像

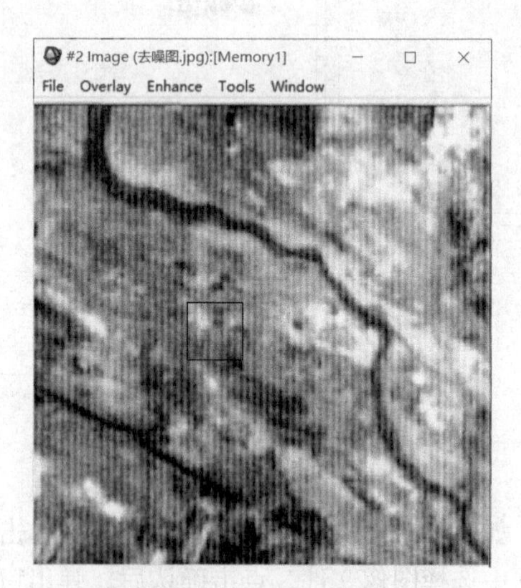


图 8-10 平滑后影像

若使用 ENVI 5.3，则在打开影像后在 Toolbox 工具栏中选择 Filters—Convolutions and Morphology 命令，点击选择“Convolutions”命令，选择需要进行的滤波操作。

### 8.3.2 边缘增强处理

当需要改进图像质量或突出地物特征时可以对图像进行边缘增强处理，如对遥感图像中的建筑物边界、道路边缘、水陆边界增强显示，突出图像中所感兴趣的部分，用于后续的提取。图像锐化处理的目的是为了使图像的边缘、轮廓线以及图像的细节变清晰。不同的增强技术可以用于不同的目的，这取决于应用的类型。ENVI 中方法有 High Pass、Laplacian、Directional、Gaussian High Pass、Sobel、Roberts 等方法。

有时为了更好应用边缘增强方法提取地物，需要先对影像进行平滑、去除噪声等处理。

8.3.2.1 锐化处理

在 ENVI Classic 5.3 软件中，打开遥感影像“GF 数据”，点击菜单条中的 Filter 菜单下的 Convolutions and Morphology 工具（见图 8-2），在弹出的卷积运算面板中选择 Convolutions 菜单下的 Sobel（见图 8-11），参数默认，点击面板中的 Quick Apply（直接显示结果）或 Apply To File...（保存结果）（见图 8-12），选择要增强处理的影像（见图 8-13），点击 OK，处理结果显示在窗口或保存，图 8-14 为 Sobel 增强处理图。在 Convolutions 菜单下依次选择 Roberts、Laplacian 运算处理，Roberts 参数默认，Laplacian 根据实际需要调整模板大小和模板元素值，运行结果如图 8-15 和图 8-16 所示。

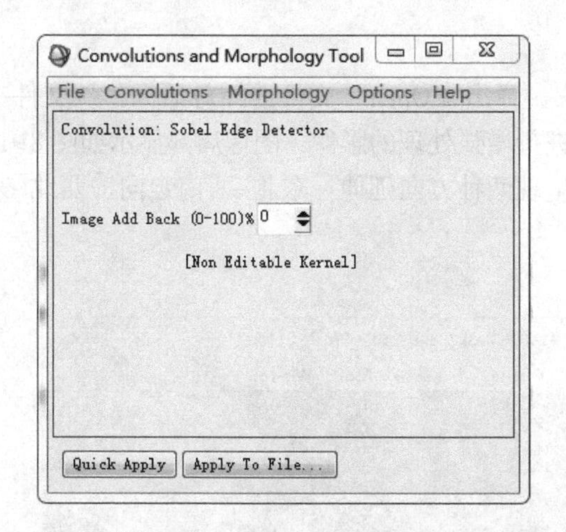


图 8-11 选中 Sobel 后的面板

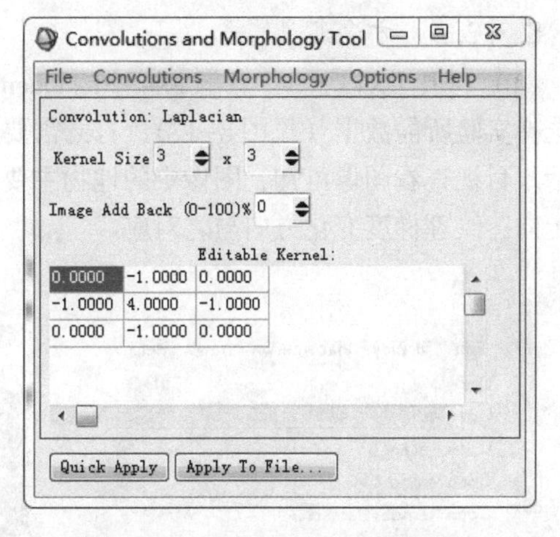


图 8-12 选中 Laplacian 后的面板

图 8-13 原图

图 8-14 Sobel 计算结果

图 8-15 Roberts 计算结果

图 8-16 Laplacian 计算结果

8.3.2.2 方向滤波

(1) 打开 ENVI 5.3，点击 File 中的 Open... 弹出“Open”文件选择对话框，从文件夹中选择实验所需数据（见图 8-17），打开需要进行增强处理的影像，图像局部显示如图 8-18 所示。目视查看图像可知，图像中的地物主要呈现两种方向延伸：东北-西南走向、西北-东南走向，纹理梯度变化方向与之对应。

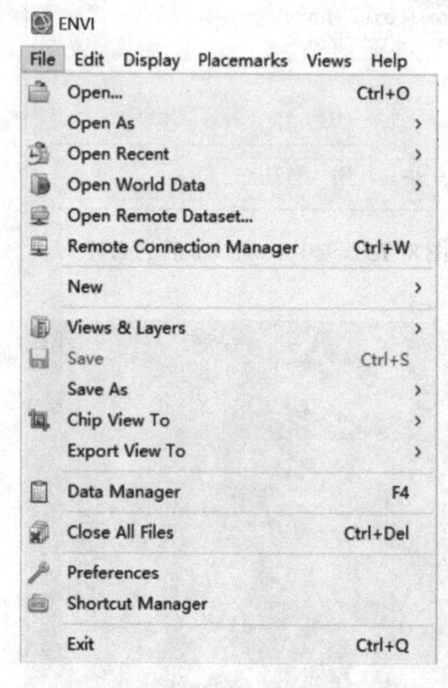


图 8-17 影像文件打开菜单

图 8-18 图像局部显示

在 Toolbox 工具箱中选择 Filters→Convolutions and Morphology 命令（见图 8-19），出现 Convolutions and Morphology Tool 对话框，如图 8-20 所示。

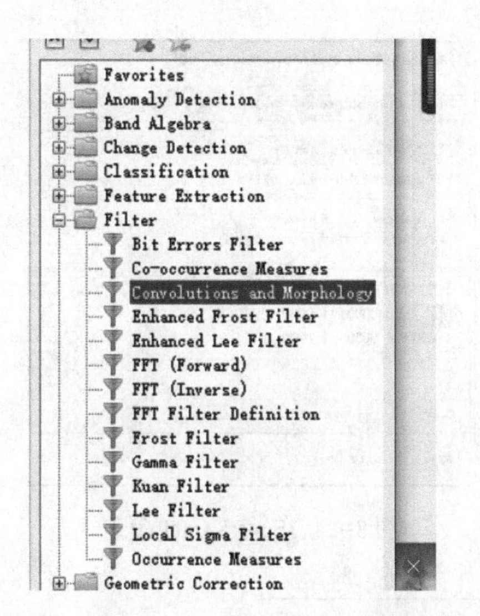


图 8-19 选择 Convolutions and Morphology 命令

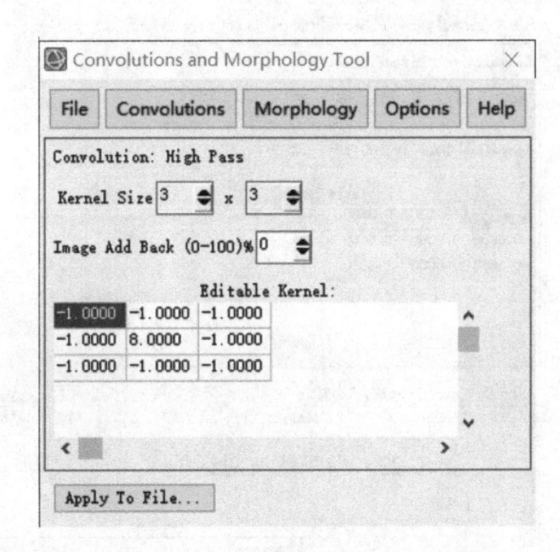


图 8-20 卷积滤波对话框

（2）在 Convolutions and Morphology Tool 对话框中进行操作。

1）选择菜单“Convolutions”下的滤波器，对话框中的参数会随着所选滤波器类型的不同而发生变化。选择滤波器“Directional”（见图 8-21），出现 Directional Filter Angle 对话框，如图 8-22 所示，输入滤波角度。北向（竖直向上）为 0°，按照逆时针方向计算角度。本实验分别输入 60°、150°两种度数对比运算结果。

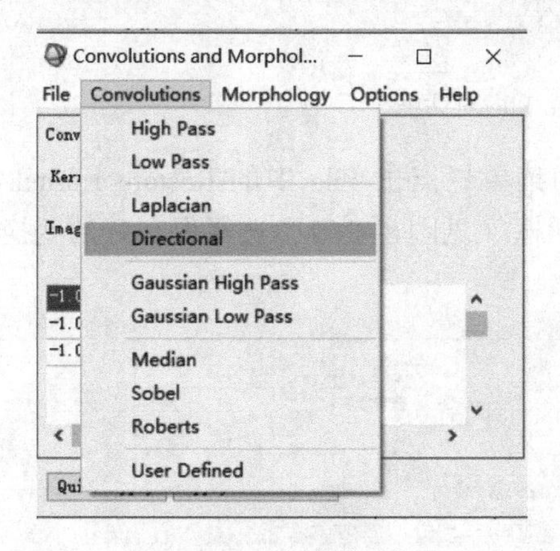

图 8-21 滤波器选择

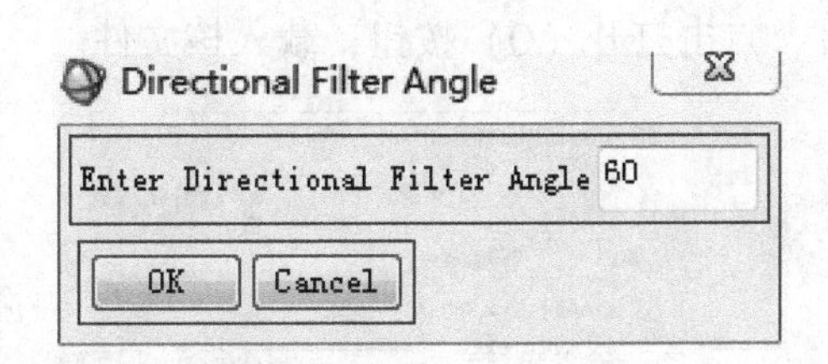


图 8-22 Directional Filter Angle 对话框

输入滤波角度后，单击 OK 按钮，卷积滤波对话框如图 8-23 所示。

若要编辑所选的卷积核的维数及改变权重值，一是通过面板“Kernal Size”后的箭头改变维数，二是通过“Edit kernel”编辑框中双击编辑值所在的文本框，这时会显示竖线光标，键入新值，然后点击回车键。

2）若要将卷积核存储到文件中，在对话框的菜单栏点击“File | Save Kernel”命令（见图 8-24），打开 Output Kernel To File 对话框，如图 8-25 所示。如果选择结果输出到文件，则点击“Choose”按钮选择输出文件路径，或直接在下面的编辑框内输入（见图 8-25）。点击 OK 按钮，确定执行输出文件操作。

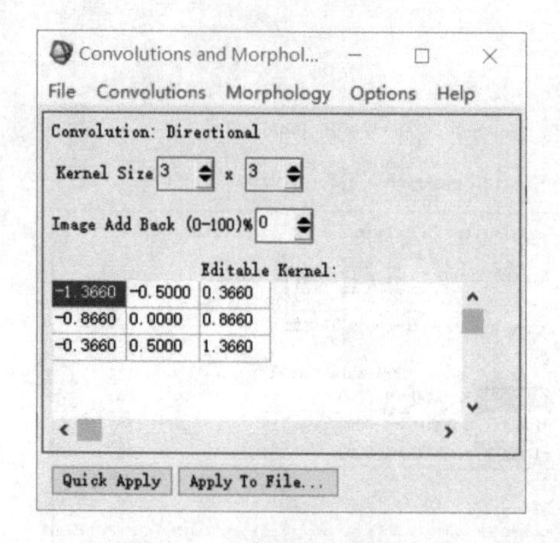


图 8-23　卷积滤波对话框

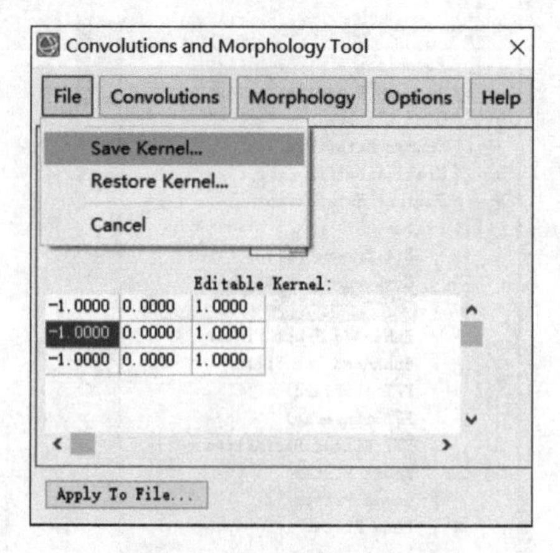


图 8-24　Save Kernel 命令

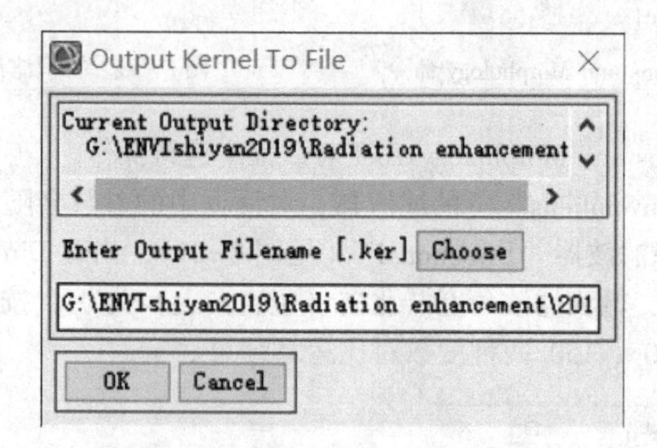


图 8-25　Output Kernel To File 对话框

3）若要重载保存的卷积核文件，在对话框的菜单栏点击 File 中的 Restore Kernel...命令，打开“Enter Kernel Filename”文件选择对话框（见图 8-26），选择保存好的变换核文件，点击打开（O）按钮，载入核文件。

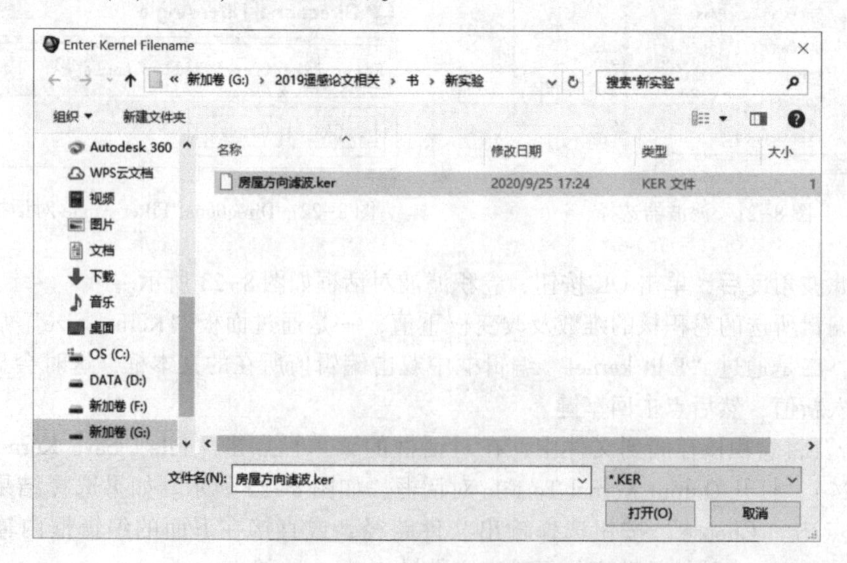


图 8-26　文件选择对话框

4）点击“Apply to File”按钮，执行方向滤波。选择“Apply to File”方式可以将滤波结果应用到一个特定的图像文件中，并进行输出。点击“Apply to File”按钮。当出现“Convolution Input File”文件选择对话框，选择输入文件。点击确定（OK）按钮，出现Convolution Paramelers对话框，如图8-27所示。在“Output Result to”单选按钮中选择结果输出到文件（File）或内存（Memory）。如果选择结果输出到文件，则点击“Choose”按钮选择输出文件路径，或直接在下面的编辑框内输入。在“Compress”复选框中选择是否压缩输出文件。点击确定（OK）按钮，执行滤波结果的文件保存，方向滤波后的结果如图8-28所示。

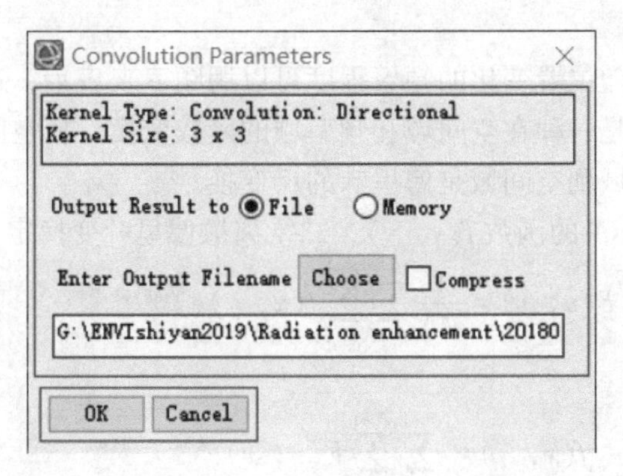


图8-27 Convolution Parameters对话框

图8-28中两种方向的滤波结果明显有差异，两种滤波器方向成90°，方向滤波结果将两个完全垂直的方向分别提取。60°滤波将西北-东南方向有梯度变化的纹理增强显示，150°滤波将东北-西南反向有梯度变化的纹理增强显示。方向滤波对于特定方向的纹理突出显示有明显效果，与之垂直的纹理方向会弱化。

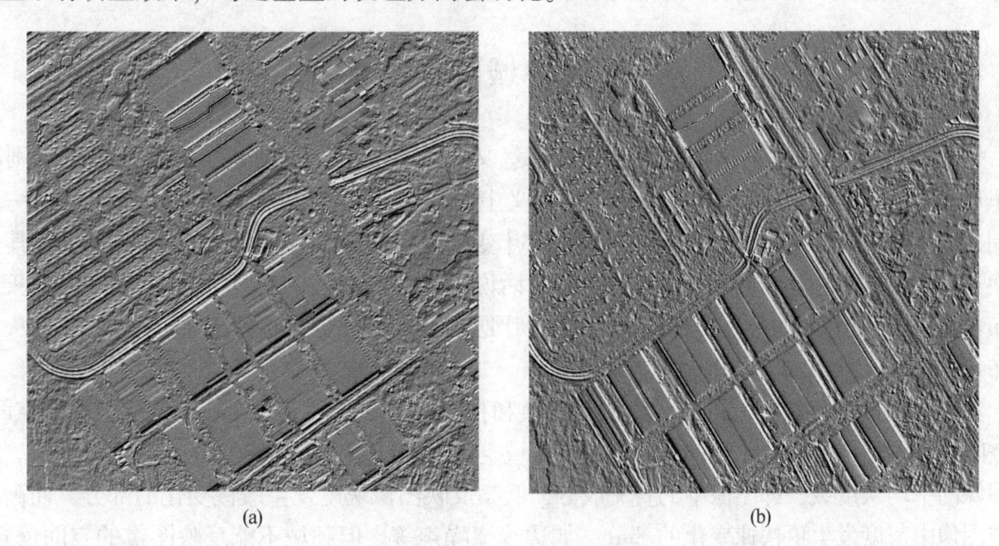

(a) (b)

图8-28 方向滤波检测结果
(a)60°滤波结果；(b)150°滤波结果

# 9 遥感图像频率域滤波实验

## 9.1 图像傅里叶变换

图像像元的灰度值随位置变化的频繁程度可以用频率来表示，这是一种随位置变化的空间频率。傅里叶变换是一种在空间域和频率域的函数变换，从空间域到频率域的变换是傅里叶变换，而从频率域到空间域是傅里叶的反变换。

对于图像尺寸为 $M \times N$ 的函数 $f(x, y)$，二维离散傅里叶变换定义为

$$F(u, v) = \frac{1}{MN}\sum_{x=0}^{M-1}\sum_{y=0}^{N-1} f(x, y) e^{-j2\pi(ux/M+vy/N)} \tag{9-1}$$

逆变换：

$$f(x, y) = \sum_{u=0}^{M-1}\sum_{v=0}^{N-1} F(u, v) e^{j2\pi(ux/M+vy/N)} \tag{9-2}$$

在图像处理中，频域反映了图像在空域灰度变化剧烈程度，也就是图像灰度的变化速度，也就是图像的梯度大小。对图像而言，图像的边缘部分是突变部分，变化较快，如河流和道路的边界，因此反应在频域上是高频分量；图像的噪声大部分情况下是高频部分；图像平缓变化部分则为低频分量，如沙漠、水面。傅立叶变换提供了另外一个角度来观察图像，可以将图像从灰度分布转化到频率分布上来观察图像的特征。

## 9.2 频率域图像特征

傅里叶变换在实际中有非常明显的物理意义，设 $f$ 是一个能量有限的模拟信号，则其傅里叶变换就表示 $f$ 的谱。从纯粹的数学意义上看，傅里叶变换是将一个函数转换为一系列周期函数来处理的。从物理效果看，傅里叶变换是将图像从空间域转换到频率域，其逆变换是将图像从频率域转换到空间域。换句话说，傅里叶变换的物理意义是将图像的灰度分布函数变换为图像的频率分布函数，傅里叶逆变换是将图像的频率分布函数变换为灰度分布函数。

频域是由图像 $f(x, y)$ 的二维傅里叶变换和相应的频率变量（$u$, $v$）的值所组成的空间。在空间域内图像强度的变化规律可以直接在频域空间得到反应。$F(0, 0)$ 是频域中的原点，反映图像的平均灰度级，即图像中的直流成分，低频反映图像灰度发生缓慢变化的部分，而高频对应图像中灰度发生更快速变化的部分，如边缘、噪声等。但频域不能反映图像的空间信息。低频在频率图中心，越往外，频率越高。当从频谱图的中心点移开时，低频对应着图像的慢变化分量，如图像的平滑部分。当进一步远离原点时，较高的频率对应图像中变化越来越快的灰度级，如边缘或噪声等尖锐部分。空间域和频率域图像分别如图 9-1 和图 9-2 所示。

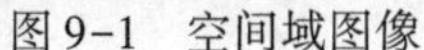
图9-1 空间域图像

图9-2 频率域图像

## 9.3 频率域滤波方法

图像频率域滤波的一般步骤：

(1) 计算原始图像 $f(x, y)$ 的傅里叶变换，得到频谱 $F(u, v)$；

(2) 中心化。将频谱 $F(u, v)$ 的零频点移动到频谱图的中心位置；

(3) 计算滤波器函数 $H(u, v)$ 与 $F(u, v)$ 的乘积 $G(u, v)=F(u, v) \cdot H(u, v)$；

(4) 反中心化。将频谱 $G(u, v)$ 的零频点移回到频谱图的左上角位置；

(5) 计算上一步计算结果的傅里叶反变换 $g(x, y)$；

(6) 取 $g(x, y)$ 的实部作为最终滤波后的结果图像。

遥感软件中合并部分步骤，频率域滤波主要分成3步：正向傅里叶变换、定义滤波器滤波、反向傅里叶变换。

频率域图像处理主要包含低通去噪和高通锐化，低通主要是保留图像的低频部分抑制高频部分，锐化则是保留图像的高频部分而削弱低频部分。频率域滤波的关键一环是定义合适的低通滤波器或高通滤波器。

(1) 低通去噪。低通滤波（Low-pass Filter）是低频信号能正常通过，而超过设定临界值的高频信号则被阻隔、减弱。但是阻隔、减弱的幅度会依据不同的频率以及不同的滤波程序（目的）而改变。低通滤波可以简单的认为设定一个频率点（截止频率），当频域高于这个截止频率时不能通过，赋值为0。因为在这一处理过程中，让低频信号全部通过，所以称为低通滤波。在数字图像处理领域，从频域看，低通滤波可以对图像进行平滑去噪处理。

(2) 高通锐化。与低通滤波器相反，高通滤波器允许图像高频部分通过，而高频部分是图像的边缘信息（或者噪声），即图像的锐化。与平滑化相对，高通滤波器能增强图像的边缘信息。

## 9.4 实验操作

实验软件：ENVI Classic 5.3 或 ENVI 5.3。

实验数据：\ 实验 9 \ 含噪声图；

\ 实验 9 \ 高分影像 GE。

### 9.4.1 傅里叶变换

（1）打开 ENVI Classic 5.3，加载一幅遥感影像，在主菜单选择 Filter→FFT Filtering→Forward FFT 进行傅里叶正向变换。在弹出的 Forward FFT Input File 窗口（见图 9-3）选择需要进行傅里叶变换的影像。根据需要选择，傅里叶变换可以对单一波段进行变换，也可以对所有波段进行变换；还可指定整幅影像还是影像的某一空间范围进行处理。选择影像后点击确定（注意：影像的行列号都需偶数，否则会提示出错，反向变换后的图像会出现宽的、暗的/亮的条纹）。

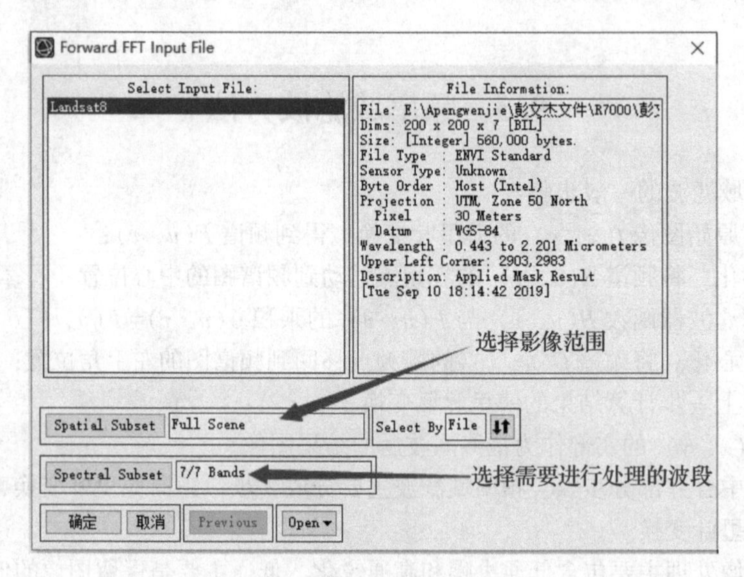


图 9-3 傅里叶变换影像选择

（2）在 Forward FFT Parameters 窗口（见图 9-4）选择保存路径，点击确认进行傅里叶正向变换，结果如图 9-5 所示。

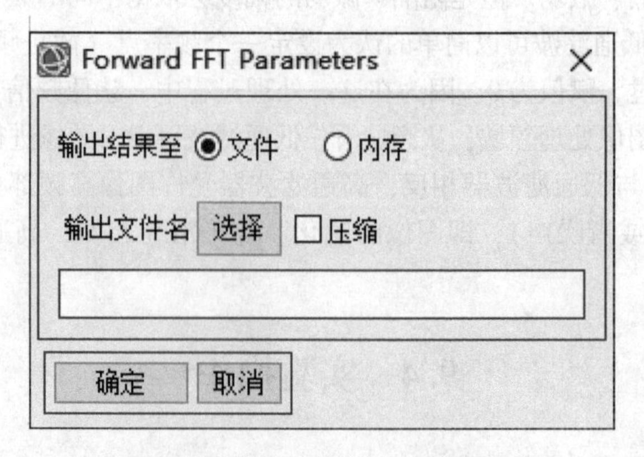


图 9-4 傅里叶变换保存路径设置

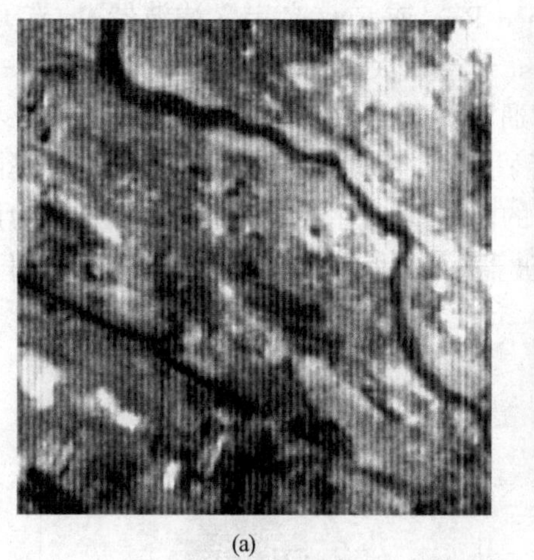
(a)

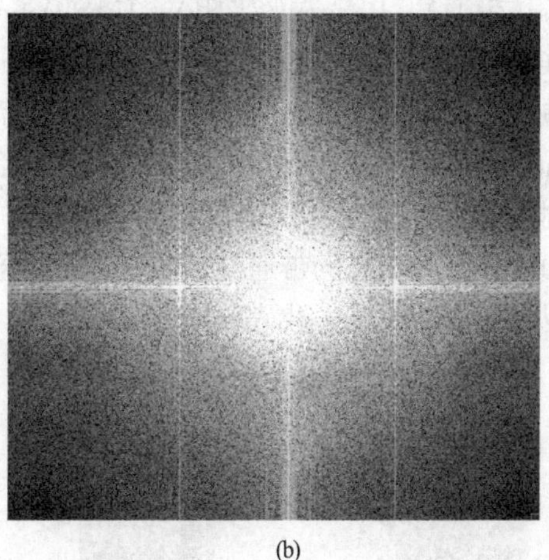
(b)

图 9-5 傅里叶变换结果
（a）原图；（b）傅里叶变换图

### 9.4.2 定义滤波器

定义滤波器方式如下。

（1）打开定义 FFT 滤波器对话框：在 ENVI Classic 5.3 主菜单中，选择 Filter→FFT Filtering→Filter Definition。如影像已显示在 Display 窗口，选择滤波器对应的影像，Filter Definition 窗口中的滤波器的 Samples 和 Lines 会自动设置成待滤波图像的尺寸；如影像没有显示在 Display 窗口，直接弹出 Filter Definition 对话框，在 Samples 和 Lines 文本框中输入滤波器尺寸的大小，注意此处的尺寸设置与待滤波图像尺寸一致。若在 ENVI 5.3 中不会提示匹配待滤波的傅里叶变换图像。

图 9-6 为滤波器定义界面。

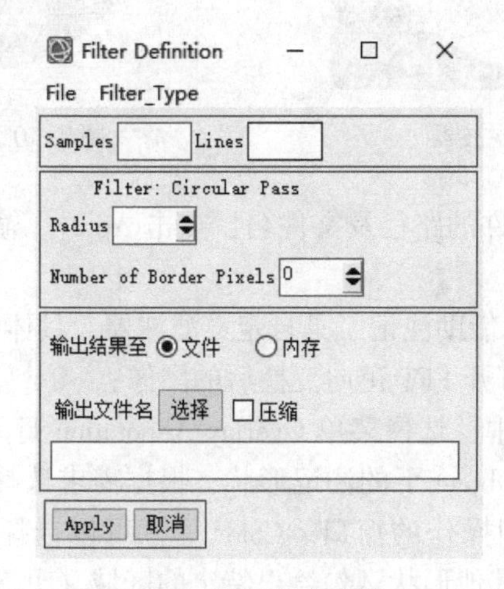


图 9-6 滤波器定义界面

（2）在菜单 Filter_ Type 选项中定义一种滤波器，当选择的滤波器类型不同时设置的参数也不同。滤波器有以下几种：Circular Pass（低通滤波），Circular Cut（高通滤波）、

Band Pass(带通)、Bass cut(带阻)、User Defined Pass 或 Cut(自定义滤波器)。选 Circular Pass 或 Circular Cut 项需要设置滤波器的 Radius(半径) 大小，单位是像元数，图 9-7 和图 9-8 分别为设置半径为 100 的低通滤波器、高通滤波器结果。选 Band Pass 或 Cut 项需要设置 Inner Radius(内径) 和 Outer Radius(外径) 的半径大小。Band Pass 保留频率图像圆环内的能量谱，Band Cut 保留频率图像圆环外的能量谱。图 9-9 和图 9-10 分别为设置内径为 100、外径为 200 的带通滤波器、带阻滤波器。Number of Border Pixels 参数用于平滑滤波器边缘，默认为 0，代表没有平滑。

图 9-7　半径为 100 的低通滤波器

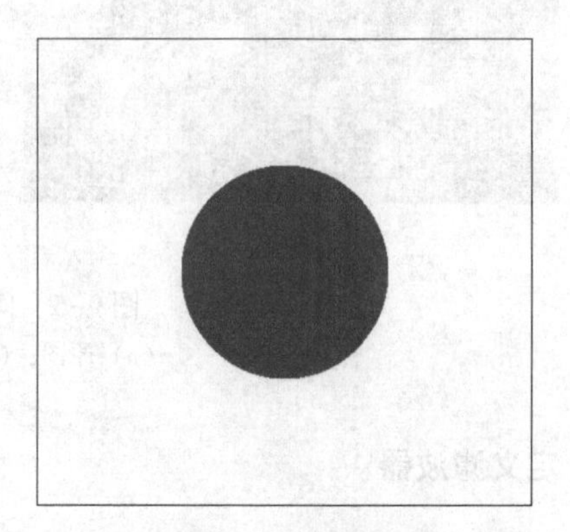

图 9-8　半径为 100 的高通滤波器

图 9-9　带通滤波器

图 9-10　带阻滤波器

（3）设置输出滤波器文件的路径及文件名，点击 Apply。输出的滤波器为 0 和 1 的二值图。

除此之外，ENVI 还可以借助注记工具自定义滤波器，具体步骤为：

（1）在 ENVIClassic 中打开 FFT 正向变换后的图像；

（2）在 Image 图像窗口中，选择菜单 Overlay Annotation 打开 Annotation 对话框（见图 9-11)，选择对话框中菜单 Object 下的注记形状，根据需求选择要绘制的形状类型，并在 Window 一栏中选择进行绘制操作的窗口。Color 一栏可以选择绘制形状的颜色。通过在 FFT 图像上绘制多边形或者其他形状，勾绘出特定的区域（见图 9-12）。

（3）在注记对话框中选择菜单 Options→Turn Mirror On 打开镜像绘制（即绘制的范围会自动在对称位置生成一样的图形，若为 Turn Mirror Off，则由用户自行绘制)，图 9-12 为设置镜像绘制而成。绘制完成后选择 File Save Annotion 将绘制的注记保存为文件，如图 9-13 所示。

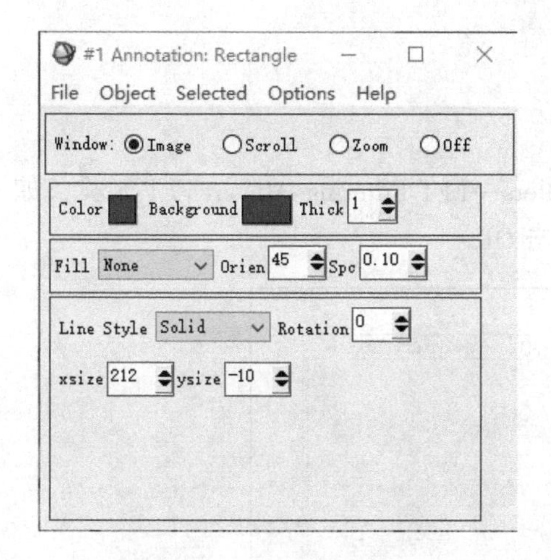


图 9-11 Annotation 对话框

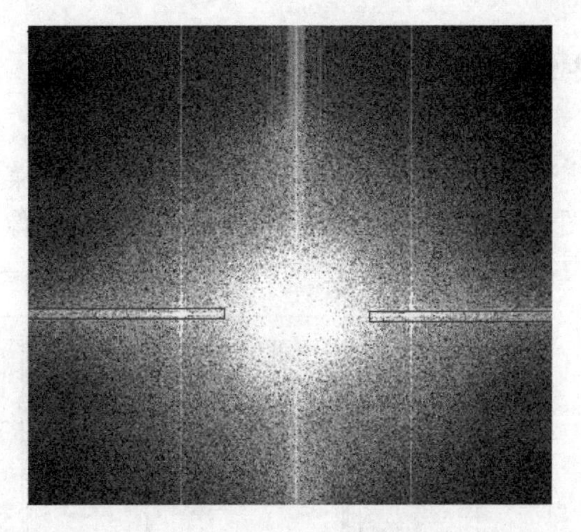

图 9-12 描绘注记范围

（4）回到 Filter Definition 对话框，选择 Filter Type User Defined Pass 或者 User Defined Cut，在对话框中单击 Ann File 按钮，选择已绘制的注记文件（见图 9-14），再按前述方法生成滤波器文件。User Defined Pass 滤波器保留形状以内的能量谱，User Defined Cut 则保存形状以外的能量谱。图 9-15 为选择 User Defined Pass 生成的滤波器。

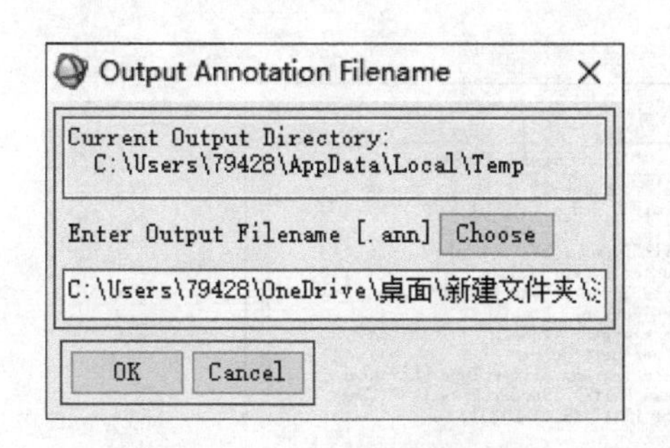


图 9-13 保存注记文件

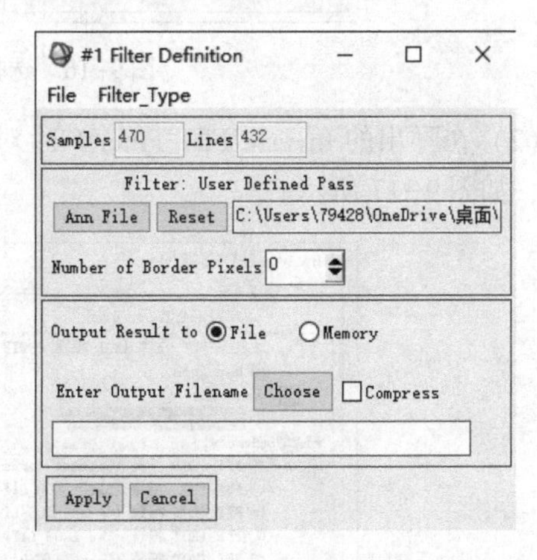


图 9-14 选自定义后的滤波对话框

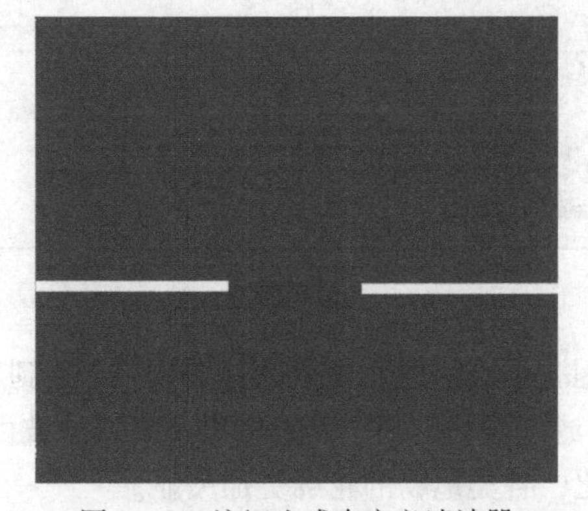

图 9-15 注记生成自定义滤波器

### 9.4.3 反向变换

反向变换如下：

（1）在 ENVI Classic 5.3 主菜单中选择菜单 Filters→FFT Filtering→Invert FFT 工具，如图 9-16 所示。选择傅里叶变换后的 FFT 影像，点击 OK。

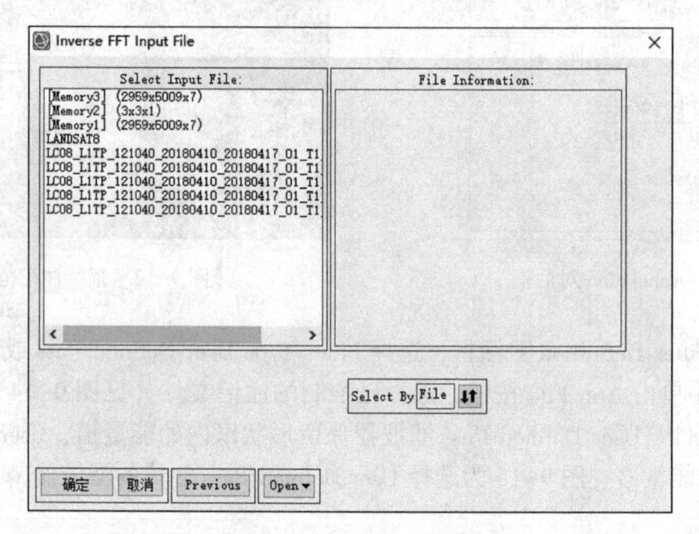


图 9-16　选择傅里叶变换影像

（2）在弹出的 Inverse FFT Filter File 对话框中，选择之前已定义的滤波器图像，点击确定，如图 9-17 所示。

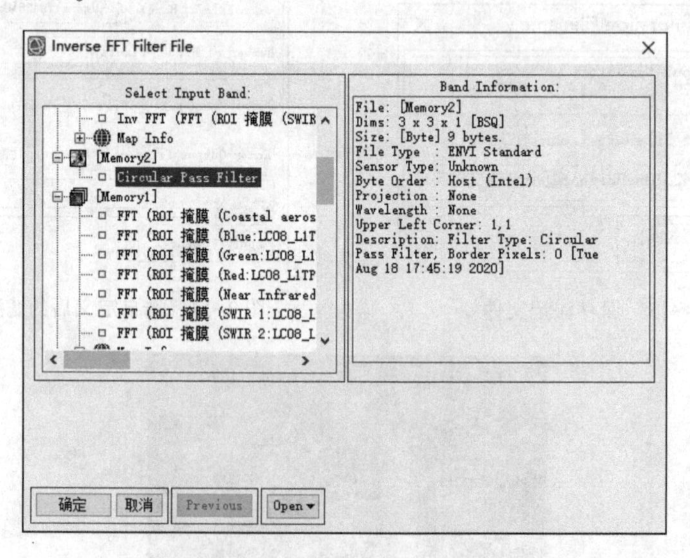


图 9-17　选择已定义的滤波器

（3）在 Inverse FFT Parameters 设置输出的滤波文件路径，得到反向傅里叶变换的结果。

图 9-18 为采用了高通滤波器的结果。可以看出，高通滤波由于保留影像的高频信息，其中的边缘特征都得以强化，各类地物的轮廓更加突显。

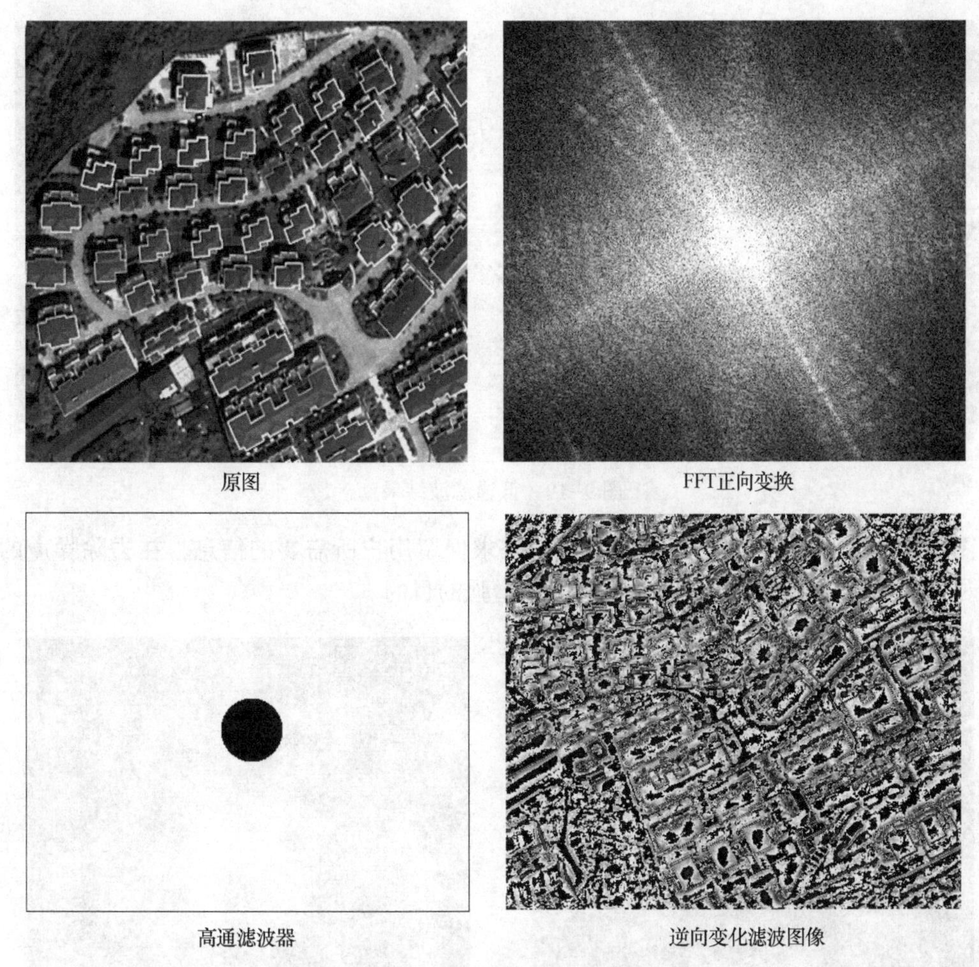


图 9-18　高通滤波结果

图 9-19 为低通滤波结果。滤波器很好地抑制了影像中的噪声，使得图像看上去更加平滑，但是从中可以看出部分信息丢失，图像变模糊，出现这种情况可能是滤波器将部分纹理信息也去除了。为了获得更好的滤波效果，需要分析频率域影像低频和高频信息特征来自定义滤波器。

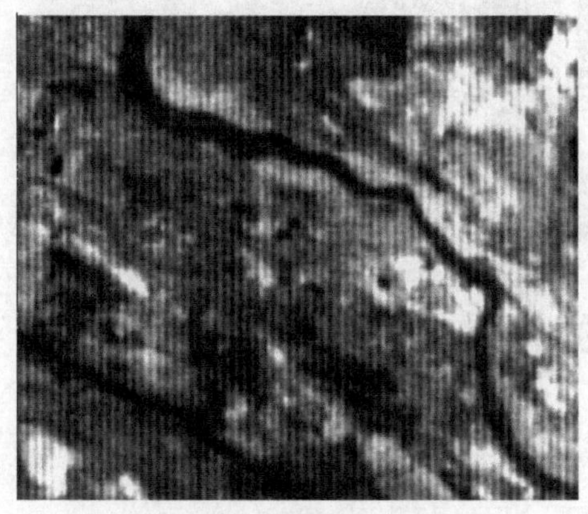
原图

FFT 正向变换

低通滤波器　　反向变换

图 9-19　低通滤波结果

图 9-20 通过定义自定义滤波器，根据需求保留用户所需要的信息，在去除噪声的同时又尽可能保留原始的信息，从而达到图像增强的目的。

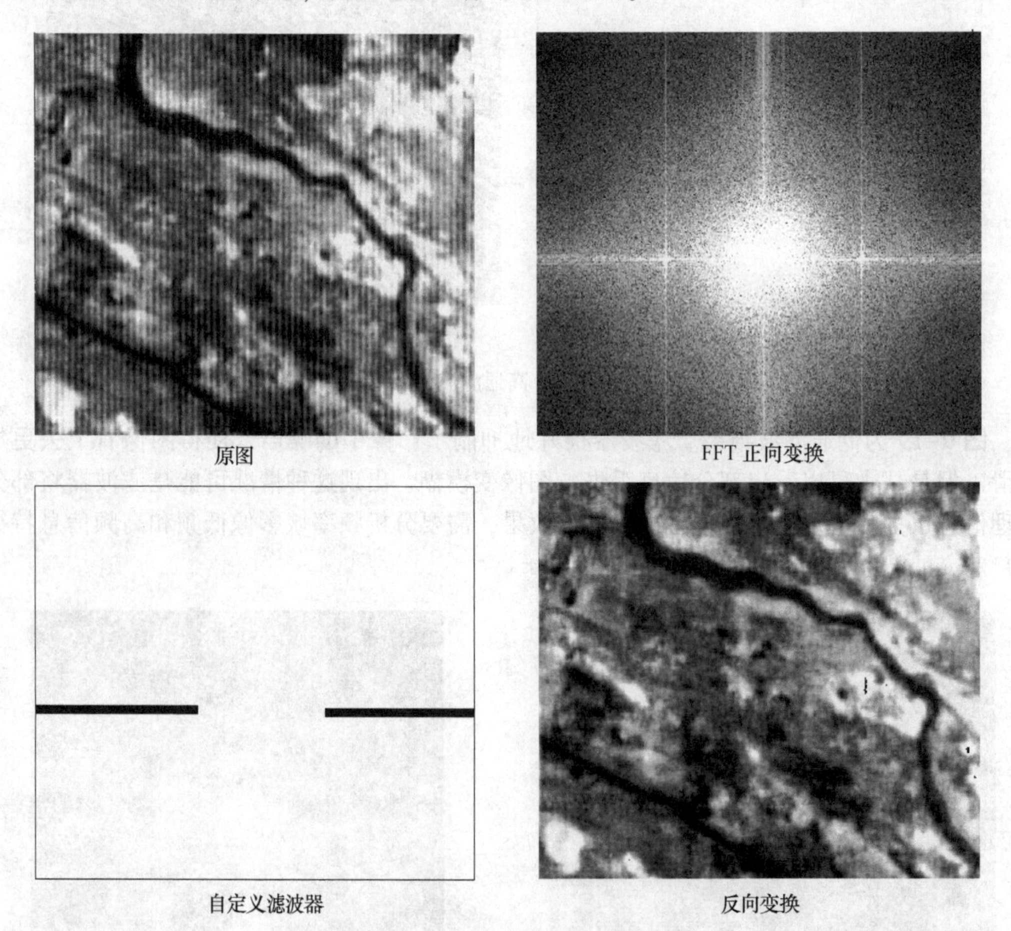


图 9-20　用户自定义滤波结果

# 10 遥感图像彩色增强实验

## 10.1 遥感图像颜色模式

颜色模式，是将某种颜色表现为数字形式的模型，或者说是一种记录图像颜色的方式。颜色模式可分为 RGB 模式、CMYK 模式、HSV 模式、位图模式、灰度模式、索引颜色模式等。

(1) 灰度模式。灰度模式指用单一色调表现图像。一个像素的颜色一般可以使用多达 256 级灰度来表现图像。灰度图像的每个像素有一个 0(黑色) 到 255(白色) 之间的亮度值，图像从黑→灰→白过渡变化，如同黑白照片。一般单波段遥感图像灰度值在 0~255 之间变化，打开单波段图像时按照 0~255 对应的从黑到白灰度颜色赋予图像显示。有些图像量化级不在这个范围，可以拉伸到 0~255 之间显示。

(2) 索引颜色模式。索引颜色模式是采用一个颜色表存放并索引图像中的颜色，可使用最多 256 种颜色。当单波段遥感图像转为彩色图像或彩色图像转换为索引颜色时，将构建一个颜色查找表（CLUT)，用以存放并索引图像中的颜色。如果原图像中颜色不能用 256 色表现，则会从可使用的颜色中选出最相近颜色来模拟这些颜色，这样可以减小图像文件的尺寸。颜色表可在转换的过程中定义或在生成索引图像后修改。

(3) RGB 颜色模式。光的三原色是红色、绿色和蓝色。RGB 颜色模型或红绿蓝颜色模型，是一种加色模型，将红（Red)、绿（Green)、蓝（Blue）三原色的色光以不同的比例相加，以产生多种多样的色光。RGB 色彩模式使用 RGB 模型为图像中每一个像素的 RGB 分量分配一个 0~255 范围内的强度值。例如：纯红色 R 值为 255，G 值为 0，B 值为 0；灰色的 R、G、B 三个值相等（除了 0 和 255)；白色的 R、G、B 都为 255；黑色的 R、G、B 都为 0。RGB 图像只使用 3 种颜色，就可以使它们按照不同的比例混合，可以显示达 256×256×256＝16777216 种颜色。

(4) HSV 颜色模式。HSV(Hue，Saturation，Value) 颜色空间模型对应于圆柱坐标系中的一个圆锥形子集，3 个参数分别是色调（H)、饱和度（S)、明度（V)。H 用角度度量，取值范围为 0~360°，从红色开始按逆时针方向计算，红色为 0°，绿色为 120°，蓝色为 240°，每一种颜色和它的补色相差 180°。饱和度 S 表示颜色接近光谱色的程度，值从 0 到 1 变化，饱和度高，颜色则深而艳。明度 V 表示颜色明亮的程度，值从 0(黑) 到 1 (白) 变化。

## 10.2 遥感图像彩色增强方法

遥感图像彩色增强方法包括伪彩色增强、真彩色合成、假彩色合成、模拟真彩色和彩色变换等方法。

(1) 伪彩色增强。伪彩色增强是把单波段灰度图像中的不同灰度级按特定的函数关系变换成彩色，然后进行彩色图像显示的方法，主要通过颜色索引表或密度分割法来实现。

(2) 真彩色合成。真彩色合成即在彩色合成中选择波段的波长与红、绿、蓝颜色通道的波长相同或相近，得到的图像颜色与真彩色近似。例如，将 TM 图像的 3(红波段)、2(绿波段)、1(蓝波段) 波段分别赋予红、绿、蓝 3 颜色通道，由于赋予的颜色与原波段的颜色相同，可以得到近似的真彩色图像。

(3) 模拟真彩色。模拟真彩色通过数字图像处理得出逼近于地物天然色彩的多波段合成图像。有些卫星传感器（如 Landsat MSS）由于缺少蓝光波段，彩色合成只能获得假彩色图像。通过数学方法，根据地物光谱特征由已有波段像元值近似模拟出蓝波段图像，再与原图像的红光波段和绿光波段合成，则可获得近似于自然彩色的效果。

(4) 假彩色合成。假彩色合成是最常用的一种彩色合成方法。对于多波段遥感图像，选取其中的任意 3 个波段，分别赋予红、绿、蓝 3 种原色，即可在屏幕上合成彩色图像。但所合成的彩色图像并不表示地物真实的颜色。假彩色合成选用的波段应该以地物的光谱特征作为出发点，用不同的波段合成方式突出不同的地物信息。在 Landsat 的 TM 图像中，波段 2 为绿波段，波段 3 为红波段，波段 4 为近红外波段，对 4、3、2 波段分别赋予红、绿、蓝色合成的假彩色图像称为标准假彩色图像。在标准假彩色图像中，突出植被、水体、城乡、山区、平原等特征，植被为红色、水体为黑色或蓝色、城镇为深色，地物类型信息丰富。

(5) 彩色变换。彩色变换将 RGB 颜色系统表示的图像变换为用 HSV 颜色系统表示的图像的处理方法。HSV 颜色空间比 RGB 颜色空间更接近于人们的经验对彩色的感知，且在对图像增强时，可直接增强色调和饱和度的差异，提高图像的饱和度。单独对强度进行增强，再做逆变换，可以获得其他方法不能达到的效果，如对云雾的去除。因此，在遥感图像的数字处理过程中，将 RGB 颜色空间转换到 HSV 空间可以获取更多的遥感信息。

## 10.3 实验操作

实验软件：ENVI 5.3 或 ENVI Classic 5.3。

遥感数据：\ 实验 10 \ L8_121040_20180410。

### 10.3.1 真彩色合成实验

真彩色合成实验如下。

(1) 在 ENVI 5.3 中打开遥感影像文件，如影像文件中包含波长信息，ENVI 自动识别红、绿、蓝波段按真彩色合成图像显示在软件主窗口。如文件没有包含波长信息，需手动设置显示。在软件主界面左侧 Layer Manager 中用鼠标右击影像文件，选择下拉菜单中的 Change RGB bands，弹出 Change Bands 窗口（见图 10-1），查看影像波段，依次选择与 RGB 颜色通道一一对应的波段，点击 OK 加载显示真彩色图像。或者打开 Data Manager 窗口（见图 10-2），查看影像中的红光、绿光、蓝光波段，同样依次选择与 RGB 颜色通道一一对应的波段，点击 Load data 加载显示真彩色图像。

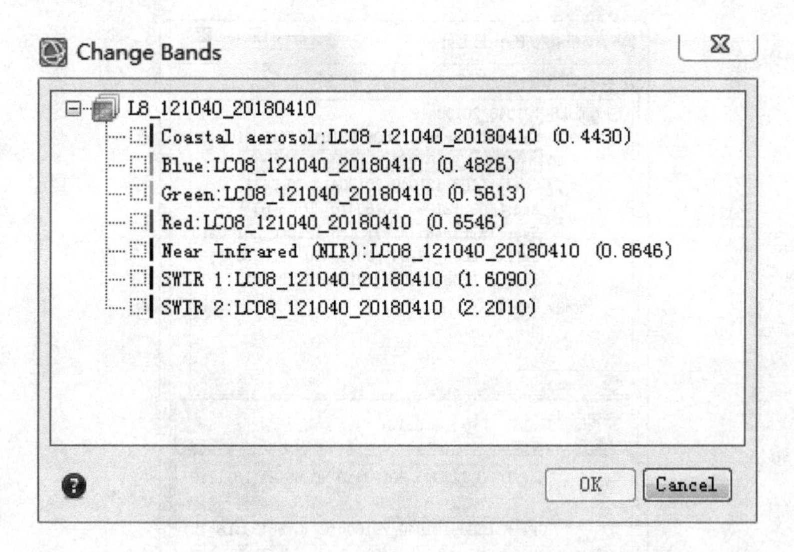


图 10-1 Change Bands 窗口

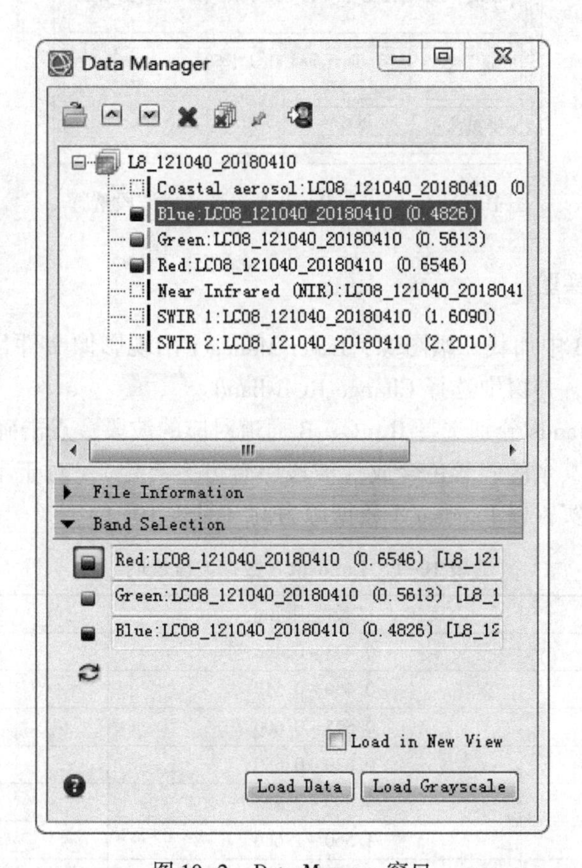


图 10-2 Data Manager 窗口

(2) 经典版真彩色合成显示。ENVI Classic 5.3 中打开影像后，在 Available Bands List 窗口中依次选择 R、G、B 颜色通道对应的红、绿、蓝波段，点击 Load RGB 也可合成真彩色影像，如图 10-3 所示。

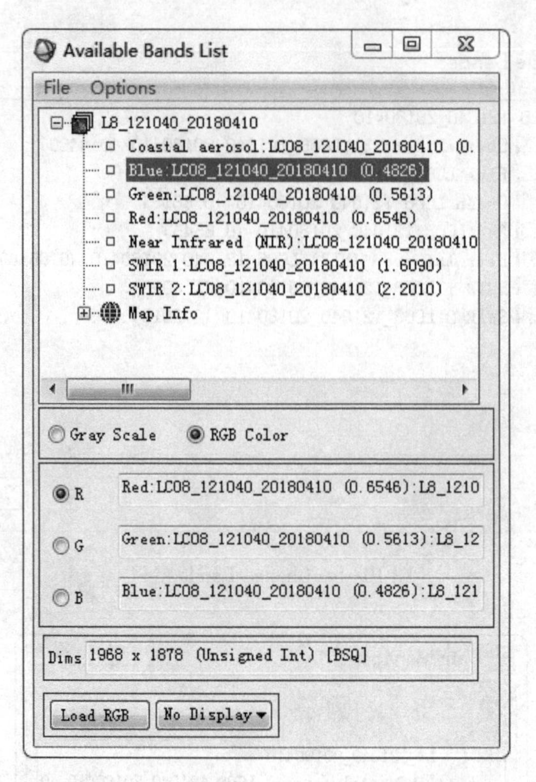


图 10-3　Available Bands List 真彩色波段选择

### 10.3.2　假彩色合成实验

（1）在 ENVI 5.3 中加载一幅图像，Layer Manager 出现影像文件目录，在目录中鼠标右击目标图像文件名，弹窗中选择 Change RGB bands。

（2）在 Change Bands 分别选择 R、G、B 通道对应的波段，点击确定即可。

按此步骤，继续其余的假彩色合成（波段组合方案自定）。对于不同数据源选择的波段号也有不同，本次实验以 Landsat 8 数据源为例（见表 10-1）。

**表 10-1　Landsat 8 数据波段说明**

| 波　段 | 波长范围/μm | 空间分辨率/m |
|---|---|---|
| Band 1—海岸波段 | 0.433～0.453 | 30 |
| Band 2—蓝波段 | 0.450～0.515 | 30 |
| Band 3—绿波段 | 0.525～0.600 | 30 |
| Band 4—红波段 | 0.630～0.680 | 30 |
| Band 5—近红外波段 | 0.845～0.885 | 30 |
| Band 6—短波红外 1 | 1.560～1.660 | 30 |
| Band 7—短波红外 2 | 2.100～2.300 | 30 |
| Band 8—全色波段 | 0.500～0.680 | 15 |
| Band 9—卷云波段 | 1.360～1.390 | 30 |
| Band 10—热红外 1 | 10.60～11.19 | 100 |
| Band 11—热红外 2 | 11.50～12.51 | 100 |

1）5，4，3——标准假彩色合成（CIR）用于植被相关的监测，在这种波段组合下，植被显示为红色，植被越健康红色越亮，而且还可以区分出植被的种类，这种波段组合方式可用来监测植被、农作物和湿地，如图 10-4 所示。

2）7，6，4——假彩色合成用于城市监测，这种波段组合用到了短波红外波段，相较于波长较短的波段来说，效果比较明亮，如图 10-5 所示。

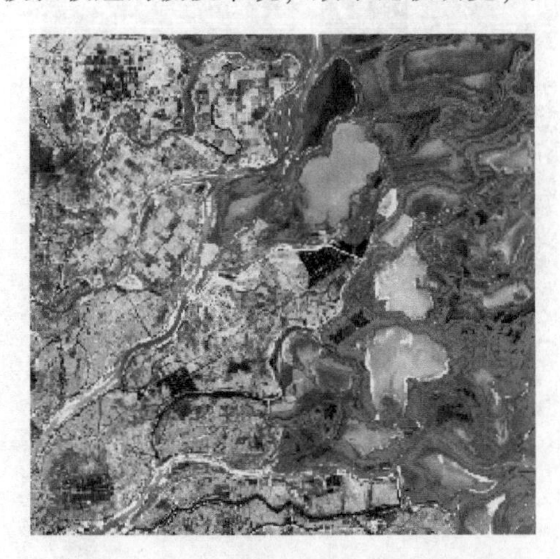

图 10-4　5，4，3 波段合成效果图

图 10-5　7，6，4 波段合成效果图

3）5，6，4——假彩色合成，该方案可有效区分陆地和水体，这种波段组合中橙色和绿色是陆地，蓝色是水，如图 10-6 所示。

4）6，5，2——假彩色合成用于农作物监测，这种波段组合对监测农作物很有效，农作物显示为高亮的绿色，裸地显示为品红色，休耕地显示为很弱的墨绿色，如图 10-7 所示。

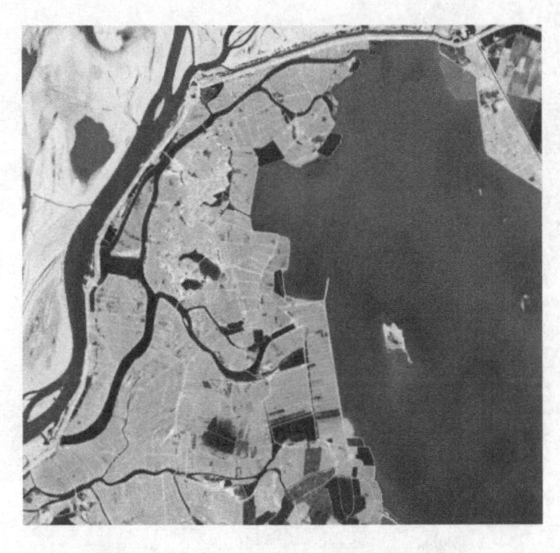

图 10-6　5，6，4 波段合成效果图

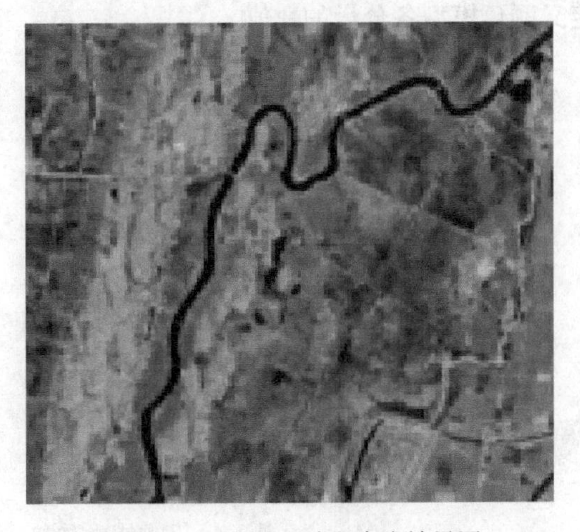

图 10-7　6，5，2 波段合成效果图

5）6，3，2——假彩色合成，该方案突出裸露地表上的一些景观，这种波段组合对于没有或少量植被情况下，突出地表的景观，对地质监测有效，如图 10-8 所示。

6）5，7，1——假彩色合成能有效监测植被和水体，这种波段组合使用了近红外波段、短波红外2波段和海岸波段，海岸波段是Landsat 8独有的，可以穿透一些很小的微粒如灰尘、烟雾等，还能穿透浅的水域。在这种波段组合下，植被显示为橘红色，如图10-9所示。

图10-8　6，3，2波段合成效果图

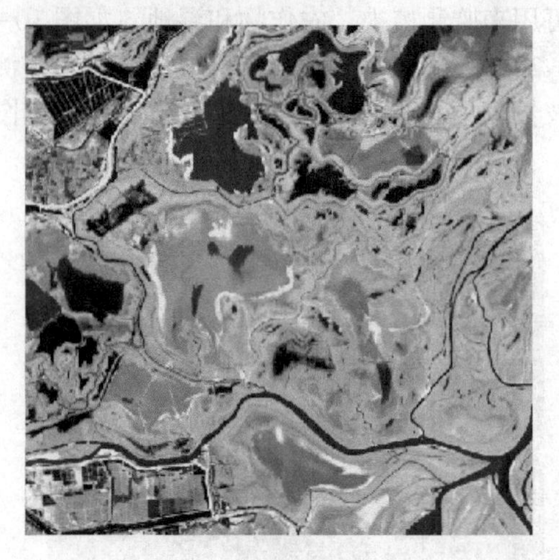

图10-9　5，7，1波段合成效果图

### 10.3.3　伪彩色显示实验

伪彩色显示有两种方式显示。

(1) 第一种：在ENVI 5.3中加载单波段影像显示灰度图像。

在软件主界面左侧Layer Manager中鼠标右击影像文件，弹出下拉菜单选择Change Color Table下的颜色表改变颜色显示（见图10-10），或点击More弹出Change Color Table窗口，如图10-11所示。在Selected Color Table中选择合适的颜色表、Color Model，可自定义颜色模型各分量的数值。

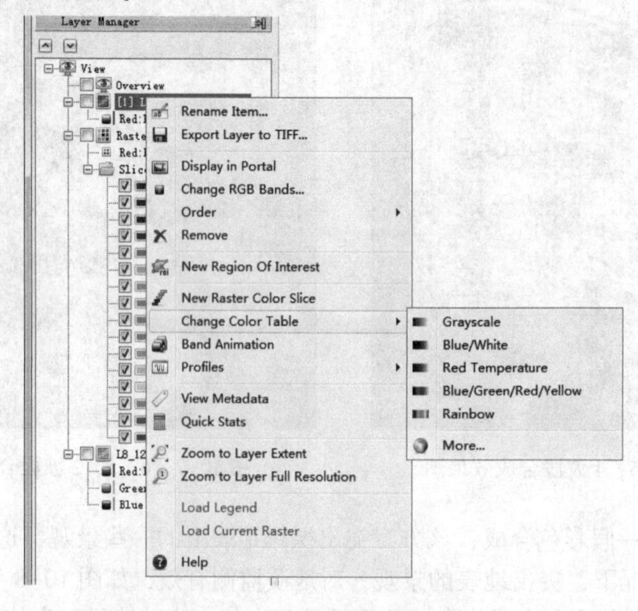


图10-10　颜色表下拉菜单

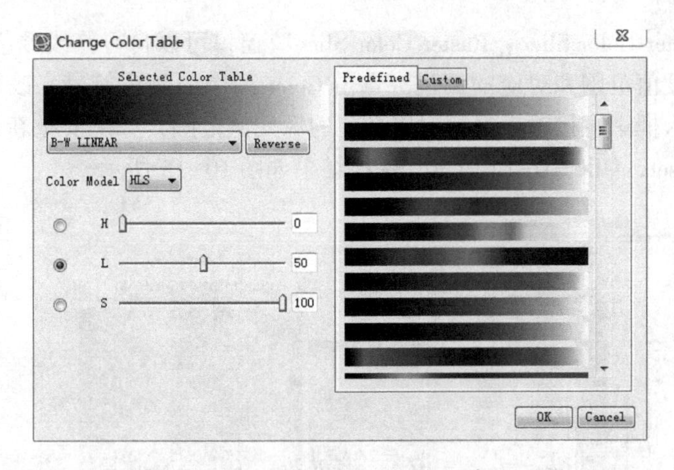


图 10-11 Change Color Table 窗口

（2）第二种：将亮度值等间隔分割分别赋予不同的色彩合成处理的过程。Toolbox 工具箱中选择 Classification 下的 Raster Color Slices 工具，弹出的对话框中选择需要进行伪彩色显示的波段（见图 10-12），确定后伪彩色影像显示在主界面，系统按默认分类显示，同时弹出 Edit Raster Color Slice：Raster Color Slice 窗口，如图 10-13 所示。

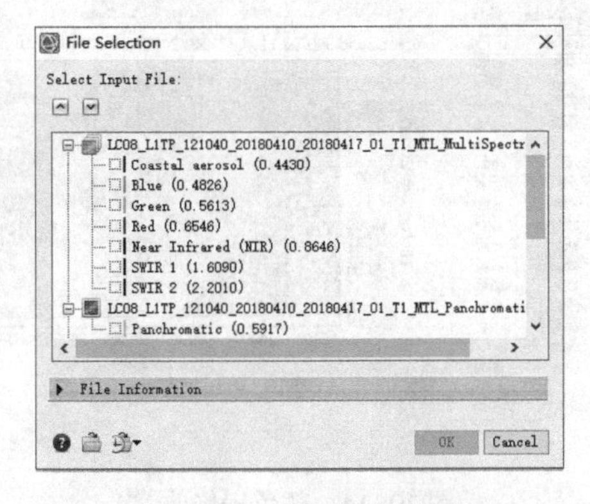


图 10-12 伪彩色波段选择

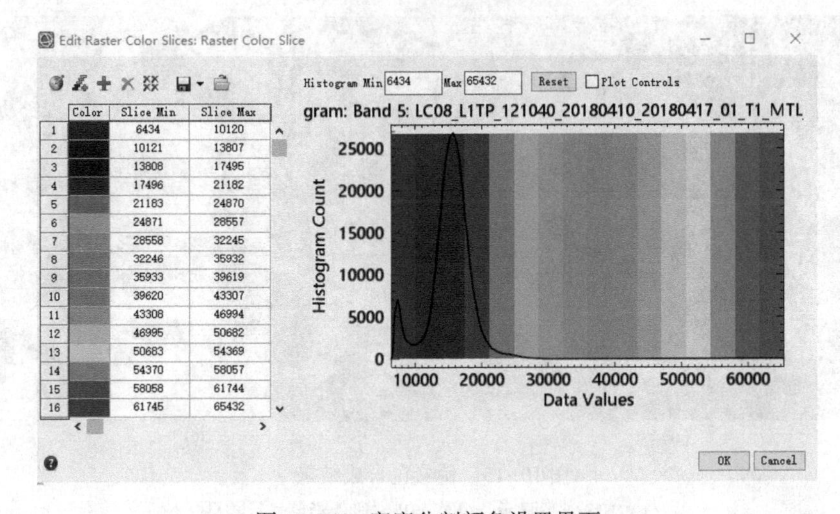


图 10-13 密度分割颜色设置界面

在“Edit Raster Color Slice：Raster Color Slice”窗口可以自行修改颜色表模型、增/减密度分割数、灰度值范围和对应的颜色，点击 Color 列中的颜色符号来改变密度分割的颜色，并在文本输入框中直接输入显示对应颜色的像元值范围，如果要重新设置数据范围到初始值，点击 Reset，如图 10-14 所示。变换结果如图 10-15 所示。

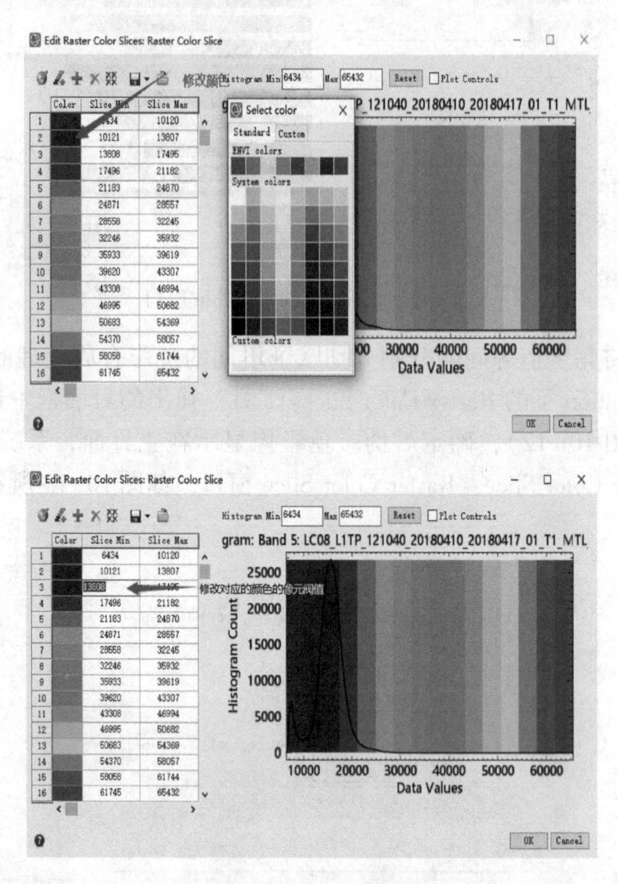


图 10-14　颜色表修改

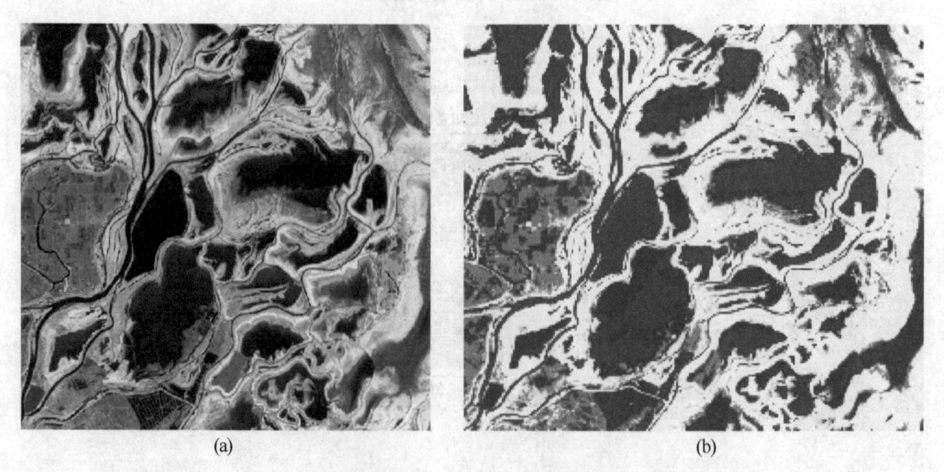

(a)　　(b)

图 10-15　伪彩色合成结果

（a）NIR 波段显示；（b）NIR 波段伪彩色显示结果

### 10.3.4　HSV 颜色变换实验

HSV 颜色变换实验如下。

（1）用 ENVI 5.3 打开一幅遥感图像，选择 Transforms Color Transforms RGB to HSV，弹出 RGB to HSV Input Bands 对话框，从可用波段列表（Available Bands List）中选择 3 个波段进行变换，如图 10-16 所示。

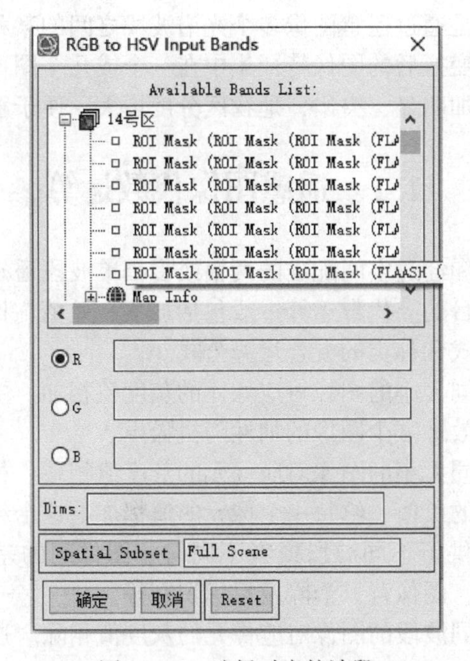


图 10-16　选择对应的波段

（2）选择输出到“File”或者“Memory”。点击 OK 开始处理，得到结果，如图 10-17 所示。

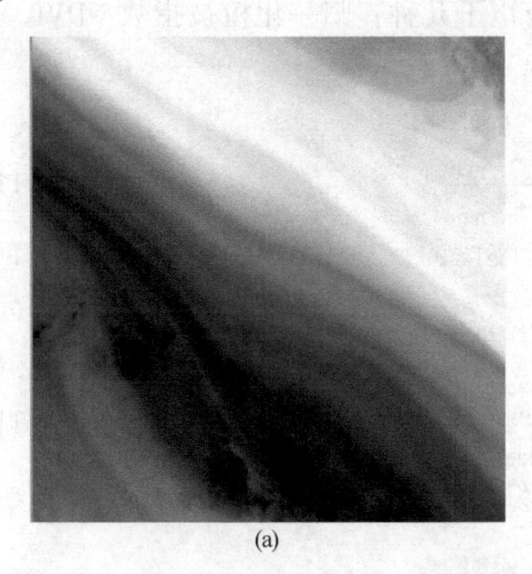
(a)

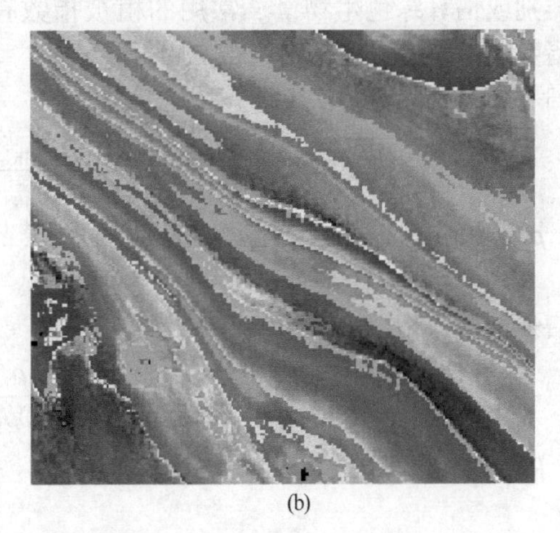
(b)

图 10-17　HSV 变换结果
（a）原始图像；（b）HSV 变换

# 11 遥感图像多光谱增强实验

遥感图像多光谱增强是通过遥感图像多个光谱波段之间的某种运算，产生一幅新的图像或一组新的图像分量。变换后的图像特征集中在一个或几个图像分量上，使原来不可识别的一些地物特征变得更加明显、突出，地物区分度增大，便于解译。

## 11.1 遥感图像代数运算

对于遥感多光谱图像和经过空间配准的两幅或多幅单波段遥感图像，可以通过一系列代数运算达到某种增强的目的。代数运算一般包括加法、差值、比值、乘法等，也可以根据具体需求，定义不同形式和种类的混合运算公式。

加法运算是指两幅相同大小的图像对应像元的灰度值相加。主要用于对同一区域的多幅图像求平均值，可以有效地减少图像的加性随机噪声。

差值运算是指两幅相同大小的图像对应像元的灰度值相减。相减后像元的值有可能出现负值，找到绝对值最大的负值，给每一个像元的值都加上这个绝对值，使所有像元的值都为非负数。差值图像提供了不同波段或者不同时相图像间的差异信息，能用于动态监测、运动目标监测与追踪、图像背景消除及目标识别等。

比值运算是指两个不同波段的图像对应像元的灰度值相除。这种算法对于增强和区分在不同波段比值差异较大的地物有明显效果。

植物叶面在可见光红光波段有很强的吸收特性，在近红外波段有很强的反射特性，通过这两个波段测值的不同组合可得到不同的植被指数，可以突出图像中植被的特征、提取植被类别或估算绿色生物量。常用的植被指数有以下几种：归一化植被指数 NDVI、比值植被指数 RVI、增强型植被指数 EVI 等。

归一化植被指数 NDVI 计算公式为：

$$\mathrm{NDVI} = \frac{\rho_{\mathrm{NIR}} - \rho_{\mathrm{RED}}}{\rho_{\mathrm{NIR}} + \rho_{\mathrm{RED}}} \tag{11-1}$$

式中，$\rho_{\mathrm{NIR}}$ 和 $\rho_{\mathrm{RED}}$ 分别代表近红外波段和红光波段的反射率，NDVI 的值介于 $-1$ 和 1 之间。

增强型植被指数 EVI 计算公式为：

$$\mathrm{EVI} = 2.5 \times \frac{\rho_{\mathrm{NIR}} - \rho_{\mathrm{RED}}}{\rho_{\mathrm{NIR}} + 6.0\rho_{\mathrm{RED}} - 7.5\rho_{\mathrm{BLUE}} + 1} \tag{11-2}$$

式中，$\rho_{\mathrm{NIR}}$、$\rho_{\mathrm{RED}}$ 和 $\rho_{\mathrm{BLUE}}$ 分别代表近红外波段、红光波段和蓝光波段的反射率。

## 11.2 遥感图像主成分分析

多光谱图像的各波段之间经常是高度相关的，他们的 DN 值以及显示出来的视觉效果往往很相似。主成分分析（Principal Component Analysis，PCA）就是一种去除波段之间多余信息，将多波段的图像信息压缩到比原波段更有效的少数几个转换波段的方法。一般情况下，第一主成分（PCI）包含所有波段中 80% 的信息，前 3 个主成分包含了所有波段中 95% 以上的信息量。

PCA 的主要思想是将 $n$ 维特征映射到 $k$ 维上，这 $k$ 维是全新的正交特征，也被称为主成分，是在原有 $n$ 维特征的基础上重新构造出来的 $k$ 维特征。PCA 的工作就是从原始的空间中顺序地找一组相互正交的坐标轴。其中，第一个新坐标轴选择是原始数据中方差最大的方向，第二个新坐标轴选取是与第一个坐标轴正交的平面中使得方差最大的方向，第三个轴是与第一、二个轴正交的平面中方差最大的方向。依次类推，可以得到 $n$ 个这样的坐标轴。通过这种方式获得的新的坐标轴，我们发现，大部分方差都包含在前面 $k$ 个坐标轴中，后面的坐标轴所含的方差几乎为 0。于是，我们可以忽略余下的坐标轴，只保留前面 $k$ 个含有绝大部分方差的坐标轴。事实上，这相当于只保留包含绝大部分方差的维度特征，而忽略包含方差几乎为 0 的特征维度，实现对数据特征的降维处理。

主成分分析对于增强信息含量、隔离噪声、减少数据维度非常有用。

## 11.3 HSV 颜色变换原理

HSV 颜色变换是将 RGB 颜色系统表示的图像变换为用 HSV 颜色系统表示的图像的处理方法。HSV 颜色空间比 RGB 颜色空间更接近于人们的经验及对彩色的感知，且在对图像增强时，可直接增强色调和饱和度的差异、提高图像的饱和度、单独对强度进行增强，获得其他方法不能达到的效果。在遥感图像的数字处理过程中，将 RGB 颜色空间转换到 HSV 空间能获取更多的遥感信息。

RGB 颜色模式转换到 HSV 颜色模式算法如下：

首先将 RGB 颜色模型对应的 3 个波段灰度值分别进行归一化，然后计算颜色模型转换时需要用到的判定条件。

$$R' = R/255$$

$$G' = G/255$$

$$B' = B/255$$

$$C_{\max} = \max(R',\ G',\ B')$$

$$C_{\min} = \min(R',\ G',\ B')$$

$$\Delta = C_{\max} - C_{\min}$$

根据上述公式计算色调

$$H = \begin{cases} 0^\circ & \Delta = 0 \\ 60^\circ \times \left(\dfrac{G' - B'}{\Delta} + 0\right) & C_{\max} = R' \\ 60^\circ \times \left(\dfrac{B' - R'}{\Delta} + 2\right) & C_{\max} = G' \\ 60^\circ \times \left(\dfrac{R' - G'}{\Delta} + 4\right) & C_{\max} = B' \end{cases}$$

根据判定条件计算饱和度

$$S=\begin{cases}0, & C_{\max}=0\\ \dfrac{\Delta}{C_{\max}}, & C_{\max}\neq 0\end{cases}$$

计算明度 $V$

$$V=C_{\max}$$

## 11.4 实验操作

实验软件：ENVI 5.3 或 ENVI Classic 5.3。

实验数据：\ 实验 11 \ LC81210402018100LGN00；

\ 实验 11 \ HJ1BCCD14528020160731。

### 11.4.1 波段代数运算实验

ENVI 中波段代数运算主要通过以下两种方式实现：Toolbox 工具箱中的 Band Algebra 下的工具和 Spectral 下的 Vegetation 模块工具。这些模块工具有些已集成了各种波段运算算法，有些需要自定义算法。以下主要介绍计算植被指数的已有模块、自定义运算。

#### 11.4.1.1 利用已有模块计算归一化植被指数 NDVI

ENVI 中提供了可直接使用的归一化植被指数 NDVI 计算模块，可以将多光谱数据变换成一个单独的图像波段，用于显示植被分布。ENVI 已经为 Landsat MSS、Landsat TM、Landsat OLI、AVHRR、SPOT 和 AVIRIS 数据预设置了相应波段，对于其他数据类型，可以自已指定波段来计算 NDVI 值。

本次实验采用 Landsat 8 影像数据进行操作。

（1）在 ENVI5.3 中打开 Landsat8 影像。

（2）在 Toolbox 工具箱中，选择 Spectral→Vegetation→NDVI。在 NDVI Calculation InputFile 对话框中选择影像，单击 OK 按钮。

（3）在 NDVI Calculation Parameters 对话框中（见图 11-1），单击“Input File Type”下拉菜单，选择 Landsat OLI。用于计算 NDVI 的波段将被自动导入到“Red”和“Near IR”文本框中。如果下拉菜单中没有列出的传感器类型的 NDVI，在“Red”和“Near IR”文本框中，手动输入所需的波段。

（4）在“Output Data Type”下拉菜单选择输出字节型（Byte）或浮点型（Floating-Point）。如果选择字节型输出，键入最小 NDVI 值，该值将被拉伸为 0；键入最大 NDVI 值，该值将被拉伸为 255，获得的 ENVI 将被拉伸为 0 ~ 255 范围内。如果选择浮点型，ENVI 数值范围保持为-1 ~1。

（5）选择输出路径及文件名，单击 OK 按钮，得到计算结果。原始影像与 NDVI 计算结果对比如图 11-2 所示，NDVI 计算结果中白色（高亮度）代表植被信息，白色亮度越高，代表植被覆盖度越高。

#### 11.4.1.2 利用波段计算增强型植被指数 EVI

增强型植被指数（EVI）是在归一化植被指数（NDVI）基础上改善的，通过加入蓝

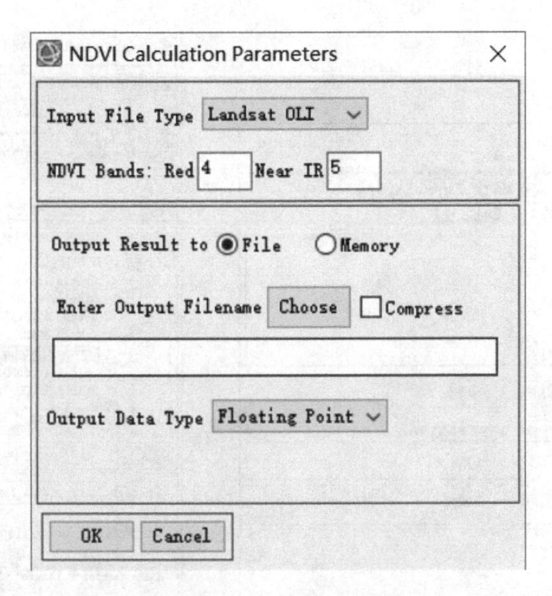


图 11-1　NDVI 计算对话框

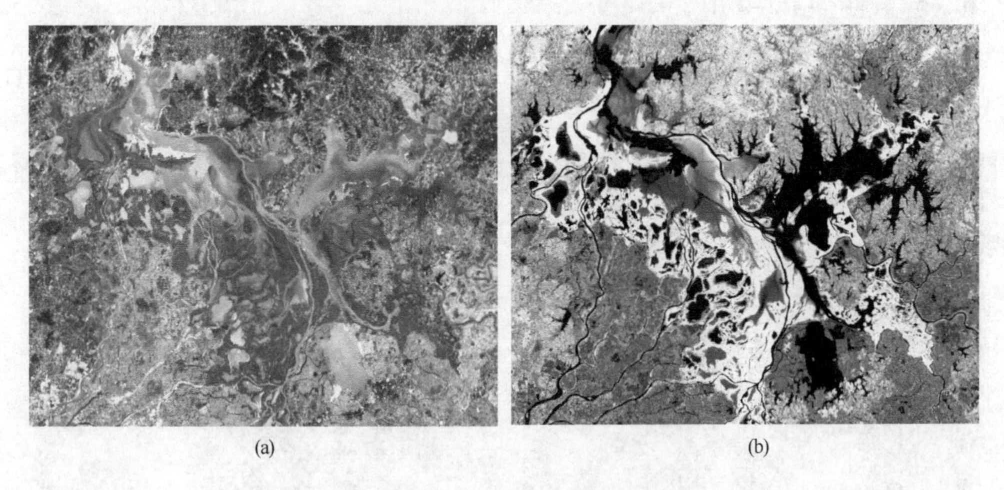

(a)　　(b)

图 11-2　原始影像与 NDVI 计算结果对比
（a）原始影像；（b）NDVI 计算结果

色波段以增强植被信号，矫正土壤背景和气溶胶散射的影响。EVI 常用于 LAI 值高，即植被茂密区。EVI 值的范围是-1～1，一般绿色植被区的范围是 0.2～0.8。

本次实验采用 Landsat 8 影像数据进行操作。

（1）在 ENVI 5.3 中打开 Landsat 8 影像。

（2）在 Toolbox 工具箱中选择 Band Algebra→Band Math，双击弹出 Band Math 对话框，在 Enter an Expression 中输入 EVI 的数学表达式 2.5 * （b5-b4）/（b5+6.0 * b4-7.5 * b2+1），点击 Add to List 添加表达式，如图 11-3 所示，单击 OK 按钮。

（3）在 Variables to Bands Pairings 窗口中选择各表达式所对应的波段（见图 11-4），选择完成后单击 OK 按钮，输出结果得到 EVI 计算结果，将原始影像与计算结果对比（见图 11-5）。

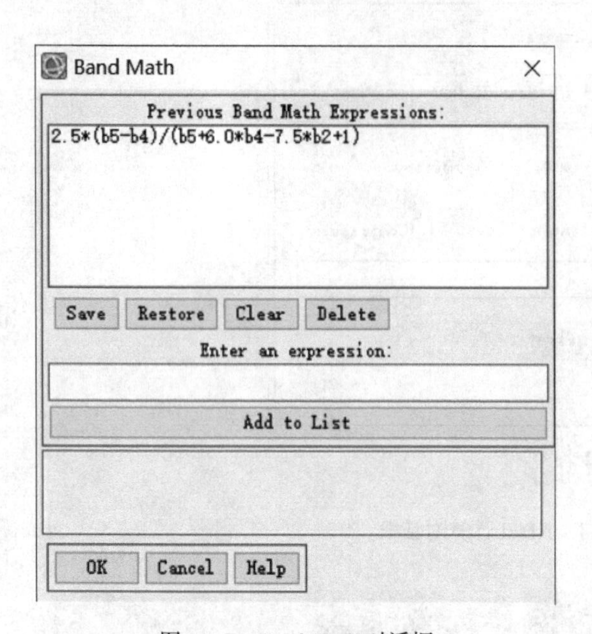


图 11-3　Band Math 对话框

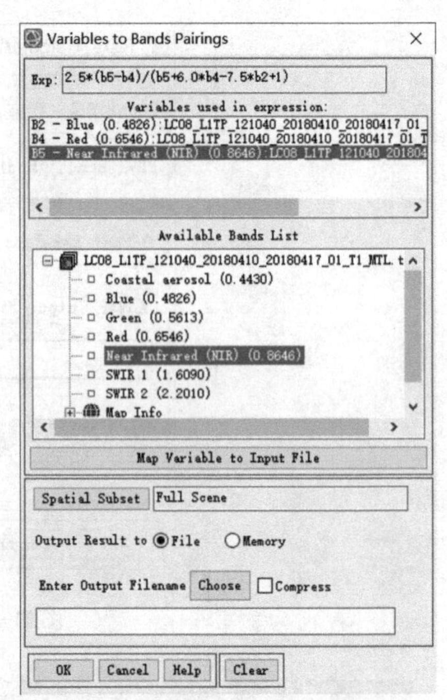


图 11-4　Variables to Bands Pairings 窗口

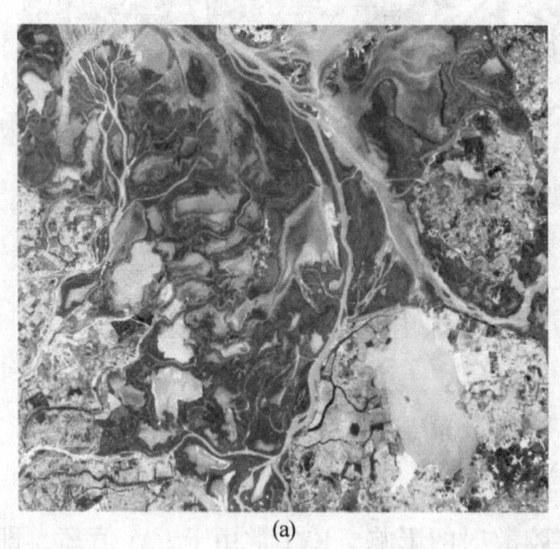

(a)

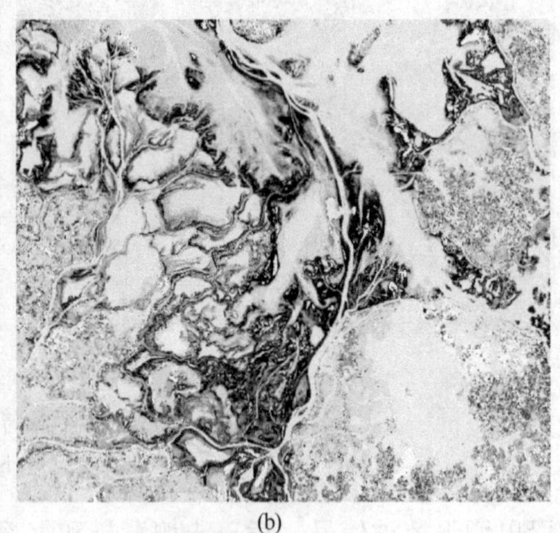

(b)

图 11-5　原始影像与 EVI 计算结果对比

（a）原始影像；（b）EVI 计算结果

## 11.4.2　主成分分析实验

本次实验采用 Landsat 8 影像数据进行操作。

ENVI 中提供主成分正变换和主成分逆变换。具体操作如下。

### 11.4.2.1　主成分正变换

（1）在 ENVI 5.3 中打开 Landsat 8 影像。

（2）Toolbox 工具箱选择 Transform→PCA Rotation→Forward PCA Rotation New Statistics and Rotate，在弹出的 Principal Components Input Files 对话框中，选择图像文件。

（3）在 Forward PC Parameters 对话框中，选择默认参数，设定输出路径和文件名，输出数据类型为 Floating Point（见图 11-6）。

（4）单击 OK 按钮，完成主成分正向变换。变换后的波段包括 7 个分量（见图 11-7），主要信息集中在第一主成分，选择主成分变换波段合成 RGB 显示或单一主成分变换波段，观察不同主成分波段和合成的 RGB 图像特征，如图 11-8 所示。

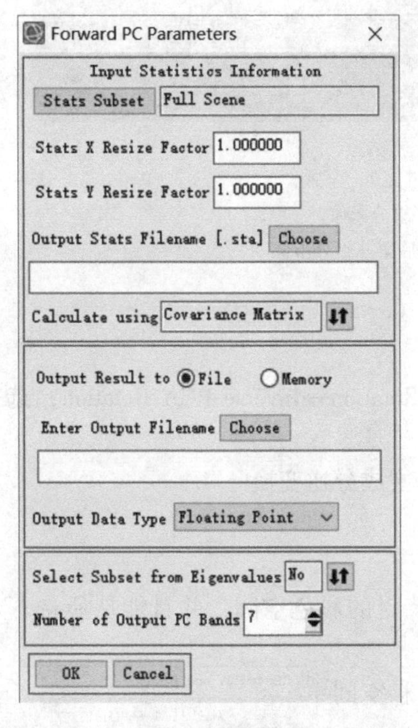


图 11-6 Forward PC Parameters 对话框

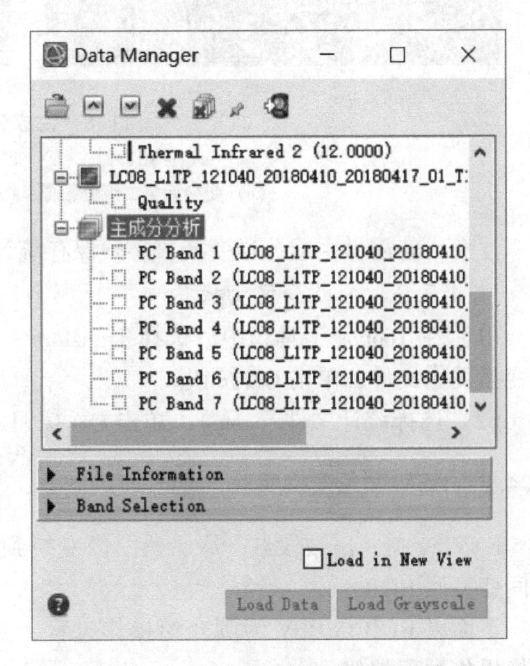


图 11-7 主成分计算后的分量组成

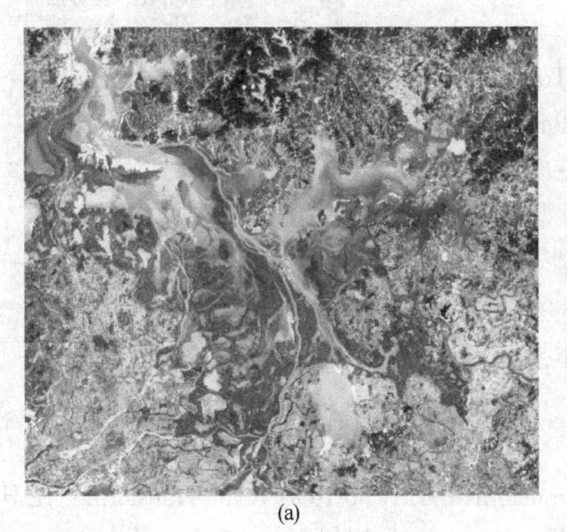

(a)

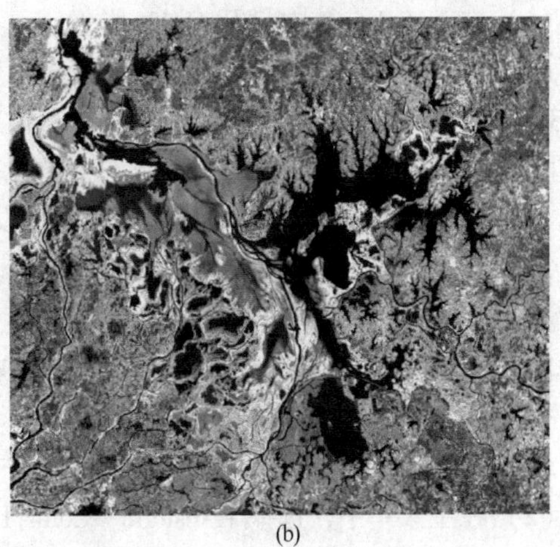

(b)

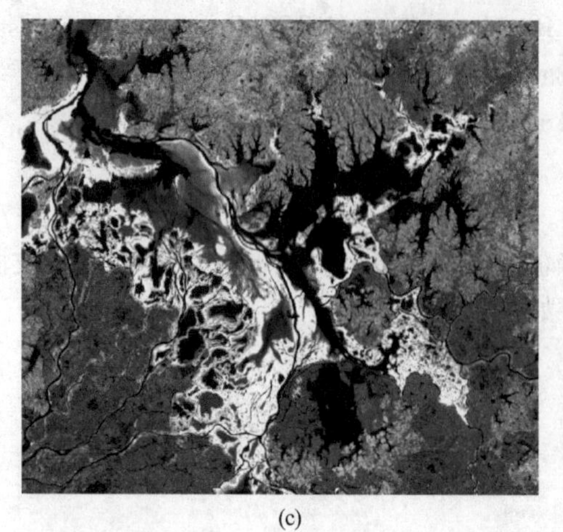

(c)

(d)

图 11-8　主成分变换对比

（a）原始影像；（b）变换后第一组分影像；
（c）变换后第二组分影像；（d）变换后第三组分影像

注意：若需做主成分逆变换，必须保存统计文件（.sta）。

11.4.2.2　主成分逆变换

（1）在 Toobox 工具箱中，选择 Transform→PCA Rotation→Inverse PCA Rotation，选择逆变换图像文件，单击 OK 按钮。

（2）选择统计文件（.sta），单击 OK 按钮，完后主成分逆变换。

### 11.4.3　HSV 颜色变换实验

ENVI 支持将三波段红、绿、蓝图像变换到一个特定的彩色空间，并且能从所选彩色空间变换回 RGB。

下面以 RGB to HSV 为例介绍操作过程，其他色彩空间变换操作过程类似。

本次实验采用 HJ1B 影像数据进行操作。

（1）在 ENVI 5.3 中打开 HJ1B 影像。

（2）在主菜单中，选择 Transform→Color Transforms→RGB to HSV Color Transform。在 RGB to HSV Input Bands 对话框中，从波段列表中选择 3 个波段进行变换（见图 11-9），单击 OK。

（3）在 RGB to HSV Parameters 对话框中设置输出路径及文件名，单击 OK。RGB 转换成 HSV 及各分量影像如图 11-10 所示。

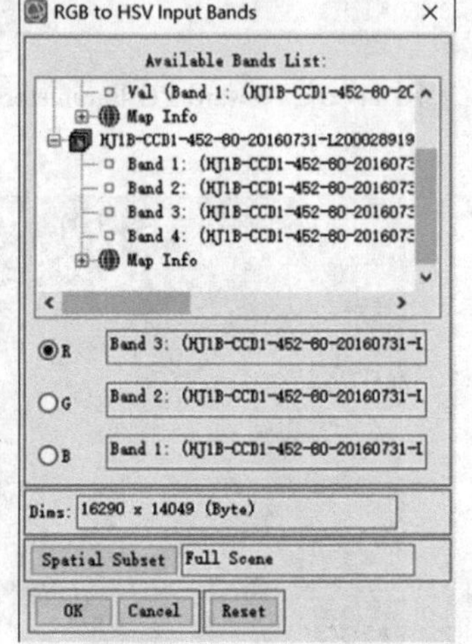


图 11-9　HSV 变换波段选择窗口

HSV 图像也可以转换成 RGB 图像，具体操作跟 HSV to RGB 相似，如下：

（1）在 ENVI 5.3 中打开 HJ1B 影像。

（2）在主菜单中，选择 Transform→Color Transforms→HSV to RGB Color Transform。在 HSV to RGB Input Bands 对话框中，从波段列表中选择 H、S、V 对应波段进行变换，单击 OK。

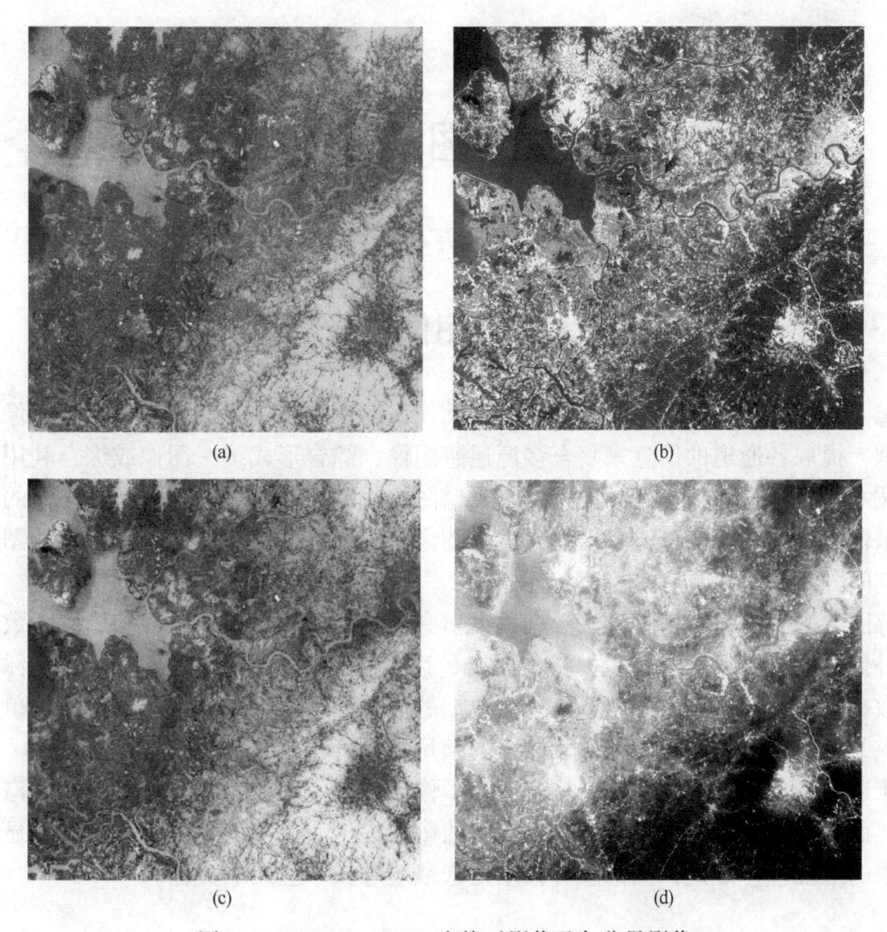


图 11-10 RGB to HSV 变换后影像及各分量影像

（a）HSV 变换后影像；（b）H 分量；（c）S 分量；（d）V 分量

（3）在 HSV to RGB Parameters 对话框中设置输出路径及文件名，单击 OK。HSV 转换成 RGB 对比如图 11-11 所示。

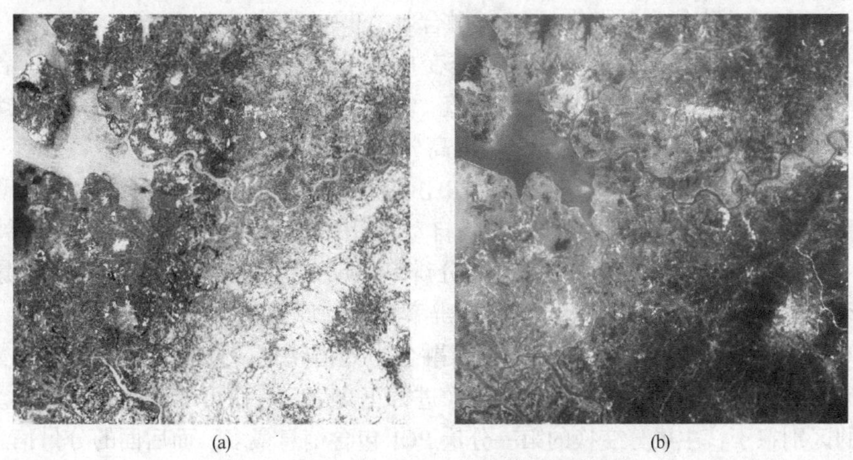


图 11-11 HSV to RGB 变换前后影像对比

（a）HSV 图像；（b）转换后 RGB 图像

# 12 遥感图像融合实验

## 12.1 遥感图像融合原理

遥感图像融合（image sharpening）是指将由多源通道所采集的同一目标的图像经过一定的处理，提取各通道的信息来复合多源遥感图像，综合形成统一图像或综合利用和图像信息的技术。一般是将低空间分辨率的多光谱图像或高光谱数据与高空间分辨率的单波段图像重采样，生成一幅高分辨率多光谱遥感图像的图像处理技术，使得处理后的图像既有较高的空间分辨率，又具有多光谱特性。

遥感图像融合不仅能消除冗余数据，突出有用的专题数据，还可以利用多源数据间的信息互补性，对各种遥感影像数据进行融合，以弥补单一数据的不足，提高分析的精度，并扩大数据的使用范围。融合并非是几种数据的简单叠加，它可以得到原来几种单个数据不能提供的新数据，提高信息的协调能力，满足地学分析及各种专题研究的需求。

对于遥感影像解译来说，使用融合后的影像比单独使用可见光影像或者多光谱影像更为有效；而对于遥感影像分类来说，融合后的影像提供了更多的细节信息，可以显著提高分类结果的准确性。因此，图像融合技术是未来遥感技术应用的关键。

## 12.2 遥感图像融合方法

对于 RGB 图像的遥感融合方法有 Brovey 变换、HSV 变换等，这两种方法要求数据具有地理参考或者相同的尺寸大小；对于多光谱影像的遥感融合方法有 CN Spectral Sharpening、Gram-Schmidt 融合、主成分（PC）融合等。

（1）Brovey 变换。Brovey 称为彩色标准变换融合，该方法是将 RGB 图像中各波段乘以高分辨率数据与 RGB 图像波段综合的比值，然后利用最邻近、双线性或者三次卷积将 3 个波段重采样到高分辨率像元尺度下，获得高分辨率多光谱图像。

（2）HSV 变换。HSV 融合是将影像从 RGB 空间变化到 HSV 色彩空间，其原理是用高分辨率影像代替颜色亮度值波段（V），并自动地用最近邻域、双线性或三次卷积运算，再将色度（H）和饱和度（S）重采样到高分辨率像尺寸，最后将替换后的 HSV 影像变换回 RGB 彩色空间。输出的 RGB 影像与高分辨率数据的像元大小相同。

（3）Gram-Schmidt 融合。Gram-Schmidt 融合为光谱锐化影像融合，是线性代数和多元统计中常见的方法，它通过对矩阵或多维影像进行正交化，从而可以消除冗余信息。它与主成分变换的区别在于：主成分变换的第一分量 PC1 包含信息最多，而后面的分量信息含量逐渐减少。但 Gram-Schmidt 变换产生的各分量只是正交，各分量信息量没有明显区别。

（4）主成分（PC）融合。主成分（PC）融合是将低分辨率的多光谱信息进行主成分变换，将高分辨率全色波段匹配拉伸到第一主成分，然后将高分辨率图像替代多波段图像的第一主成分，最后进行主成分逆变换，生成具有高空间分辨率的多光谱融合图像。

# 12.3　遥感图像融合评价

遥感图像融合评价是对融合后图像的质量进行评价，评价可以分为定量评价和定性评价两大类。

定量评价主要是利用各指标计算，通过计算得到参数的表现来反映图像融合质量。评价指标一般根据融合目的来选取，主要通过 3 方面进行统计分析，即亮度信息，针对融合后图像亮度信息进行评价，主要包括亮度均值、方差和平均梯度信息；空间细节信息，评价融合图像包含空间信息量，主要包括信息熵和交叉熵等；光谱信息，评价与融合前图像的变形情况，包括扭曲程度等。

定性评价是通过主观目测法，对于一些明显的图像信息进行评价，直观、快捷、方便。定性评价主要用于判断图像是否配准，如配准不好会出现重影；判断色彩是否一致；判断图像融合清晰度是否降低，边缘是否清楚；融合图像纹理及色彩信息是否丰富，光谱与空间信息是否丢失等。由于主观定性评价存在一些片面性，当观测条件发生变化时，评定的结果可能也会产生差异。

# 12.4　实验操作

实验软件：ENVI 5.3 或 ENVI Classic 5.3；

实验数据：\ 实验 12 \ GF 目录下的全色和多光谱影像。

## 12.4.1　HSV 融合实验

HSV 自动融合方法步骤为：

（1）在 ENVI 5.3 中打开 GF-1 号影像的多光谱和全色波段（见图 12-1）。

(a)　　(b)

图 12-1　原始影像

（a）GF-1 号全色波段影像；（b）GF-1 多光谱影像

（2）在 Toolbox 工具箱中选择 Image Sharpening→HSV Sharpening。在 Select Input RGB Input Bands 中选择要融合的多光谱影像 RGB 波段（见图 12-2），单击 OK 按钮。

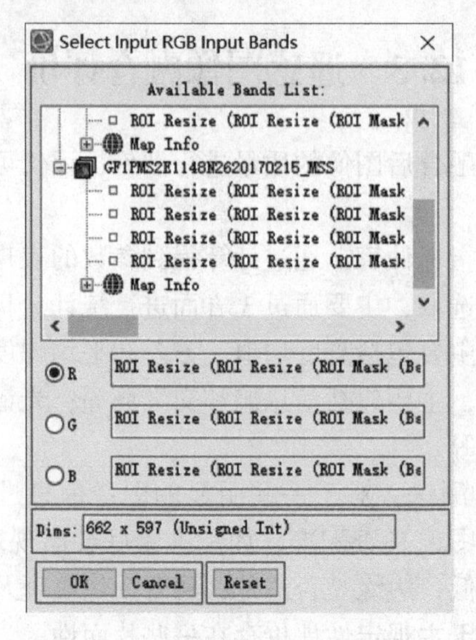


图 12-2 选择 RGB 波段

（3）在 High Resolution Input File 对话框中，选择进行融合的全色影像，单击 OK 按钮（见图 12-3）。

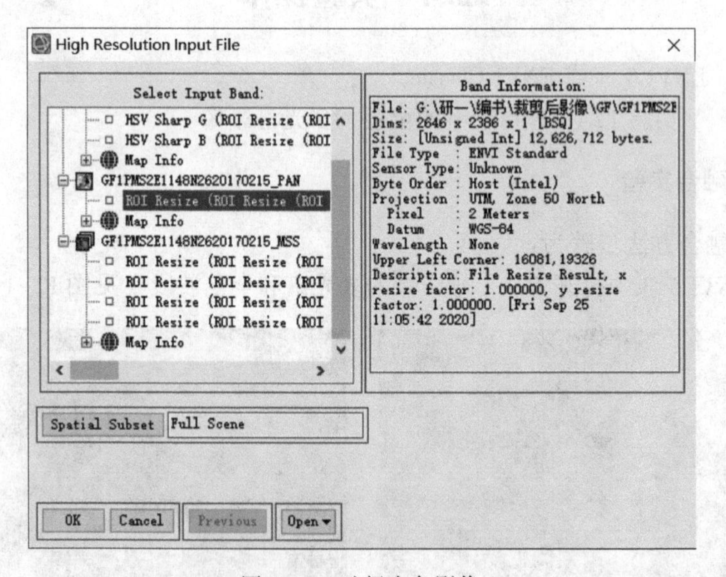


图 12-3 选择全色影像

（4）选择输出路径后得到融合后影像（见图 12-4）。

上述 HSV 融合过程把有关技术方法封装在内部，无法理解是如何实现的。为了更好理解 HSV 融合，下面采用分解步骤、手动执行 HSV 融合过程。

（1）正向 HSV 变换。

1）在 ENVI Classic 5.3 打开 GF-1 号影像的多光谱和全色波段。

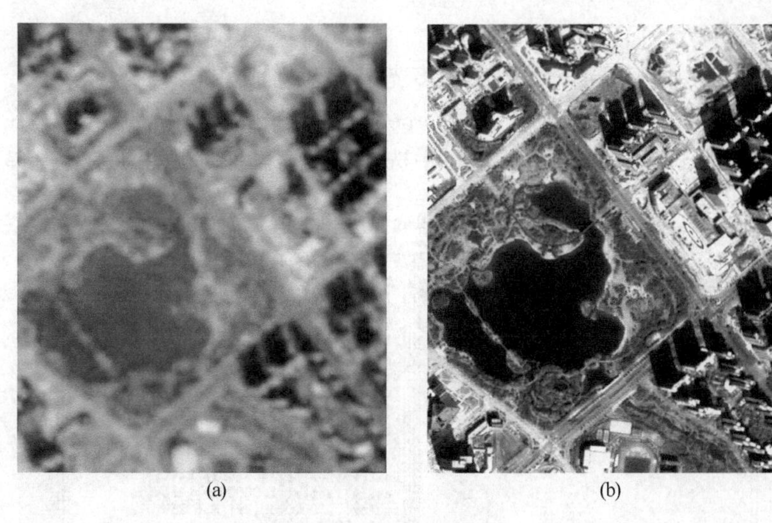

(a) (b)

图 12-4 融合影像对比
（a）原图；（b）HSV 融合

2）在 ENVI Classic 5.3 主菜单条选择 Transform \ Color Transforms \ RGB to HSV。出现 RGB to HSV Input Bands 对话框。

3）选择 Display #1（多光谱影像显示的窗口），点击 OK。出现 RGB to HSV Parameters 对话框。

4）在 Enter Output Filename 框输入文件名，点击 OK 执行变换。

5）在 Available Bands List 中打开变换后的影像，可以查看变换影像的 3 分量 Hue，Sat，Val。

（2）创建拉伸的全色波段影像。

1）在 ENVI Classic 5.3 主菜单条选择菜单 Basic Tools > Stretch Data，出现 Data Stretch Input File 对话框。

2）选择全色波段影像，点击 click OK。出现“Data Stretching”数据拉伸对话框。

3）在数据拉伸对话框中的“Output Data Range”的 Min 中输入 0，Max 中输入 1.0（因为多光谱影像 HSV 变换后的 V 值变换范围为 0～1，所以替换的全色影像要与之一致）。

4）在“Enter Output Filename”输入路径、文件名，点击 OK 保存。

（3）反向 HSV 变换。

1）ENVI Classic 5.3 主菜单条选择 Transform > Color Transforms >HSV to RGB。出现“HSV to RGB Input Bands”对话框。

2）分别选择与“H”和“S”分量对应的多光谱影像转化来的 Hue 和 Sat 波段。选择与“V”分量对应的拉伸后的全色影像，点击 OK。出现“HSV to RGB Parameters”对话框。

3）在“Enter Output Filename”中输入路径和文件名，点击 OK 执行反向变换。

### 12.4.2 主成分融合实验

使用主成分融合功能可以对具有高空间分辨率影像与低空间分辨率的多光谱影像融

合。具体操作如下：

（1）在 ENVI 5.3 中打开 GF-1 号影像多光谱和全色影像。

（2）在 Toolbox 工具箱中选择 Image sharpening→PC Spectral Sharpening。在 Select Low Spatial Resolution Multi Band Input File 窗口中选择多光谱影像（见图 12-5），单击 OK。

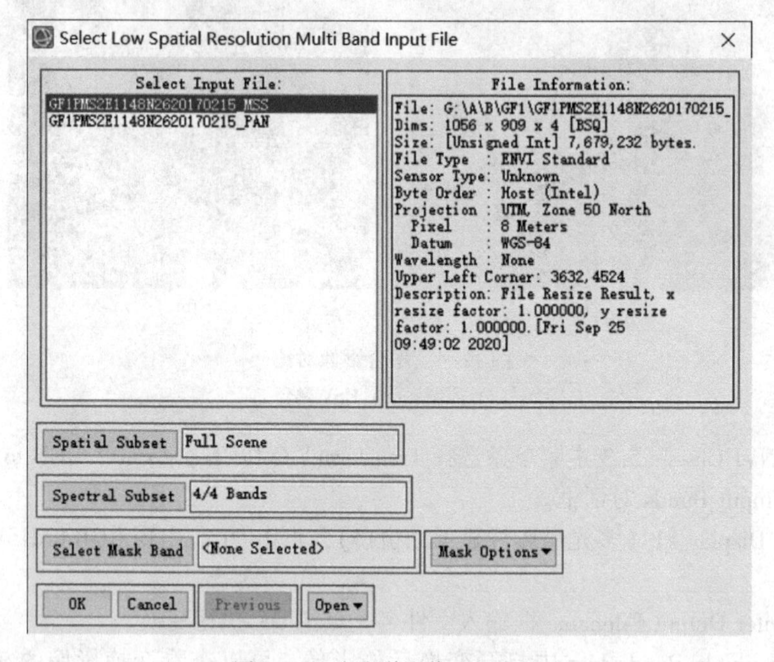


图 12-5　多光谱影像选择窗口

（3）在 Select High Spatial Resolution Input File 对话框中选择全色波段影像（见图 12-6），单击 OK。

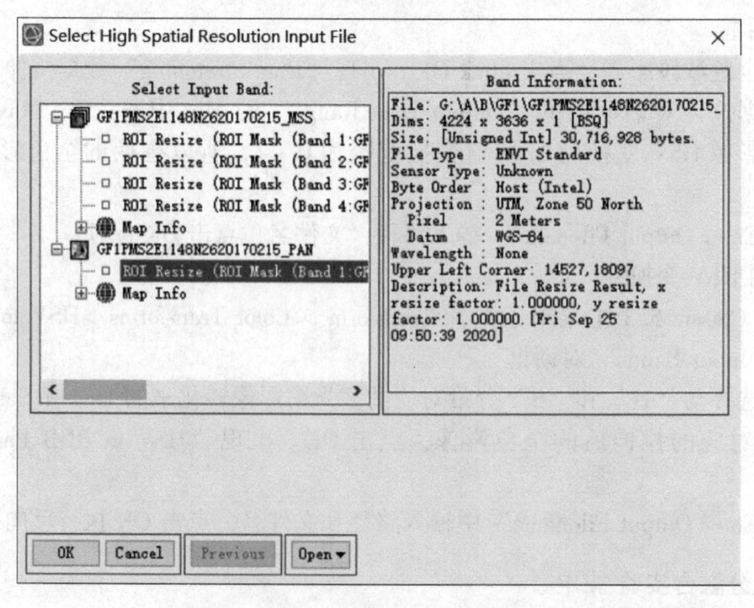


图 12-6　高空间分辨率影像选择窗口

（4）在 PC Spectral Sharpening Parameters 对话框中，在 Resampling 下拉菜单中选择低分辨率多光谱影像的重采样方法（见图 12-7），选择输出路径和文件名，单击 OK，从而得到输出的影像结果（见图 12-8）。

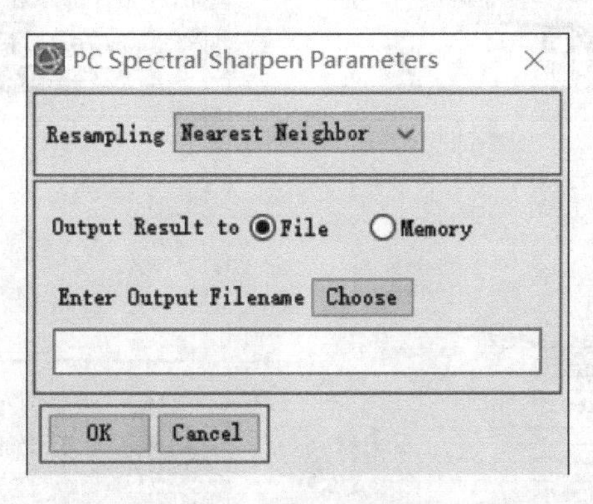


图 12-7　主成分融合参数设置窗口

图 12-8　融合后影像

### 12.4.3　Gram-Schmidt 融合实验

Gram-Schmidt 融合步骤是首先采用光谱重采样的方法模拟产生第一分量，通过 Gram-Schmidt 变换将多光谱影像转换到正交空间，再利用高空间分辨率影像替换第一分量，最后通过 Gram-Schmidt 反变换获得融合影像。具体步骤如下：

（1）在 ENVI 5.3 中打开 GF-1 号影像的多光谱和全色影像。

（2）在 Toolbox 工具箱中选择 Image Sharpening \ Gram-Schmidt Pan Sharpening。打开 File Selection 窗口，在 Select Low Spatial Resolution Multi Band Input File 对话框中选择多光谱影像（见图 12-9），单击 OK。

（3）在 Select High Spatial Resolution Pan Input Band 对话框中选择全色波段影像（见

图 12-10），单击 OK。

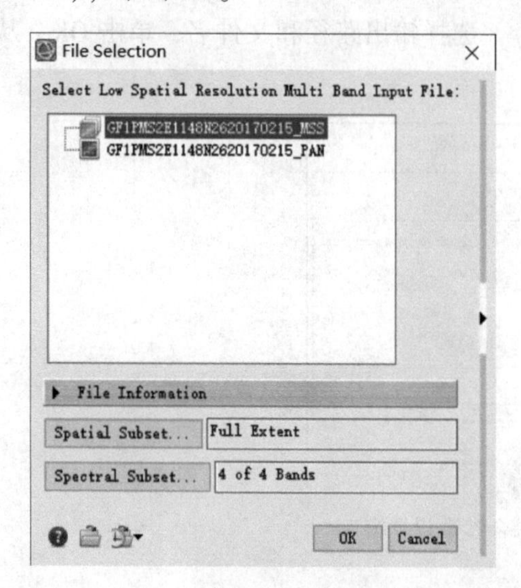


图 12-9 Select Low Spatial Resolution Multi Band Input File 对话框

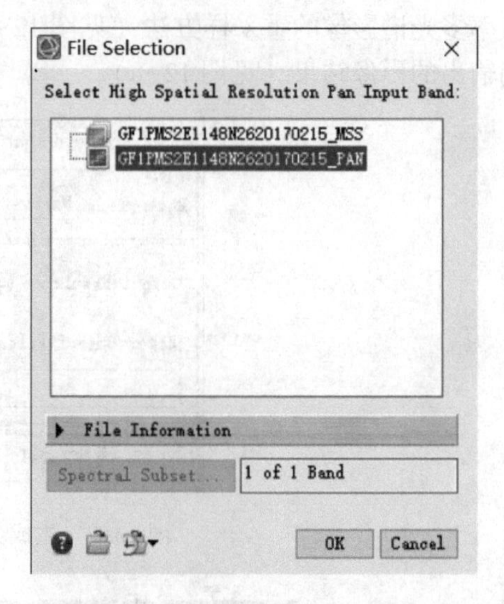


图 12-10 Select High Spatial Resolution Pan Input Band 对话框

（4）在 Pan Sharpening Parameters 窗口中，Sensor 下拉框选择传感器类型，本实验选择 GF-1，在 Resampling 下拉菜单中选择 Nearest Neighbor（见图 12-11），选择文件输出路径，得到输出的影像结果（见图 12-12）。

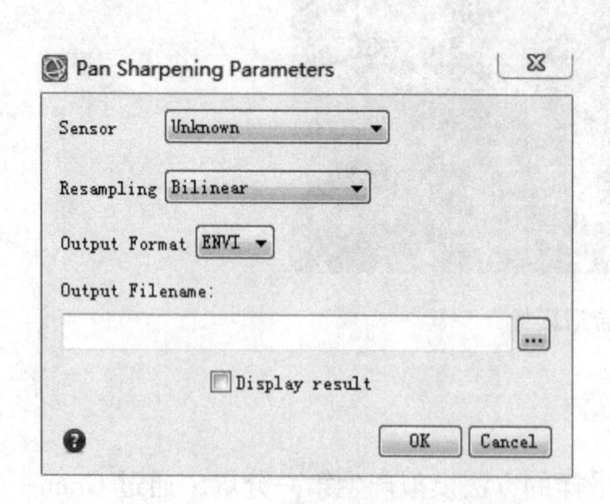


图 12-11 Pan Sharpening Parameters 窗口

图 12-12 融合后影像

# 13 基于像元的多光谱影像分类实验

## 13.1 遥感图像分类思路

遥感图像通过亮度值或者像元值的差异（反映地物的光谱信息）及空间变化（反映地物的空间信息）来表示不同地物的差异，这是区分不同图像地物的物理基础。同类地物在相同的条件下（纹理、地形等），应具有相同或相似的光谱信息特征和空间信息特征，从而表现出同类地物的某种内在的相似性，即同类地物像元的特征向量将集群在同一特征空间区域；而不同的地物其光谱信息特征或空间信息特征将不同，集群在不同的特征空间区域。遥感图像分类是利用计算机通过对遥感图像中各类地物的光谱信息和空间信息进行分析，选择特征，将图像中每个像元按照某种规则或算法划分为不同的类别，然后获得遥感图像中与实际地物的对应信息，从而实现遥感图像的分类。图像分类包括基于像元分类和基于对象分类，遥感分类一般流程如图 13-1 所示。

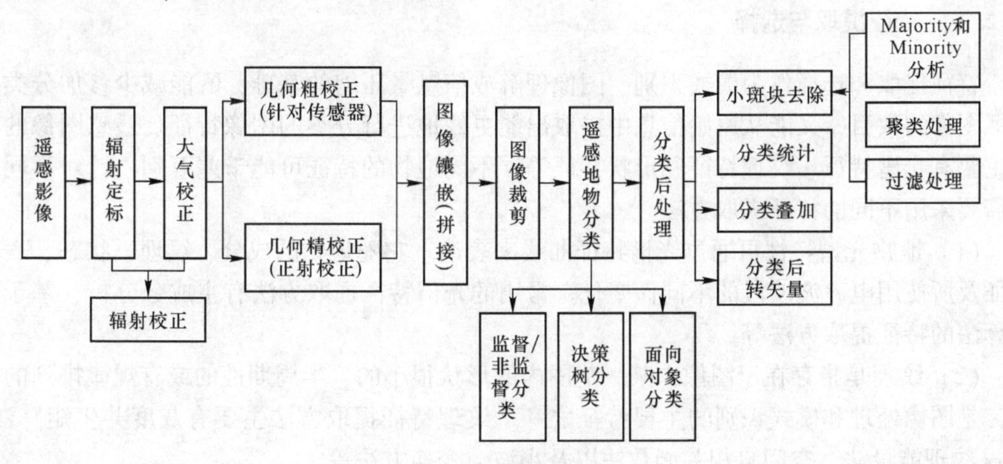


图 13-1　遥感分类流程

基于像元的分类，就是分类的研究对象是单个像元，利用像元的光谱信息、纹理信息、空间关联等信息对像元表示的地物类别属性进行判断。传统的监督分类、非监督分类、决策树分类都是基于像元的分类方法，分类处理时的最小单元是像元。

## 13.2 遥感图像地物特征

### 13.2.1 特征类型

遥感图像地物的特征主要包括光谱特征和空间特征。地物光谱特征是自然界中任何地物都具有的其自身的电磁辐射规律，如具有反射、吸收外来的紫外线、可见光、红外线和微波的某些波段的特性。它们又都具有发射某些红外线、微波的特性，少数地物还具有透射电磁波的特性，这种特性称为地物的光谱特性。地物的空间特征主要包括地物本身的形状特点和空间分布特点，根据空间分布的平面形态，把地面对象分为 3 类：面状、线状、点状，从影像上观察地物一般可以直接从形状和空间分布特征进行判读，例如点状的房子、线状的道路、面状的湖泊，同类地物在空间分布上又具有相似性和规律性，如耕地呈块状分布。地物的空间特征与图像的空间分辨率息息相关，不同分辨率下地物的空间特征是不同的，例如在 30m 分辨率下 250m 的面状地物影像就可能呈现为点状。

### 13.2.2　特征变换

遥感图像中包含极丰富的目标信息，图像特征结构复杂，其中有些是视觉直接感受到的自然特征，如区域的亮度、边缘的轮廓、纹理或色彩等；而有些则是需要通过变换或测量才能得到的人为特征，如谱、直方图、矩等。特征变换将原始图像通过一定的数学变换生成一组新的特征图像，这一组新图像信息集中在少数几个特征图像上，使数据量减少。特征变换的作用减少了特征之间的相关性，用尽可能少的特征最大限度地包含所有原始数据的信息，使得待分类别之间的差异在变换后的特征中更明显，从而改善分类效果。遥感图像自动分类中常用的特征变换有主分量变换、生物量指标变换、比值变换以及穗帽变换等。

### 13.2.3　特征提取与选择

特征提取和选择作为模式识别、图像理解或信息量压缩的基础，既能减少参加分类的特征图像的数目，又能从原始信息中提取出能更好地进行分类的图像特征。遥感图像的特征主要有光谱特征、纹理特征和形状特征等。不同地物的特征可能千差万别，针对不同地物需要采用不同的特征提取方法。

（1）地物光谱特性可通过光谱特征曲线来表达。它随地物的成分、纹理、状态、表面特征及所使用电磁波波段的不同而变化。常用的光谱特征提取方法有主成分分析、基于遗传算法的特征提取方法等。

（2）纹理是指存在于图像中某一范围内的形状很小的、半周期性的或有规律排列的图案，是图像处理和模式识别的主要特征之一。纹理特征提取方法主要有灰度共生矩阵法、Laws 纹理能量法、空间自相关函数法以及小波包变换方法等。

（3）形状特征，也称为轮廓特征，是指整个图像或者图像中子对象的边缘特征和区域特征，也是模式识别的主要特征之一。形状特征提取的主要方法有地物边界跟踪法、形状特征描述及提取法、空间关系特征的描述与获取法等。

## 13.3　遥感图像非监督分类

非监督分类，也称为“聚类分析”或“点群分类”。它是在多光谱图像中搜寻、定义其自然相似光谱集群的过程。它不必对图像地物获取先验知识，仅依靠图像上不同类地物光谱（或纹理）信息进行特征提取，再统计特征的差别达到分类的目的，最后对已分出的各个类别的实际属性进行确认。常用的非监督分类方法包括 ISODATA 和 K-Mean 两种。ISODATA

(Iterative Self-Organizing Data Analysis Technique) 是一种重复自组织数据分析技术，计算数据空间中均匀分布的类均值，然后用最小距离技术将剩余像元进行迭代聚合，每次迭代都重新计算均值，且根据所得的新均值，对像元进行再分类。K-Means 使用聚类分析方法，随机地查找聚类簇的聚类相似度相近，即中心位置，是利用各聚类中对象的均值所获得一个“中心对象”（引力中心）来进行计算的，然后迭代地重新分配他们，完成分类过程。

## 13.4 遥感图像监督分类

监督分类，又称“训练分类法”，用被确认类别的样本像元去识别其他未知类别像元的过程。它是在分类之前通过目视判读和野外调查，对遥感图像上某些样区中图像地物的类别属性有了先验知识，对每一种类别选取一定数量的训练样本，计算机计算每种训练样区的统计或其他信息，同时用这些种子类对判别函数进行训练，使其符合于对各种子类别分类的要求；随后用训练好的判决函数去对其他待分数据进行分类，使每个像元和训练样本作比较，按不同的规则将其划分到和其最相似的样本类，以此完成对整个图像的分类。常用的监督分类算法有以下几种：

(1) 平行六面体。平行六面体根据训练样本的亮度值形成一个 $n$ 维的平行六面体数据空间，其他像元的光谱值如果落在平行六面体任何一个训练样本所对应的区域，就被划分其对应的类别中。平行六面体的尺度由标准差阈值所确定，而该标准差阈值则根据所选类的均值求出。

(2) 最小距离。最小距离利用训练样本数据计算出每一类的均值向量和标准差向量，然后以均值向量作为该类在特征空间中的中心位置，计算输入图像中每个像元到各类中心的距离，到哪一类中心的距离最小，该像元就归入哪一类。

(3) 马氏距离。马氏距离计算输入图像到各训练样本的马氏距离（一种有效计算两个未知样本集相似度的方法），最终统计马氏距离最小的，即为此类别。

(4) 最大似然。最大似然假设每一个波段的每一类统计都呈正态分布，计算给定像元属于某一训练样本的似然度，像元最终被归并到似然度最大的一类当中。

(5) 神经网络。神经网络指用计算机模拟人脑的结构，用许多小的处理单元模拟生物的神经元。用算法实现人脑的识别、记忆、思考过程应用于图像分类。

(6) 支持向量机（SVM）。支持向量机分类是一种建立在统计学习理论（Statistical Learning Theory，SLT）基础上的机器学习方法。SVM 可以自动寻找那些对分类有较大区分能力的支持向量，由此构造出分类器，使类与类之间的间隔最大化，因而有较好的推广性和较高的分类准确率。

## 13.5 遥感图像决策树分类

决策树（Decision tree）是通过对训练样本进行归纳学习生成决策树或决策规则，然后使用决策树或决策规则对新数据进行分类的一种数学方法。决策树是一个树型结构，它由一个根结点（Root node）、一系列内部结点（Internal nodes）及叶结点（Leaf nodes）组成，每一结点只有一个父结点和两个或多个子结点，结点间通过分支相连。决策树的每个内部结点对应一个非类别属性或属性的集合（也称为测试属性），每条边对应该属性的每个可能值。决策树的叶结点对应一个类别属性值，不同的叶结点可以对应相同的类别属性值。决策树除了以树的形式表示外，还可以表示为一组 IF-THEN 形式的产生式规则。决策树中每条由根到叶的路径对应着一条规则，规则的条件是这条路径上所有结点属性值的舍取，规则的结论是这条路径上叶结点的类别属性。

决策树分类是基于遥感图像数据及其他空间数据，通过专家经验总结、简单的数据统计和归纳方法等，获得分类规则并进行遥感分类。该分类规则易于理解，分类过程也符合人的认知过程，最大的特点是利用多源数据。

## 13.6　实验操作

实验软件：ENVI 5.3 或 ENVI Classic 5.3。

实验数据：\ 实验 13 \ 监督分类和非监督分类数据 \ LC8poyang_ subset； \ 实验 13 \ 决策树分类 \ LC8poyang-water。

### 13.6.1　非监督分类实验

#### 13.6.1.1　K-均值分类

K-Means 使用聚类分析方法，随机地查找聚类簇的聚类相似度相近，即中心位置，是利用各聚类中对象的均值所获得一个“中心对象”（引力中心）来进行计算的，然后迭代地重新分配他们，完成分类过程（见图 13-2）。

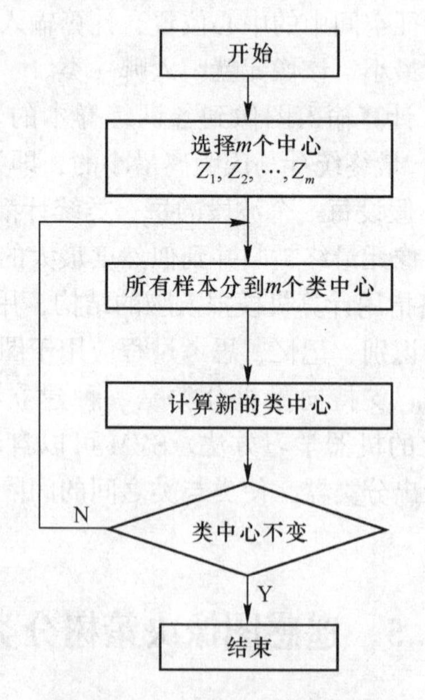


图 13-2　K-Means 算法流程

在 ENVI 5.3 主界面，使用 File \ Open... 菜单打开遥感影像 LC8poyang_ subset。在 Toolbox 工具箱中，双击 Classification/Unsupervised Classification/K-Means Classification 工具，在 Classification Input File 对话框中，选择需要分类的图像文件，单击 OK 按钮，打开

K-Means Parameters 对话框（见图 13-3），设置 K-Means Parameters 对话框中的参数。

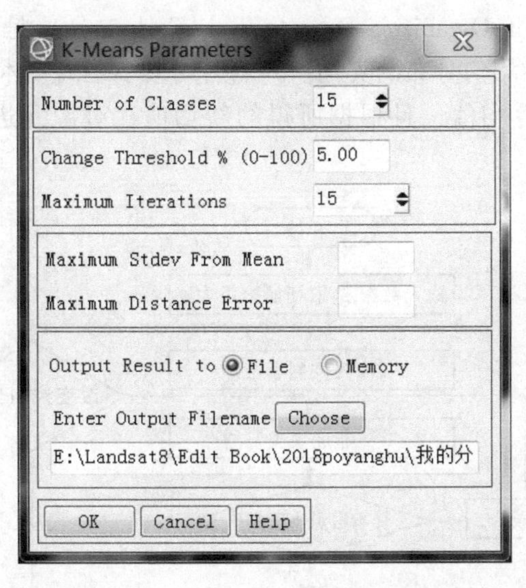


图 13-3　K-Means Parameters 对话框

（1）分类数量（Number of Classes）：15。一般为最终分类数量的 2～3 倍。

（2）变换阈值（Change Threshold 0～100%）。当每个类中的像素数变化小于阈值时，ENVI Classic 使用该阈值结束迭代过程。当达到此阈值或达到最大迭代次数时，分类结束。

（3）最大迭代次数（Maximum Iterations）迭代次数越大，得到的结果越精确，运算时间也越长，本例迭代次数设为 15，可以适当调整。

（4）距离类别均值的最大标准差（Maximum Stdev From Mean）为可选项，筛选小于这个标准差的像元参与分类。

（5）允许的最大距离误差（Maximum Distance Error）为可选项，筛选小于这个最大距离误差的像元参与分类。

（6）选择输出路径及文件名，单击 OK 按钮，执行非监督分类（见图 13-4）。

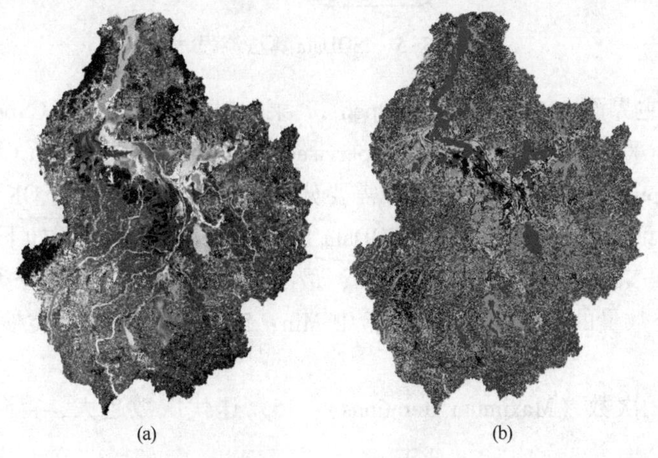


图 13-4　K-Means 分类结果

（a）原始影像；（b）分类结果

13.6.1.2 ISOData 分类

ISOData（Iterative Self-Organizing Data Analysis Technique）是一种重复自组织数据分析技术，计算数据空间中均匀分布的类均值，然后用最小距离技术将剩余像元进行迭代聚合，每次迭代都重新计算均值，且根据所得的新均值，对像元进行再分类，如图 13-5 所示。

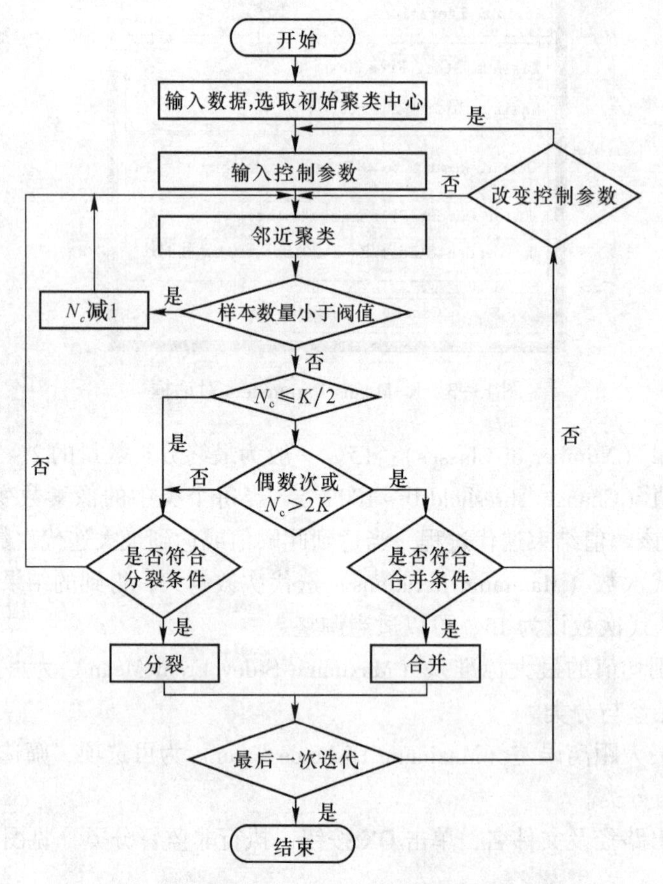


图 13-5 ISOData 算法流程

在 ENVI 5.3 主界面中，使用 File→Open... 菜单打开遥感影像 LC8poyang_subset，在 Toolbox 工具箱中，双击 Classification/Unsupervised Classification/ IsoData Classification 工具，在 Classification Input File 对话框中，选择需要分类的图像文件，单击 OK 按钮，打开 ISOData Parameters 对话框（见图 13-6），ISOData Parameters 对话框设置如下。

（1）类别数（Number of Classes）：Min，最小数量不能小于最终分类数量，Max，最大数量为最终分类数量的 2～3 倍。本实验中 Min：5，Max：10。分类参数可根据实际情况适当调整。

（2）最大迭代次数（Maximum Iterations）：15。迭代次数越大，得到的结果越精确，运算时间越长。

（3）变换阈值（Change Threshold）：5。当每一类的变化像元数小于阈值时，结束迭代过程。这个值越小，得到的结果越精确，运算量也越大。

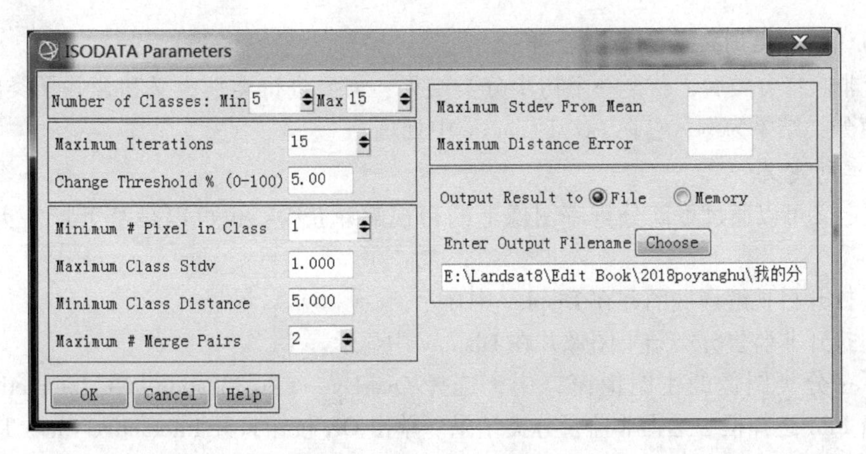


图 13-6　ISODATA 分类器设置

（4）Minimum # Pixel in Class：键入形成一类所需的最少像元数。如果某一类中的像元数小于最少像元数，该类将被删除，其中的像元被归并到距离最近的类中。

（5）最大分类标准差（Maximum Class Stdv）：1。以像素值为单位，如果某一类的标准差比该阈值大，该类将被拆分成两类。

（6）类别均值之间的最小距离（Minimum Class Distance）：5。以像素值为单位，如果类均值之间的距离小于输入的最小值，则类别将被合并。

（7）合并类别最大值（Maximum # Merge Pairs）：2。

（8）距离类别均值的最大标准差（Maximum Stdev From Mean）：为可选项。筛选小于这个标准差的像元参与分类。

（9）允许的最大距离误差（Maximum Distance Error）：为可选项。筛选小于这个最大距离误差的像元参与分类。

（10）选择输出路径及文件名，单击 OK 按钮，执行非监督分类。分类结果如图 13-7 所示。

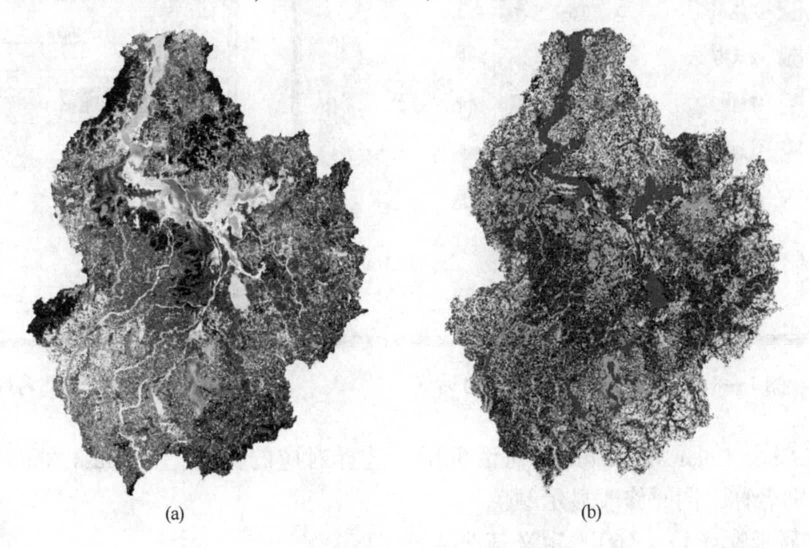


图 13-7　ISODATA 分类结果

（a）遥感影像；（b）分类结果

#### 13.6.1.3 类别定义与子类合并

执行非监督分类后，获得一个初步分类结果，需要进行类别定义和合并子类的操作。以 K 均值分类结果为例，它在 ENVI Classic 中处理。

A 类别定义

类别定义可以通过更高分辨率图像上的目视解译获得，也可以是基于野外实地调查数据。

（1）打开目视解译底图并在 Display 中显示。

（2）打开非监督分类结果图像并在 Display 中显示。

（3）在分类图像的主图像窗口中，选择 Overlay→Classification，在 Interactive Class Tool Input File 选择框中选择非监督分类结果。单击 OK 按钮打开 Interactive Class Tool 对话框，如图 13-8 所示。

（4）在 Interactive Class Tool 对话框中，勾选类别前面的“On”选择框，能将此类结果叠加显示在 Display 窗口上，识别此分类类别。如果有更高分辨率图像作为参考，可以利用 Link Display 或者 Geographic Link 工具将两幅图像链接查看。

（5）在 Interactive Class Tool 对话框中，选择 Options→Edit class colors/names，调出 Class Color Map Editing 对话框（见图 13-9）。

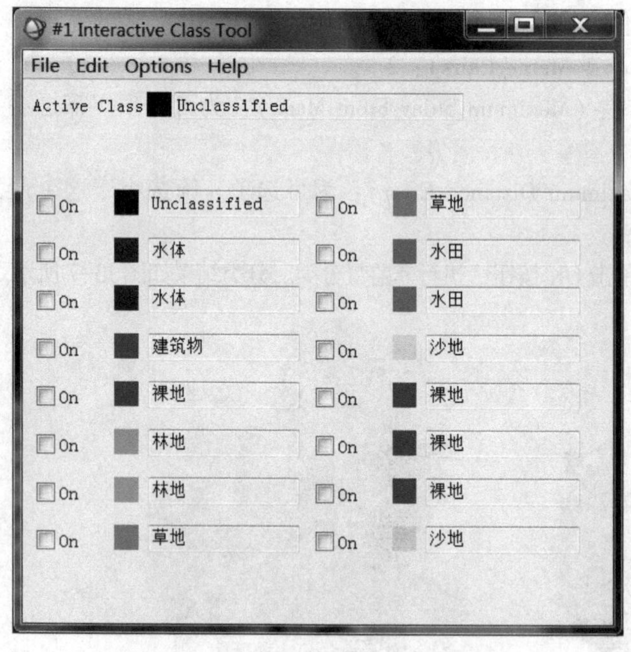


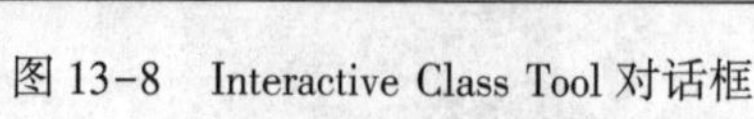
图 13-8 Interactive Class Tool 对话框

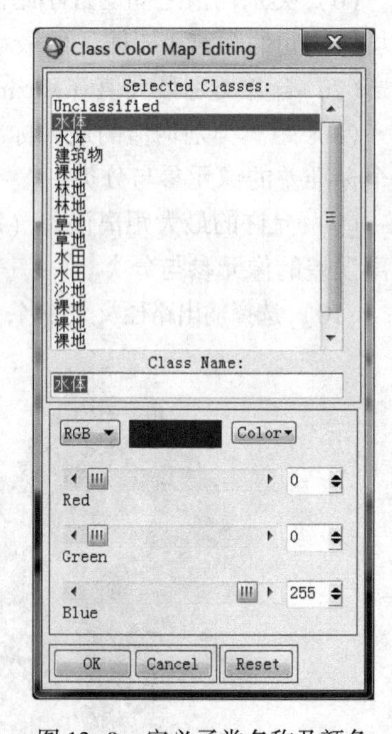


图 13-9 定义子类名称及颜色

（6）在 Class Color Map Editing 对话框中，选择对应的类别，在 Class Name 中输入重新定义的类别名称，同时修改显示颜色。

（7）重复步骤（4）~（6），定义其他类别。

（8）在 Interactive Class Tool 对话框中，选择 File→Save Chang to File，保存修改结果。

提示：可一次性判读所有类别，进行类别命名和颜色修改。ISODATA 类别定义与其一致。

B　合并子类

在选择非监督分类类别数量时候，一般选择最终结果数量的 2～3 倍，因此在定义类别之后，需要将相同类别合并。

（1）在主菜单中，选择 Classification→Post Classification→Combine Classes。在 Combine Classes Input File 对话框中选择定义好的分类结果。单击 OK 按钮调出 Combine Classes Parameters 对话框。

（2）在 Combine Classes Parameters 面板中（见图 13-10），从 Select Input Class 中选择合并的类别，从 Select Output Class 中选择并入的类别，单击 Add Combination 按钮添加到合并方案中。合并方案显示在 Combined Classes 列表中，在 Combined Classes 列表中单击其中一项，可以从方案中移除。

（3）合并方案确立之后，单击 OK 按钮，打开 Combine Classes Output 对话框，在 Remove Empty Classes 项中选择“Yes”，将空白类移除。

（4）选择输出合并结果路径及文件名，单击 OK 按钮，执行合并。合并结果如图 13-11 所示。

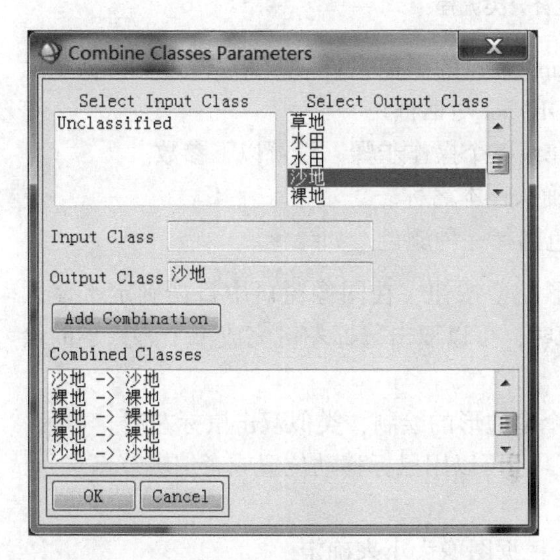


图 13-10　Combine Classes Parameters 面板

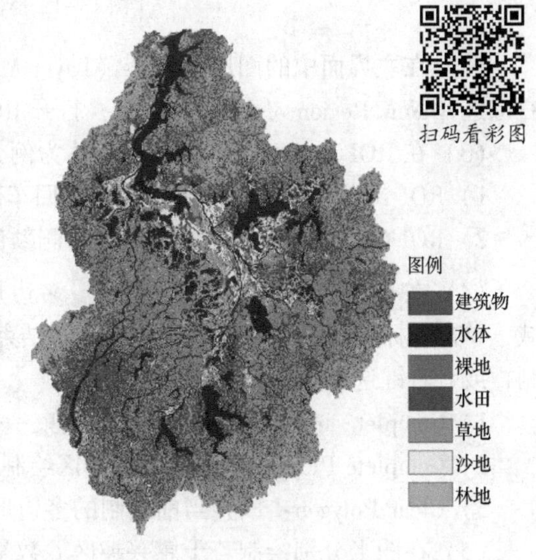


图 13-11　合并结果

## 13.6.2　监督分类实验

监督分类流程见图 13-12。

13.6.2.1　定义训练样本

ENVI 中利用 ROI Tool 来定义训练样本，也就是把感兴趣区当作训练样本。因此，定义训练样本的过程就是创建感兴趣区的过程。

打开分类图像并分析图像。训练样本的定义主要靠目视解译，多光谱影像不同的 RGB 组合可以得到不同的彩色图像。根据分类种类以及地物特点选择不同的 RGB 合成方式。

（1）在 ENVI 5.3 主菜单中，选择 File→Open，打开分类图像。

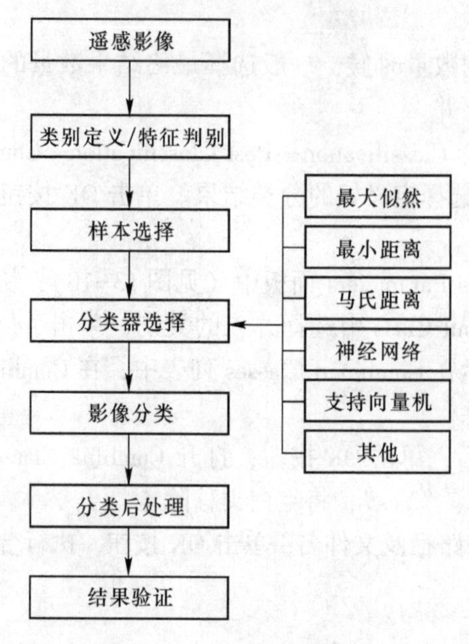


图 13-12　监督分类流程

（2）在主界面中的图层管理器（Layer Manager）的影像文件“LC8poyang_subset”上右键选择 New Region of Interest 菜单，打开 ROI Tool 对话框。

（3）在 ROI Tool 对话框中，以水体为例介绍整个操作步骤。设置以下参数。

1）ROI Name（样本名称）：水体，回车确认样本名称。

2）ROI Color（样本颜色）：单击右侧颜色选择一种颜色，如绿色。

（4）在 Geometry 选项中，选择多边形类型按钮，在图像窗口中目视确定水体区域，单击鼠标左键绘制感兴趣区。当绘制结束时，可以双击鼠标左键完成一个感兴趣的绘制，或者右键选择以下其中一个菜单。

1）Complete and Accept Polygon：结束一个多边形的绘制，类似双击鼠标左键。

2）Complete Ploygon：确认感兴趣区绘制，还可以用鼠标移动位置或者编辑节点。

3）Clear Polygon：放弃当前绘制的多边形。

（5）在图上分别绘制若干感兴趣区，数量根据图像大小来确定。

（6）在 ROI Tool 对话框中，单击按钮，新建一个感兴趣区种类，重复以上步骤，将研究区内所有的地物种类进行定义样本，本例定义了水体、林地、沙地、草洲、裸滩、建筑物、水田 7 种地物。如图 13-13 所示。

13.6.2.2　评价训练样本

ENVI 使用计算 ROI 可分离性工具来计算地物之间的统计距离，用于确定两个类别间的差异性程度。类别间的统计距离是基于下列方法计算 Jeffries-Matusita 距离和转换分离度，来衡量训练样本的可分离性。

（1）在 ROI Tool 对话框中，选择 Options→Compute ROI Separability。

（2）在文件选择对话框时，选择输入待分类图像文件，单击 OK 按钮。

（3）在 ROI Separability Calculation 对话框中，单击 Select All Items 按钮，选择所有

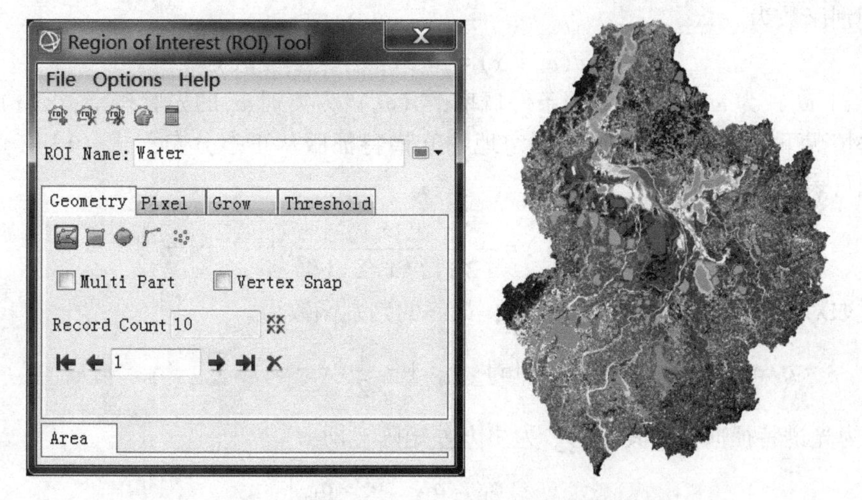


图 13-13 ROI Tool 工具定义训练样本

ROI 用于可分离性计算，单击 OK 按钮，可分离性将被计算并将结果显示在窗口，如图 13-14 所示。

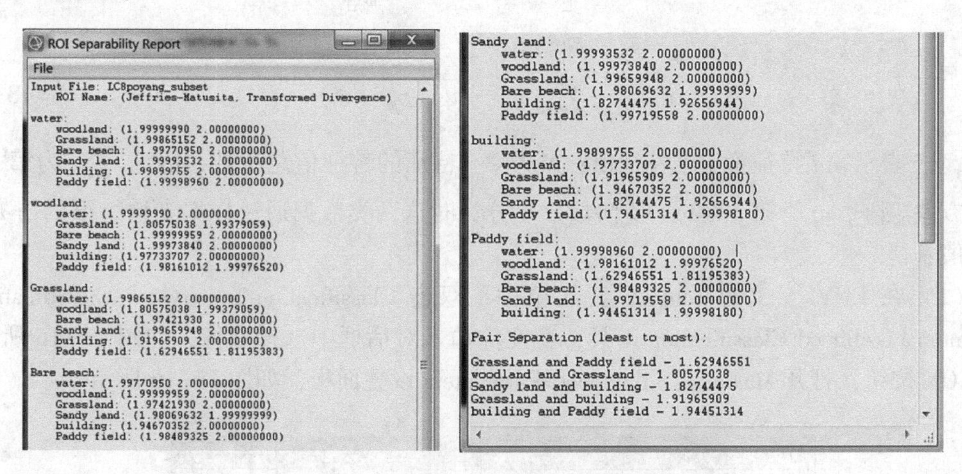


图 13-14 训练样本可分离性计算报表

ENVI 为每一个感兴趣区组合计算 Jeffries-Matusita 距离和转换分离度。在对话框底部，根据可分离性值的大小，从小到大列出感兴趣区组合。这两个参数的值为 0～2.0，大于 1.9 说明样本之间可分离性好，属于合格样本；小于 1.8，需要重新选择样本；小于 1，考虑将两类样本合成一类样本（在 ROI Tool 对话框中，选择 Options→Merge（Union/Intersection）ROIs）。

（4）在 ROI Tool 对话框中，选 File→Save as，可以将所有的训练样本保存为外部文件。

13.6.2.3 执行监督分类

A 最大似然分类

假设每一个波段的每一类统计都呈正态分布，计算给定像元属于某一训练样本的似然度，像元最终被归并到似然度最大的一类当中。这种分类是基于贝叶斯准则的分类方法，是一种非线性分类，其错误概率最小，也是目前应用比较广泛、成熟的一种监督分类方

法，其判别函数为

$$g_i(x) = p(\omega_i \mid x) = p(x \mid \omega_i)p(\omega_i)/p(x) \tag{13-1}$$

式中，$p(x \mid \omega_i)$ 为 $\omega_i$ 观测到 $x$ 的条件概率；$p(\omega_i)$ 为类别 $\omega_i$ 的先验概率；$p(x)$ 为 $x$ 与类别无关情况下的出现概率。那么假定地物光谱特征服从正态分布，式（13-1）贝叶斯判别准则可表示为

$$g_i(x) = p(x \mid \omega_i)p(\omega_i) = \frac{p(\omega_i)}{(2\pi)^{K/2} \mid \Sigma_i \mid^{1/2}} e^{\left[-\frac{1}{2}(x-u_i)^T \Sigma_i^{-1}(x-u)\right]} \tag{13-2}$$

通过取对数的形式，并去掉多余项，最终的判别函数为

$$g_i(x) = \ln[p(\omega_i)] - \frac{1}{2}\ln \mid \sum_i \mid - \frac{1}{2}(x - u_i)^T \sum_i^{-1}(x - u_i) \tag{13-3}$$

式中，$x$ 为光谱特征向量，其中 $\sum$ 为协方差矩阵，即

$$\sum = \begin{bmatrix} \delta_{11} & \delta_{12} & \cdots & \delta_{1n} \\ \delta_{21} & \delta_{22} & \cdots & \delta_{2n} \\ \vdots & \vdots & & \vdots \\ \delta_{n1} & \delta_{n2} & \cdots & \delta_{nn} \end{bmatrix} \tag{13-4}$$

式中

$$\delta_{ij} = \frac{1}{N}\sum_k (x_{ik} - u_i)(x_{jk} - u_j) \tag{13-5}$$

式中，$x_{ik}$ 表示第 $i$ 特征第 $k$ 个特征值；$N$ 为第 $i$ 特征的特征值总个数，因而 $\sum_i$ 为第 $i$ 类的协方差矩阵，$u_i$ 为第 $i$ 类的均值向量，在分类时这两类数据通过样本光谱特征的协方差和均值获得。

（1）在 ENVI 5.3 的 Toolbox 工具箱中，双击 Classification/Supervised Classification/Maximum Likelihood Classification 工具，在文件输入对话框中选择影像，如图 13-15 所示。单击 OK 按钮，打开 Maximum Likelihood Parameters 设置面板，如图 13-16 所示。

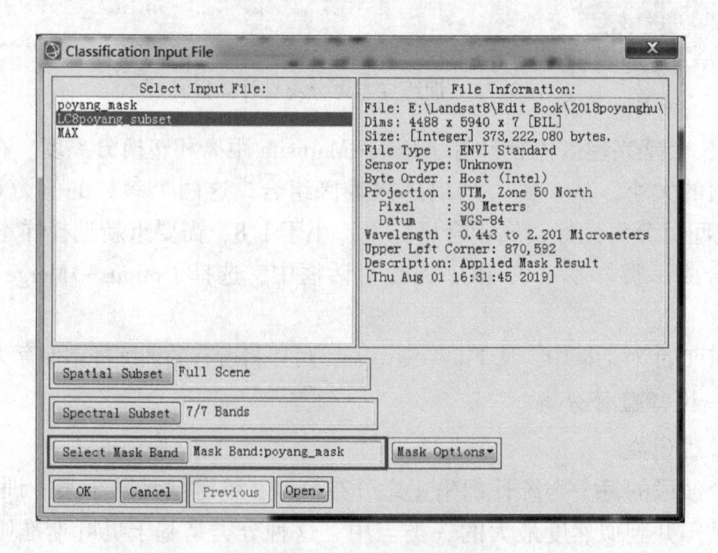


图 13-15　文件输入对话框

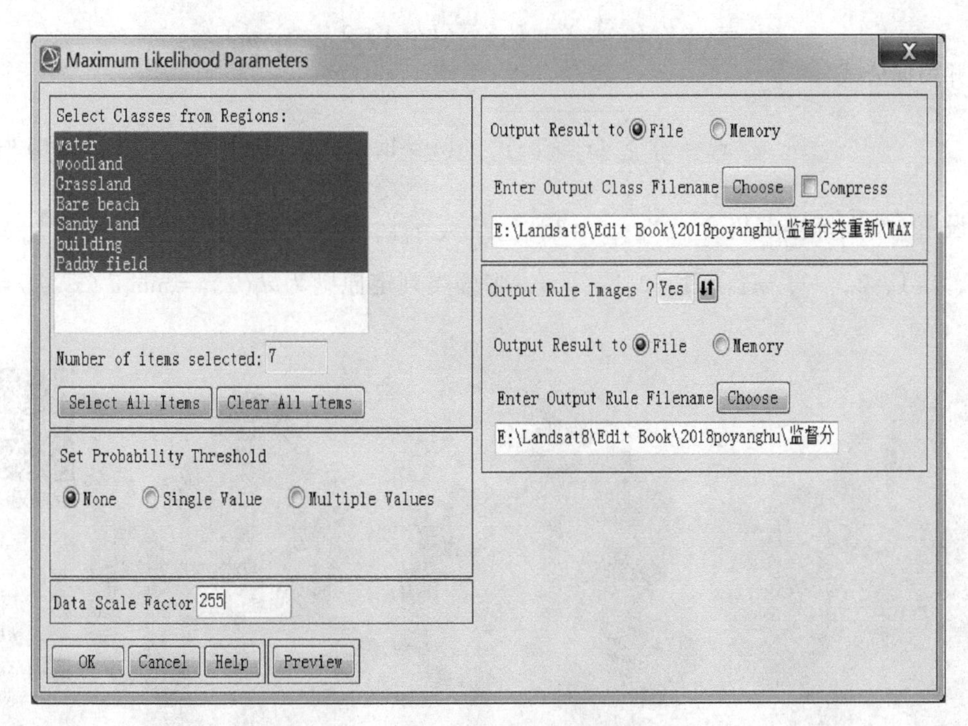


图 13-16　最大似然分类器参数设置面板

（2）Select Classes from Regions：单击 Select All Items 按钮，选择全部的训练样本。

（3）Set Probability Threshold：设置似然度的阈值。如果选择“Single Value”，则在 Probability Threshold 文本框中，输入一个 0 到 1 之间的值，似然度小于该阈值则不被分入该类。本例选择“None”。

（4）Data Scale Factor：输入一个数据比例系数。这个比例系数是一个比值系数，用于将整型反射率或辐射率数据转化为浮点型数据。例如，如果反射率数据范围为 0～10000，则设定的比例系数就为 10000。对于没有定标的整型数据，也就是原始 DN 值，将比例系数设为 $2^n-1$，$n$ 为数据的比特数，例如，对于 8 位数据，设定的比例系数为 255；对于 10 位数据，设定的比例系数为 1023；对于 11 位数据，设定的比例系数为 2047。

（5）单击 Preview 按钮，可以在右边窗口中预览分类结果；单击 Change View 按钮可以改变预览区域。

（6）选择分类结果的输出路径及文件名。

（7）设置 Output Rule Images 为“Yes”，选择规则图像输出路径及文件名。

（8）单击 OK 按钮，执行分类。如图 13-17(a) 所示。

若不想背景参与分类，可在分类输入对话框中选择掩膜文件，如图 13-15 所示，以下分类也是如此。

B　最小距离分类

利用训练样本数据计算出每一类的均值向量和标准差向量，然后以均值向量作为该类在特征空间中的中心位置，计算输入图像中每个像元到各类中心的距离，像元到哪一类中心的距离最小，该像元就归入哪一类。通常对 $n$ 个波段 $m$ 个类别采用欧式距离对其分类：

$$d_k^2 = (X - U_k)^T(X - U_k) \quad (k = 1, 2, \cdots, m) \tag{13-6}$$

并根据公式：

$$d_i(x) = \sqrt{\sum_{j=1}^{N}(x_j - u_{ij})^2} \quad (i = 1, 2, \cdots, m) \tag{13-7}$$

设第 $i$ 类训练样本集合 $\{X_{ik}, k=1, 2, \cdots, c_i\}$，样本训练中心 $u_{ij} = 1/c_i \sum_{k=1}^{c_i} X_{ik}$，式中，$i=1, 2, \cdots, m$；$j=1, 2, \cdots, n$，则分类判定原则为 $d_i(x) = \min_r d_i(x)$，$r=1, 2, \cdots, m$。

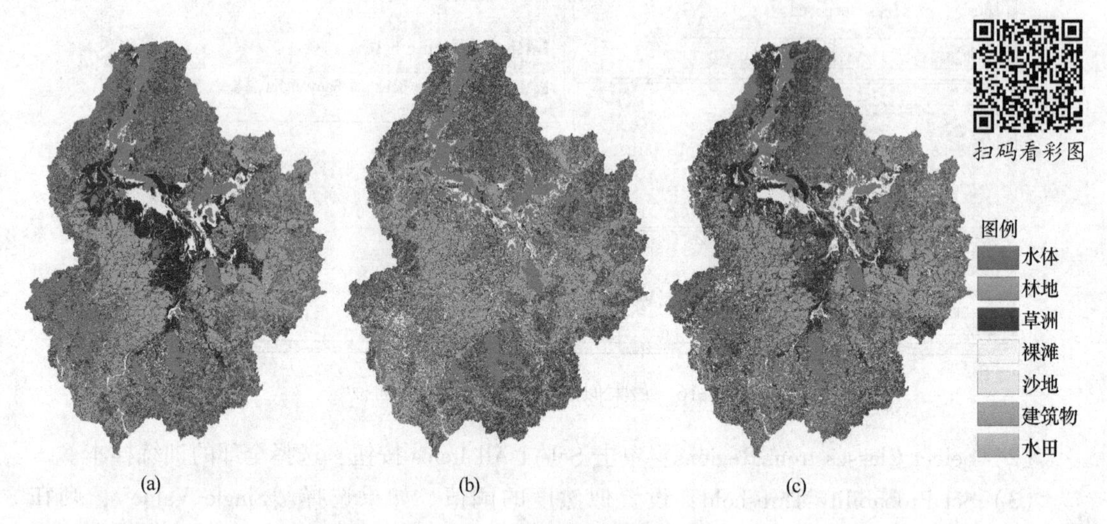


图 13-17 三种分类结果对比

（a）最大似然；（b）最小距离；（c）马氏距离

（1）在 Toolbox 工具箱中，双击 Classification/Supervised Classification/Minimum Distance Classification 工具，并在文件输入对话框中选择图像，单击 OK 按钮，打开 Minimum Distance 参数设置面板，如图 13-18 所示。

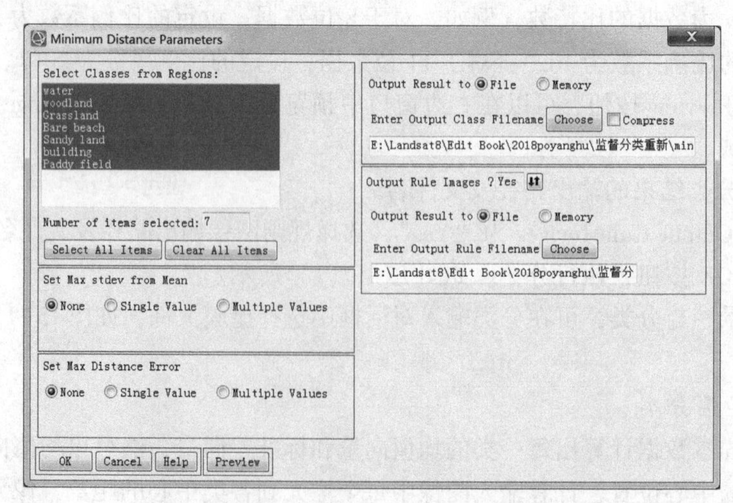


图 13-18 最小距离分类器参数设置面板

（2）Select Classes from Regions：单击 Select All Items 按钮，选择全部的训练样本。

（3）Set Max Stdev from Mean。设置标准差阈值，有 3 种类型：1）None：不设置标准差阈值；2）Single Value：为所有类别设置一个标准差阈值；3）Multiple Values：分别为每一个类别设置一个标准差阈值。本例选择 None。

（4）Set Max Distance Error：设置最大距离误差，以 DN 值方式输入一个值，距离大于该值的像元不被分入该类（如果不满足所有类别的最大距离误差，它们就会被归为未分类（unclassified））。有 3 种类型，选择“None”。

（5）单击 Preview 选项，可以在右边窗口中预览分类结果，单击 Change View 按钮可以改变预览区域。

（6）选择分类结果的输出路径及文件名。

（7）设置 Output Rule Images 选项为“Yes”，选择规则图像输出路径及文件名。

（8）单击 OK 按钮，执行分类。如图 13-17(b) 所示。

C 马氏距离分类

计算输入图像到各训练样本的马氏距离（一种有效的计算两个未知样本集的相似度的方法），最终统计马氏距离最小的，即为此类别。

设马氏距离为 $d_{M2}$，判别函数为

$$g_i(x) = p(\omega_i \mid x) = p(x \mid \omega_i)p(\omega_i) \tag{13-8}$$

为了计算方便，进行取对数，即得

$$g_i(x) = p(\omega_i \mid x) = \ln p(x \mid \omega_i) + \ln p(\omega_i) \tag{13-9}$$

从上式出发，若考虑

$$p(\omega_i)/\left|\sum_i\right| = p(\omega_j)/\left|\sum_j\right| \tag{13-10}$$

或

$$p(\omega_i) = p(\omega_j) \tag{13-11}$$

并且 $\left|\sum_i\right| = \left|\sum_j\right|$，则 $p(\omega)$ 和 $|\sum|$ 可消去不计，可转化为式（13-12）：

$$d_{M2} = (x - u_i)^T \sum_i^{-1} (x - u_i) \tag{13-12}$$

这就是马氏距离的判别公式，其几何意义为 $x$ 到 $\omega_i$ 类中心 $u_i$ 的加权距离，其权系数为多维方差或协方差 $\sigma_{ij}$。马氏距离判决函数实际是在各类别先验概率 $p(\omega_i)$ 和集群体积 $|\sum|$ 都相同（或先验概率与体积的比为同一常数）情况下的概率判决函数。

（1）在 Toolbox 工具箱中，双击 Classification /Supervised Classification/ Mahalanobis Distance Classification 工具，在文件输入对话框中选择图像，单击 OK 按钮，打开 Mahalanobis Distance 参数设置面板，如图 13-19 所示。

（2）Select Classes from Regions：单击 Select All Items 按钮，选择全部的训练样本。

（3）Set Max Distance Error 选项：设置最大距离误差，以 DN 值方式输入一个值，距离大于该值的像元不被分入该类（如果不满足所有类别的最大距离误差，它们就会被归为未分类（unclassified））。有 3 种类型，选择“None”。

（4）单击 Preview 选项，可以在右边窗口中预览分类结果，单击 Change View 按钮可以改变预览区域。

（5）选择分类结果的输出路径及文件名。

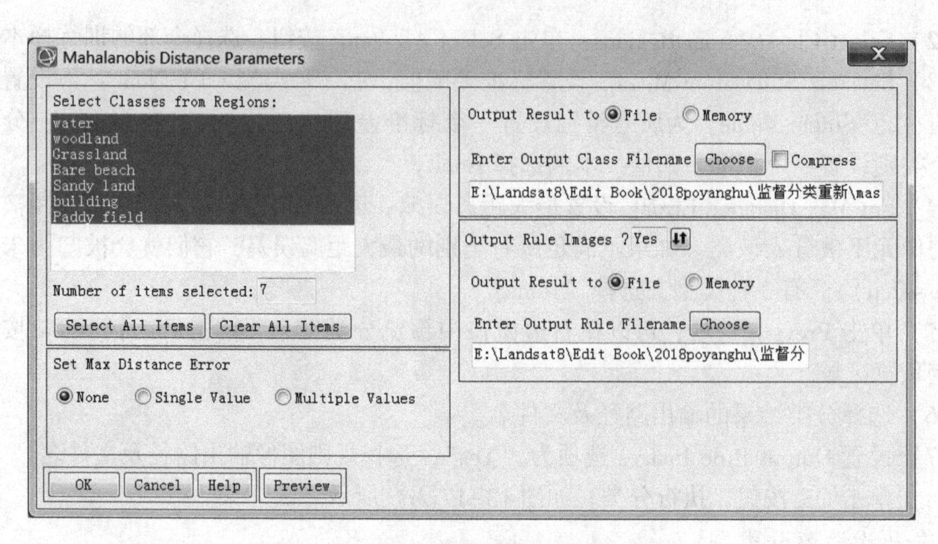


图 13-19　马氏距离分类器参数设置面板

（6）设置 Output Rule Images 为“Yes”，选择规则图像输出路径及文件名。

（7）单击 OK 按钮，执行分类，如图 13-17(c) 所示。

### 13.6.3　决策树分类实验

决策树分类实验主要分 3 个过程：定义分类规则、创建决策树、执行决策树。

13.6.3.1　定义分类规则

分类规则可以来自经验总结，也可以通过统计的方法从样本中获取规则，如 C4.5 算法、CART 算法、S-PLUS 算法等。如下为 C4.5 算法的基本思路。

C4.5 算法的基本原理是从树的根节点处的所有训练样本开始，选取一个属性来区分这些样本。对属性的每一个值产生一个分支，分支属性值的相应样本子集被移到新生成的子节点上，这个算法递归地应用于每个子节点上，直到节点的所有样本都分区到某个类中，到达决策树的叶节点的每条路径表示一个分类规则。图 13-20 为 C4.5 算法获取规则。

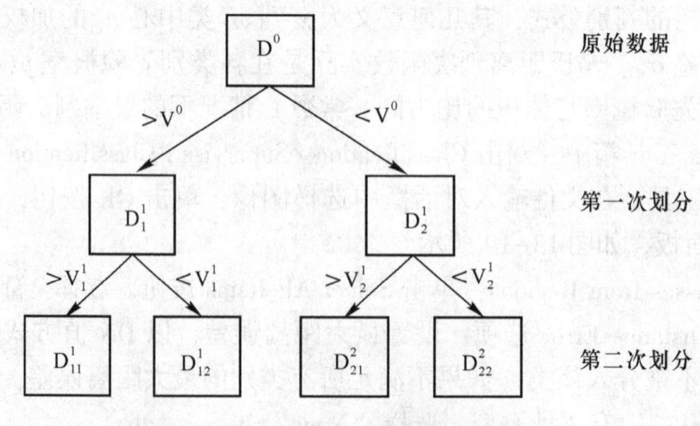


图 13-20　C4.5 算法获取规则

以下通过对水体浑浊度进行决策树分类，首先定义分类规则：

（1）区分浑水区、轻度浑水区及清水区。

浑水区含有大量的悬浮物质，鄱阳湖浑水区里就含有由采砂活动造成的悬浮泥沙。悬浮泥沙浓度越高，其在影像光谱曲线表示为第4波段（红光波段）的反射率值越高，甚至超过第3波段（绿光波段）的反射率值。因此，通过野外考察验证，依据分类规则第3与第4波段的斜率是否小于0（$(R4-R3)/(\lambda4-\lambda3)<0$），满足分类规则的为轻度浑水区及清水区，不满足的是浑水区。

（2）区分特别浑浊和中度浑浊。悬浮泥沙浓度越高，其在第4波段的反射率值越大，因此针对浑水区，依据分类规则第4波段和第3波段的斜率小于0.15（$(R4-R3)/(\lambda4-\lambda3)<0.15$）区分出特别浑浊（斜率大于等于0.15）和中度浑浊（斜率小于0.15）。

（3）区分轻度浑浊和清水区。由于较清的水体在红光波段（B4）的反射率呈下降趋势，且水越清下降趋势越明显。因此依据第4、第5波段（近红外波段）的斜率和第3、第5波段的斜率大小相比较（$(R4-R5)/(\lambda4-\lambda5)>(R3-R5)/(\lambda3-\lambda5)$）。前者大于后者则为清水，反之为轻度浑浊。

（4）区分一般清水区和特别清澈区。经过上述的分类提取后，影像的剩余部分为清水区，但清水区又可以细分为一般清水区和特别清澈区。通过第3波段的绝对值作为分类的辅助标准，因为在清水中，水越清则第3波段的反射值也越小，这是因为光被水体强烈吸收了。通过反复试验，按照规则——第3波段的反射值是否小于0.05（$R3<0.05$），满足条件的即为特别清澈区；未满足条件的为一般清水区。

#### 13.6.3.2 创建决策树

ENVI中的决策树采用二叉树来表达，规则表达式生成一个单波段结果，并且包含一个二进制结果0或1。0结果被归属到“No”分支，1结果被归属为“Yes”分支。以下介绍在ENVI中创建决策树的过程。

A 打开决策树窗口

（1）打开图像“LC8poyang-water”。

（2）在Toolbox工具箱中，双击Classification/Decision Tree/New Decision Tree工具，打开ENVI Decision Tree窗口，默认包含一个决策树节点和两个类别（分支）（见图13-21）。

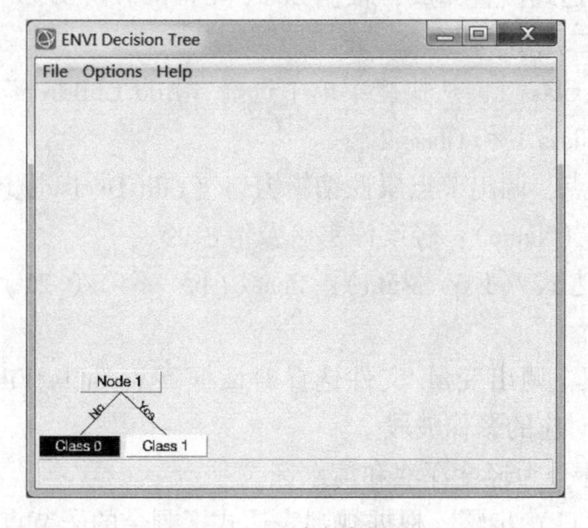


图13-21 决策树窗口

（3）在ENVI Decision Tree窗口，有菜单命令和二叉树图形显示区域。

B　创建决策树

（1）单击 Node 1 图标，打开节点属性编辑窗口（Edit Decision Properties）（见图 13-22）。

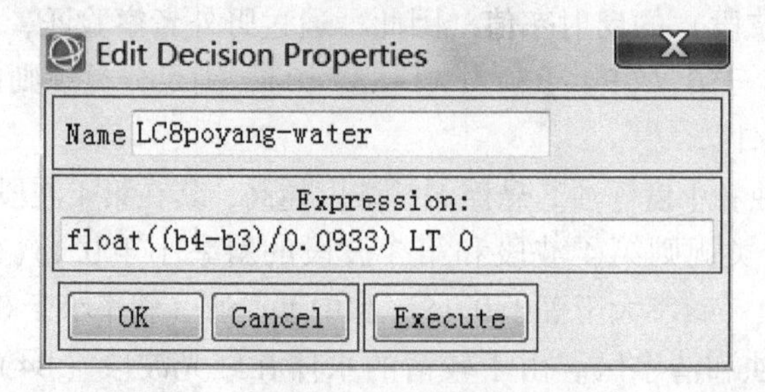


图 13-22　节点属性编辑窗口

（2）填写节点名称（Name）：LC8poyang-water。

（3）填写节点表达式（Expression）：float((b4-b3)/0.0933)LT 0。

（4）单击 OK 按钮，打开变量/文件选择对话框（Variable/File Pairings）（见图 13-23），单击左边列表中的 b4 变量，在弹出的文件选择对话框中选择对应的影像波段。单击 OK 按钮，可以看到属性编辑窗口中的第一层节点名称变成 LC8poyang-water。

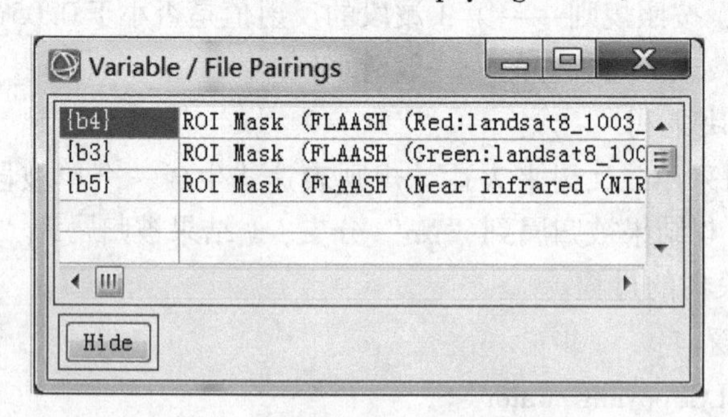


图 13-23　变量/文件选择对话框

（5）第一个节点表达式设置完成，根据 float((b4-b3)/0.0933)< 0 成立与否将其划分为两部分，继续添加第二层节点。

（6）鼠标右键单击 Class 1，从快捷菜单中选择“Add Children”，ENVI 自动地在 Class 1 下创建两个新的类（Class 1 和 Class 2）。

（7）单击空白的节点，调出节点属性编辑窗口（Edit Decision Properties）。

（8）填写节点名称（Name）：轻度浑水区及清水区。

（9）填写节点表达式（Expression）：float((b5-b4)/0.21) GT float((b5-b3)/0.3033)。

（10）单击 OK 按钮，调出变量/文件选择对话框（Variable/File Pairings），在弹出的文件选择对话框中选择对应的影像波段。

（11）这样就把水体分为轻度浑浊和清水区。

（12）重复（6）~（11）步骤，根据规则表达式把剩余的子节点加入。

（13）单击最底层的“Class#”，弹出输出分类属性（Edit Class Properties）（见图 13-24），设置参数值。

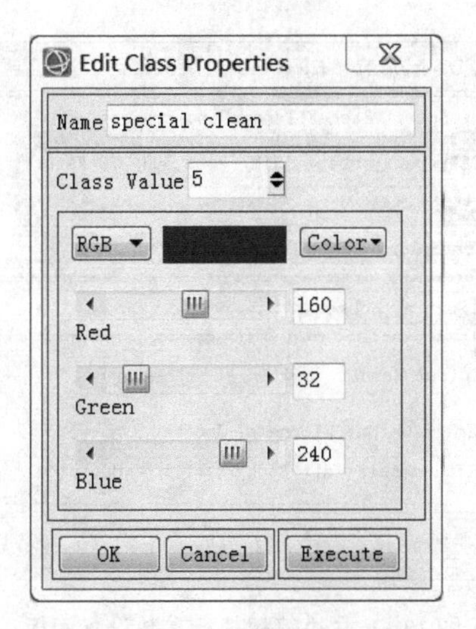


图 13-24 编辑输出分类颜色

1）分类名称（Name）：special clean。

2）分类值（Class Value）：5。

3）通过 Color 选择标准颜色或者用 Red、Green、Blue 滑动条分别选择对应的颜色。

（14）单击 OK 按钮，得到最终的决策树（见图 13-25）。

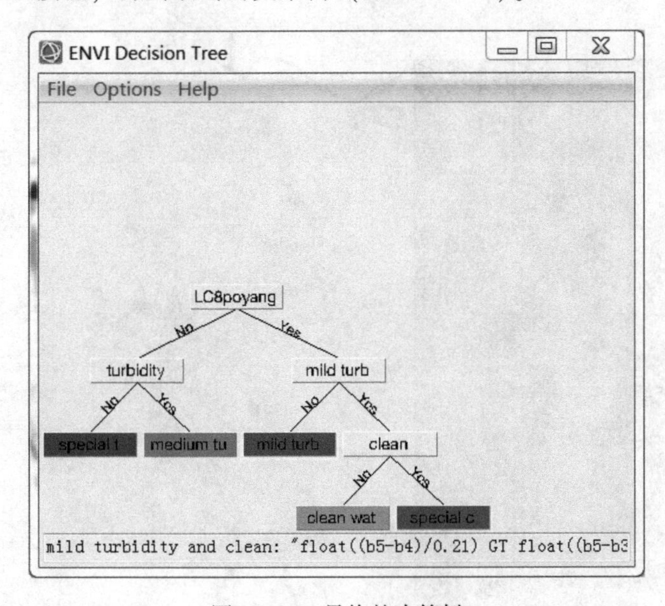


图 13-25 最终的决策树

（15）选择 File→Save Tree，选择输出路径及文件名将决策树保存。

13.6.3.3 执行决策树

A 执行决策树

（1）在 ENVI Decision Tree 窗口中，选择 Options→Execute，打开 Decision Tree Execution Parameters 对话框（见图 13-26）。

图 13-26 决策树执行参数设置面板

（2）在 Decision Tree Execution Parameters 对话框中，选择一个文件作为输出分类结果的基准。分类结果的地图投影、像素大小和范围都将被调整，以匹配该基准图像。

（3）选择重采样方法（Resample）：Cubic Convolution。

（4）选择分类结果的输出路径及文件名，单击 OK 按钮，执行决策树分类。结果如图 13-27 所示。

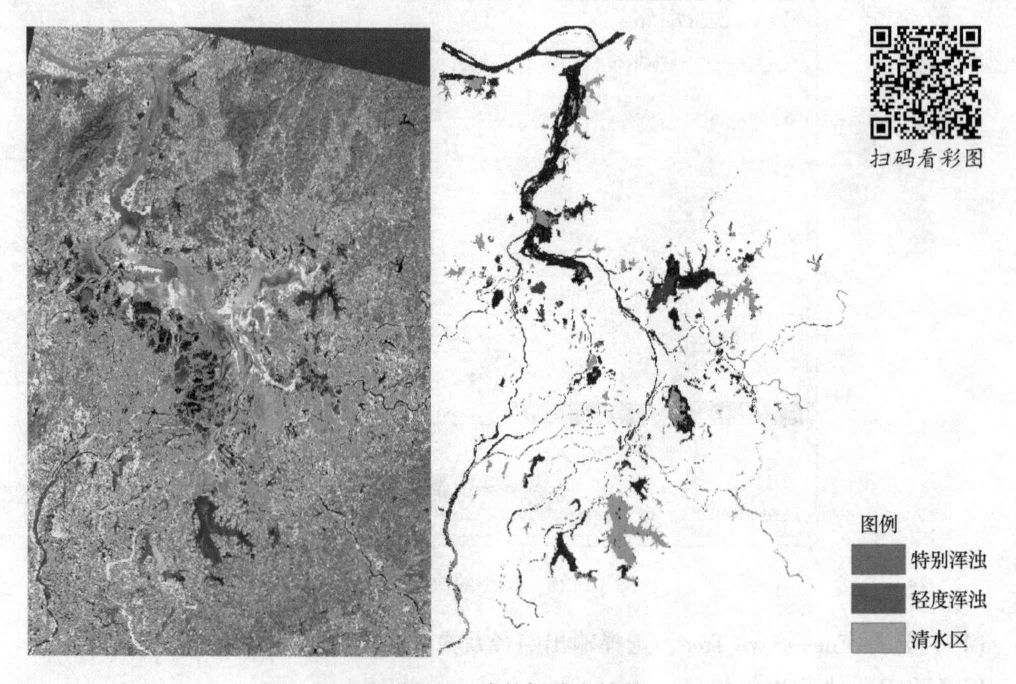


图 13-27 决策树分类结果

当决策树进行计算时，可以看到一个节点到另一个节点的分类处理过程（浅绿色显示）。当分类处理完成后，分类结果会自动地加载到一个新的显示窗口中。在 ENVI Decision Tree 对话框的空白背景上，单击鼠标右键，从弹出的快捷菜单中选择“Zoom In”，每个节点标签都会显示每个分类的像素个数以及所包含像素占总图像像素的百分比。

B 修改决策树

当对分类结果不满意时，可以修改决策树后重新执行分类。

(1) 节点属性编辑：左键单击节点处，打开节点属性编辑窗口（Edit Decision Properties），编辑节点名称和表达式。

右键单击节点处，打开 Prune Children（Restore Pruned Children）和 Delete Children 快捷菜单供选择。Prune Children 菜单命令是剪除与后面子节点的联系，当执行决策树时，它们不会再被使用；Restore Pruned Children 菜单命令是恢复节点与后面子节点的联系；Delete Children 菜单命令从决策树中将后面子节点永久地移除。

(2) 输出分类属性编辑：单击在最底层的分类，打开输出分类属性（Edit Class Properties），编辑分类名、分类值和分类颜色。

(3) 变量赋值编辑：选择 Options→Show Variable/File Pairings，打开变量/文件选择对话框（Variable/File Pairings），单击左边列表中的变量，可以修改变量对应的文件。

(4) 更改输出参数：第一次执行决策树之后，选择 Options→Execute 命名时，系统会按照第一次输出参数的设置执行决策树，选择 Options→Change Output Parameters。打开 Decision Tree Execution Parameters 对话框，重新设置输出参数。

# 14 面向对象的遥感影像分类实验

## 14.1 面向对象分类思路

面向对象的思想认为现实世界中的事物都可看成是一种对象，每一个对象都有自己的属性状态，对这组属性可以进行相应的服务。对象和消息传递分别表现事物及事物间的相互联系。将具有相同属性的对象划分成一类，在其下还可以派生出不同的子类，子类自动继承父类的所有属性并可加入新的特性。类的设计具有抽象、封装、利用继承实现共享的特性。通过封装能将对象的定义和对象的实现分开，通过继承能体现类与类之间的关系。对某类中的对象，可以通过定义一组方法来完成各种操作服务。不同对象的组合及相互作用就构成了自然的客观系统。

面向对象分类技术是集合邻近像元为对象识别感兴趣的光谱要素，充分利用高分辨率的全色和多光谱数据的空间、纹理和光谱信息来分割和分类，以高精度的分类结果或者矢量输出。面向对象的分类过程一般分为两个部分：发现对象和特征提取。面向对象分图像类流程如图 14-1 所示。

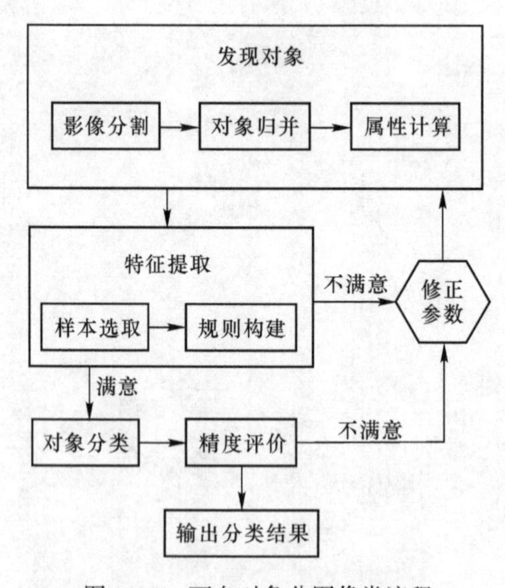


图 14-1　面向对象分图像类流程

## 14.2 遥感图像对象构建

面向对象的图像分析的最小单元为分割的对象，而不是像素。图像分割就是把图像分成若干个特定的、具有独特性质的区域并提出感兴趣目标的技术和过程，它是由图像处理到图像分析的关键步骤，而分割的尺度是首先需要考虑的问题，不同的分割尺度所生成的影像对象的属性信息是各不相同的，不同类别的信息提取可以在相应尺度的影像对象层中进行。对于不同地物类别的影像分割最优尺度来讲，面积最小类别的最优尺度对于其他类别来说并非是最优的，在面向对象的影像分析中应该采用多尺度分割技术获取不同尺度的影像对象信息，从而使得不同地物类别有相应的最优分割尺度，保证信息提取的精度。对于多尺度的影像对象层来说，要满足不同目的、体现不同格局、过程的空间特征，不再关心影像的空间分辨率的变化，而关心影像对象的大小。现有的图像分割方法主要分为以下几类：基于阈值的分割方法、基于区域的分割方法、基于边缘的分割方法以及基于特定理论的分割方法等。从数学角度来看，图像分割是将数字图像划分成互不相交的区域的过程。此外，图像分割的过程也是一个标记过程，即把属于同一区域的像素赋予相同的编号。

## 14.3 遥感图像对象分类

获得分割对象之后，则可利用图像分类功能进行分类，划分地物类别。以 eCognition 为例，它采用决策支持的模糊分类算法，并不是简单地将每个对象分到某一类，而是给出每个对象隶属于某一类的概率，便于用户根据实际情况进行调整，同时，也可以按照最大概率产生确定分类结果。在建立专家决策支持系统时，建立不同尺度的分类层次，在每一层次上分别定义对象的光谱特征、形状特征、纹理特征和相邻关系特征。其中，光谱特征包括均值、方差、灰度比值；形状特征包括面积、长度、宽度、边界长度、长宽比、形状因子、密度、主方向、对称性、位置。对于线状地物包括线长、线宽、线长宽比、曲率、曲率与长度之比等；对于面状地物包括面积、周长、紧凑度、多边形边数、各边长度的方差、各边的平均长度、最长边的长度。纹理特征包括对象方差、面积、密度、对称性、主方向的均值和方差等。通过定义多种特征并指定不同权重，建立分类标准，然后对图像分类。分类时先在大尺度上分出“父类”，再根据实际需要对感兴趣的地物在小尺度上定义特征，分出“子类”。

## 14.4 实验操作

实验软件：ENVI 5.3。

实验数据：\ 实验 14 \ 基于规则 \ GeoEye-1_ganzhou. tif;

\ 实验 14 \ 基于样本 \ LC8poyang_subset。

### 14.4.1 基于规则的对象提取

#### 14.4.1.1 图像分割

A *启动 Feature Extraction-Rule Based 工具*

(1) 在 ENVI 主界面，选择 File→Open，打开图像文件“GeoEye-1_ganzhou. tif”。

(2) 在 Toolbox 工具箱中，双击 Feature Extraction/Rule Based Feature Extraction

Workflow 工具，启动 Feature Extraction-Rule Based 流程化工具。

（3）在 Data Selection 步骤中，有 4 个选项卡，如图 14-2 所示。

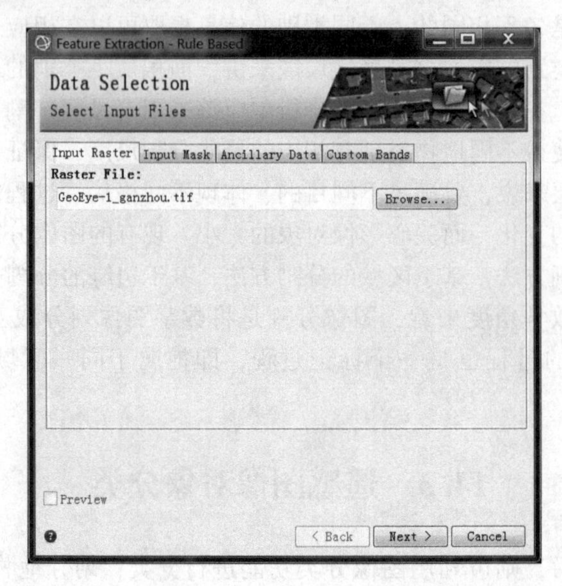


图 14-2 Feature Extraction-Rule Based 流程化工具面板

（4）单击 Input Raster 选项卡，单击 Browse 按钮，在弹出对话框中选择“GeoEye-1_ganzhou.tif”。

（5）单击 Input Mask 选项卡，其作用是设置指定区域参与分类。勾选 Inverse Mask 选项可以反转掩膜。本示例中不使用掩膜。

（6）单击 Ancillary Data 选项卡，输入其他多源辅助数据。辅助数据应包含有坐标信息且与 Input Raster 图像文件有重叠区。如输入高程数据作为辅助数据来提高提取精度。本示例中不使用其他数据。

（7）单击 Custom Bands 选项卡，当输入文件具有标准地图坐标信息时可以使用此选项卡的功能，它主要有以下两个设置项：

1）Normalized Difference。选择两个波段进行归一化指数计算，计算公式为（b2-bl）/（b2+b1+eps）。其中，eps 为极小值，为了避免分母为 0。例如，当 b2 为近红外波段、b1 为红波段时，Normalized Difference 的值便是归一化植被指数（NDVI）。本示例中使用了 GeoEye-1 数据，因此在“Band 1”右侧下拉列表中选择 Band 3，在“Band 2”右侧下拉列表中选择 Band 4，ENVI 将生成“Normalized Difference”波段，可以用来进行分割和分类。

2）Color Space。选择 Red、Green 和 Blue 为输入文件的对应波段，ENVI 将执行颜色变换（RGB 到 HSI），并生成新的色调、饱和度和强度波段，用于分割和规则分类。本示例中不使用 Color Space。

（8）设置完毕后，单击 Next 按钮，进入下一步 Object Creation 步骤。

B 对象创建——图像分割与合并

（1）在 Segment Settings 设置项中可以设置图像分割的算法和参数。通过 Algorithm 下方的下拉列表可以选择分割算法，ENVI FX 提供两种分割算法（本示例中选择 Edge）。

1）Edge：基于边缘检测，结合合并算法可以达到最佳效果。

2）Intensity：基于亮度，这种算法非常适合于微小梯度变化（如 DEM、电磁场图像等），不需要合并算法即可达到较好的效果。

（2）通过右侧的 Scale Level 滑块或手动输入分割阈值。阈值范围为 0～100，默认值为 50。值越小，则分割得到的图斑越细、数量越多。本例设置为 40。

（3）单击 Select Segment Bands 右侧的按钮，可以设置分割用到的波段，默认为输入图像的所有波段。为了获得最好的分割效果，建议使用类似光谱范围的波段，如红、绿、蓝和近红外波段，而不要同时使用自定义波段（Normalized Difference 或 Color Space）和可见光/近红外波段。

（4）在 Merge Settings 设置项中可以设置图像合并的算法和参数。通过 Algorithm 下方的下拉列表可以选择合并算法，ENVI FX 提供两种合并算法（本示例中选择默认设置）。

1）Full Lambda Schedule：合并存在于大块、纹理性强的小区域，如树林和云等；

2）Fast Lambda：合并具有类似颜色和边界大小的相邻图斑。

（5）通过右侧的 Merge Level 滑块或手动输入合并阈值。阈值范围为 0～100，默认值为 0。值越小，则合并效果越不明显。本示例设置为 90。

（6）单击 Select Merge Bands 右侧的按钮，可以设置合并用到的波段，默认为输入图像的所有波段。

（7）在 Texture Kernel Size 文本框中，可以设置纹理核大小（单位为像元）。如果数据区域较大而纹理差异较小，可以把这个参数设置得大一点。默认是 3，最大是 19。

（8）勾选 Preview 选项，在 ENVI 视窗中出现一个矩形的预览区（见图 14-3）。在鼠标为选择状态下（在工具栏中选择），按住鼠标左键可拖动预览区，按住预览区边缘拖动鼠标可调整预览区大小。

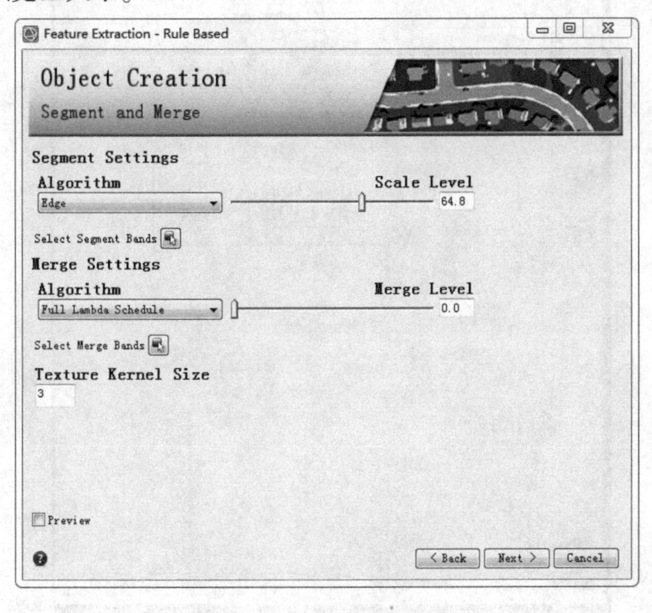


图 14-3　图像分割与合并

（9）取消勾选 Preview 选项，单击 Next 按钮，进入 Rule-based Classification（基于规则分类）界面创建规则。

如分割结果不理想，返回重新设置参数。

14.4.1.2 基于规则分类

在规则分类界面，每一个分类可以有若干个规则（Rule）组成，每一个规则也可以有若干个属性表达式来描述。如对水的一个描述：面积大于 500 像素、延长线小于 0.5、NDVI 小于 0.25。对道路的描述：延长线大于 0.9、紧密度小于 0.3、标准差小于 20。以提取居住房屋为例说明规则分类的操作过程。

（1）在 Rule-based Classification 步骤中，单击 按钮可以添加类别。在右侧的 Class Properties 表格中设置以下属性。

1）类名（Class Name）：住宅。

2）类颜色（Class Color）：默认红色即可。

3）类阈值（Class Threshold）：默认值为 0.5。它根据类下面的规则和属性权重计算得到。

（2）使用鼠标选中 Rule［1.0］，可以看到右侧 Rule Properties 表格中显示 Rule Weight 为 1.0。因为目前"住宅"类别下只有一个"Rule"，如果有 $N$ 个"Rule"，则"Rule Weight"默认为（$1.0/N$）。可以手动设置，值越大，则"Rule"作用越大。

（3）下面添加第一条属性描述：划分植被与非植被区。使用鼠标选中 Spectral Mean（Band 1），在右侧有两个选项卡和其他设置项可以使用（见图 14-4）。描述如下：

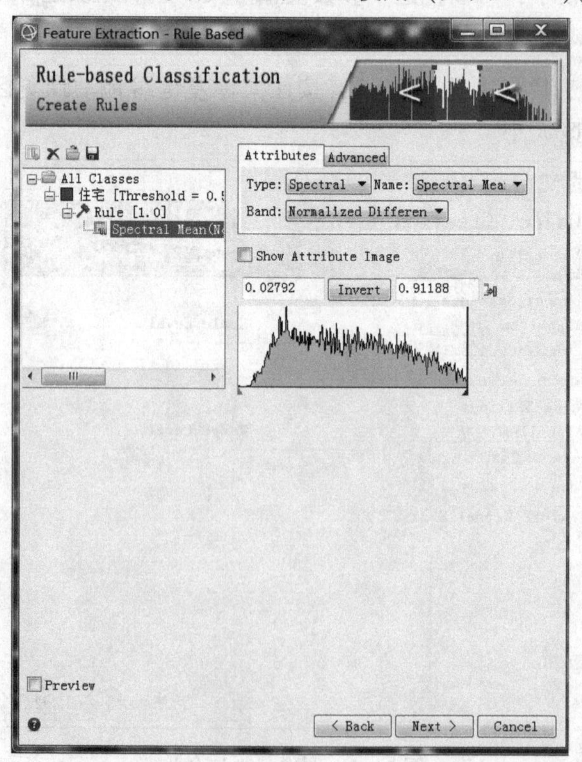


图 14-4 Rule-based Classification 参数设置

1）Attributes 选项卡。

①属性类型（Type）：3 种属性类型，这里选择 Spectral。

②属性名称（Name）：选择 Spectral Mean。

③输入波段（Band）：选择 Normalized Difference。

2）Advanced 选项卡。

①属性权重（Weight）：当只有一条属性时，默认值为 1。当添加了 $N$ 条属性后，每条属性的权重默认为（1.0/$N$）。

②算法（Algorithm）：可选有 3 种，分别为二值化（Binary）、线性（Linear）和二次方程式（Quadratic）。

③容差值（Tolerance）：当算法选择线性（Linear）和二次方程式（Quadratic）时，可设此值，默认为 5.0（即 5%）。设置的值越大，表示容错程度越高，提取得到的对象越多。

（4）勾选显示属性窗口（Show Attribute Image）：可以使用 Preview 选项预览属性图像，同时，可以单击 ENVI 工具栏中的 图标查看感兴趣地物的属性值。

（5）下方的直方图中可以设置属性范围，在 Invert 按钮前后的文本框中可以手动输入最小和最大阈值，或使用鼠标拖拽直方图中的绿色和蓝色竖线实现阈值设置。单击 Invert 按钮可以反转阈值范围。单击右侧 按钮可以浮动显示直方图界面（Attribute Histogram）。这里设置最大值为 0.3，按回车键确认。

（6）添加第二条属性描述：剔除道路干扰。居住房屋和道路的最大区别在于房屋是近似矩形，可以设置 Rectangular fit 属性。

1）在 Rule 上右键选择 Add Attribute 按钮，新建一个属性。

2）在右侧 Type 中选择 Spatial。

3）在 Name 中选择 Rectangular fit。

4）设置值的范围是 0.5～1，其他参数为默认值。

提示：预览窗口默认是该属性的结果，单击 All Classes 选项，可预览几个属性共同作用的结果。

同样的方法设置如下属性。

1）Type：Spatial；Name：Area——Area>45。

2）Type：Spatial；Name：Elongation——Elongation<3。

（7）添加第三条属性描述：剔除水泥地干扰。水泥地反射率比较高，居住房屋反射率较低，所以我们可以使用光谱属性。设置 Type：Spectral；Name：Spectral Mean；Band：GREEN——Spectral Mean（GREEN）<650。

（8）单击 All Classes 选项，勾选 Preview 选项预览最终的 Rule 规则提取效果，如图 14-5 所示。规则设置好后，单击 Next 按钮进入下一步。

提示：在 Create Rules 步骤中，可以单击保存图标将当前规则保存为本地文件（.rul）。下次使用时可以单击导入图标加载已保存的规则文件。

如图 14-6 所示，Export 步骤中，可以选择输出多种类型的结果文件，例如分类矢量、分类精度以及各种报告和中间结果等。

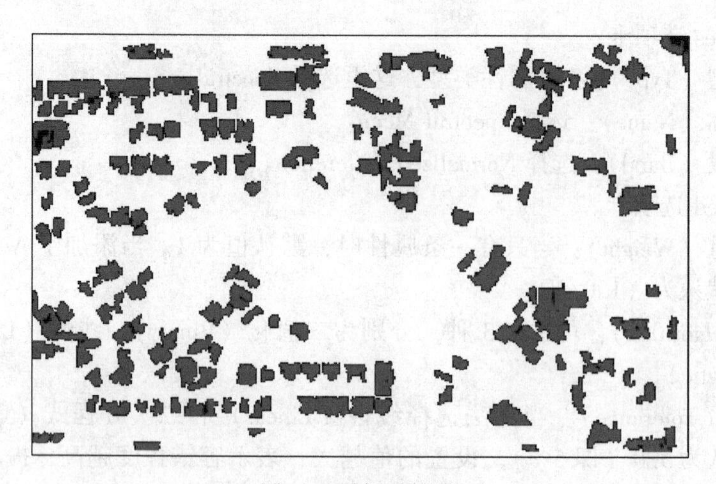

图 14-5 提取结果

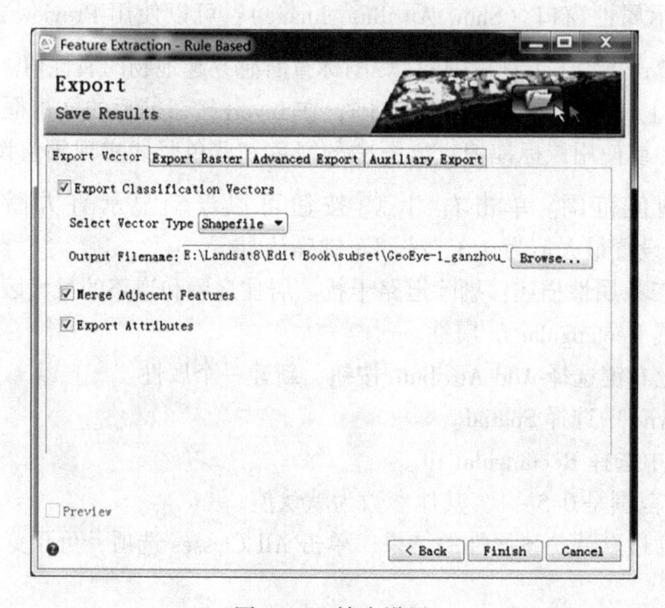


图 14-6 输出设置

（1）输出矢量（Export Vector）选项卡。

1）Export Classification Vectors：保存所有的类别到一个 Shapefile 文件中，默认文件为“GeoEye-1_ganzhou_vectors. shp”。Shapefile 文件最大为 2GB，当分类过多并超过 2GB 时，结果将被分开保存为多个较小的 Shapefile。大于 1. 5GB 的 Shapefile 不能正常显示。建议数据量较大时，可以将矢量保存到 Geodatabase。

2）Merge Adjacent Features：可以把邻近的多边形合并为一条记录。此操作将处理整个图像中的多边形。

3）Export Attributes：将中间计算的光谱、空间和纹理属性结果保存到、输出到 Shapefile 属性表中。

（2）输出栅格（Export Raster）选项卡。

1）Export Classification Image：输出 ENVI 格式的分类图像，不同的 DN 值代表不同类

别。默认文件名为“GeoEye-1_ganzhou_class. dat”。

2）Export Segmentation Image：输出一个多波段的 ENVI 格式图像，为图像分割结果。每一个对象的值为此区域内所有像元值的均值。默认文件名为“GeoEye-1_ganzhou_segmentation. dat”。

（3）高级输出（Advanced Export）选项卡。

1）Export Attributes Image：将中间计算的属性结果输出到一个多波段 ENVI 格式图像中，默认文件名为“GeoEye-1_ganzhou_attributes. dat”。勾选前面复选框，在打开 Selected Attributes 对话框中选择需要输出的属性（默认为制定规则时用到的所有属性）。

2）Export Confidence Image：输出一个 ENVI 格式图像，像元的 DN 值代表像元属于该种类别的可信度。亮度越高，表示可信度越高。输出结果为多波段图像，每一个波段代表一个类别。默认文件名为“GeoEye-1_ganzhou_confidence. dat”。

（4）辅助输出（Auxiliary Export）选项卡。

1）Export Feature Ruleset：输出规则文件到本地。默认文件名为“GeoEye-1_ganzhou_ruleset. rul”。

2）Export Processing Report：输出一个文本文件，描述了分割选项、规则和属性设置等信息。默认文件名为“GeoEye-1_ganzhou_report. txt”。

图 14-7 为住宅矢量层提取结果。

图 14-7　住宅矢量层提取结果

## 14.4.2　基于样本的对象提取

### 14.4.2.1　图像分割

A　启动 Feature Extraction-Example Based 工具

（1）打开数据“LC8poyang_subset”。

（2）在 Toolbox 工具箱中，双击 Feature Extraction/Example Based Feature Extraction Workflow 工具，启动流程化工具（见图 14-8）。

（3）在 Data Selection 中，单击 Input Raster 选项卡，单击 Browse 按钮，选择输入文件为“LC8poyang_subset”。

（4）单击 Custom Bands 选项卡，勾选 Normalized Difference 和 Color Space 选项，波段

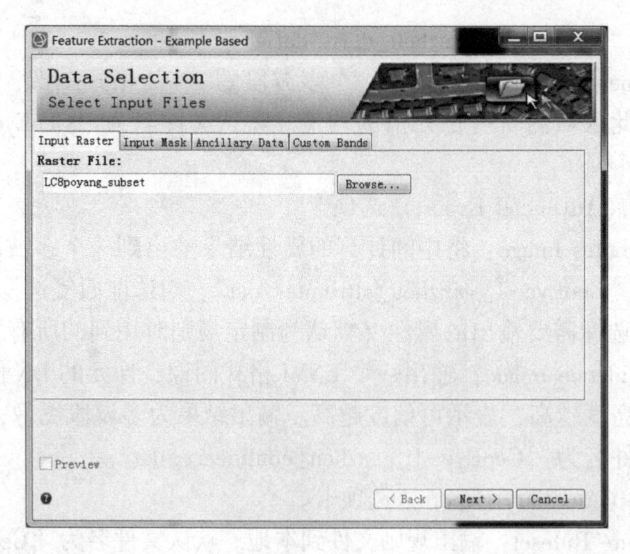


图 14-8　Feature Extraction-Example Based 工具面板

选择按照默认即可，用来计算 NDVI 和颜色变换。

提示：Data Selection 中各个选项卡的详细说明可参考本书 14.4.1 节基于规则的图像分割的相关内容。

（5）单击 Next 按钮，进入 Object Creation 步骤。

B　对象创建——图像分割与合并

（1）为了得到更好的目视效果，在 ENVI 主界面 Layer Manager 中，用鼠标右键单击“LC8poyang_subset”，在弹出菜单中选择“Change RGB Bands”，分别选择波段 4、3、2 对应 R、G、B，单击 OK 按钮，以标准假彩色方式显示图像。

（2）在 Segment Settings 设置项中，输入分割尺度（Scale Level）：50，按回车键。分割算法选择默认即可。

（3）在 Merge Settings 设置项中，输入合并尺度（Merge Level）：80，按回车键。合并算法选择默认即可。如图 14-9 所示。

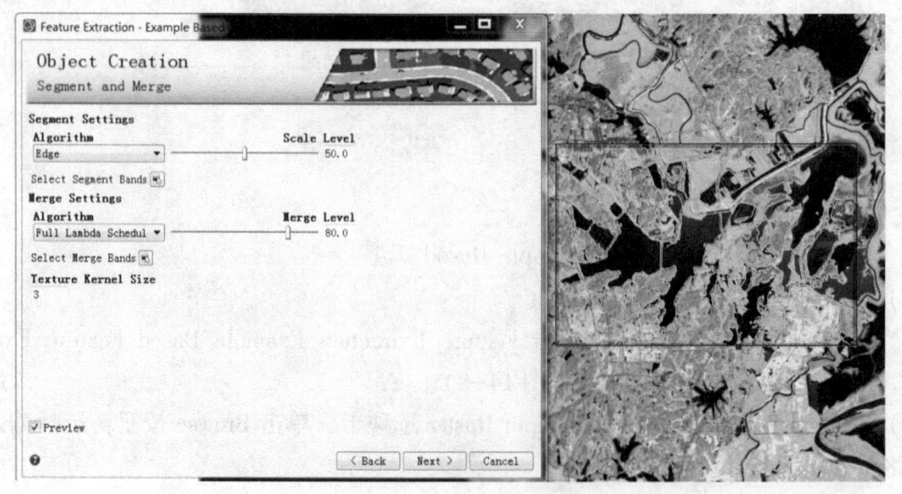


图 14-9　图像分割与合并

(4) 单击 Next 按钮，进入 Example-Based Classification 步骤。

提示：图像分割与合并的参数详细描述可参考 14.4.1 节的相关内容，这里不再赘述。

#### 14.4.2.2 基于样本分类

经过图像分割与合并之后，进入到样本分类（Example-Based Classification）步骤中，在此步骤可以进行样本选择、属性选择和算法设置等操作。

##### A 选择样本

(1) 选择 Examples Selection 选项卡。工具图标功能描述如下。

1) ：添加新的类别。

2) ：删除当前类别。

3) ：打开已经保存的样本文件（.shp）。

4) ：保存当前样本到本地文件（.shp）。

5) ：导入地面真实数据，一般为 Shapefile。在 File Selection 面板中选择地面真实数据，单击 OK 按钮。在弹出的 Select Attribute to Group Classes 面板中，在 Select Attribute 右侧的下拉列表中选择用来区分类别的属性。

提示：在样本列表中同样支持右键菜单，如删除所有类别、添加类别、删除类别和移除类别样本等。

(2) 对默认的第一个类别，在右侧的 Class Properties 中修改如下参数。

1) 类别名称（Class Name）：水体。

2) 类别颜色（Class Color）：红色（0，0，196）。

(3) 在分割图上选择一些样本，为了方便样本的选择，可以在 Layer Manager 中将 Region Means 图层不显示，只显示原图。选择一定数量的样本，如果错选样本，可以在这个样本上再次单击左键删除。

提示：可以勾选 Show Boundaries 显示分割边界，方便样本选择。

(4) 完成一个类别的样本选择之后，新增类别，用同样的方法修改类别属性和选择样本。在选择样本的过程中，可以随时勾选 Preview 预览分类结果。

(5) 在所有样本选择结束后，可以把样本保存为 .shp 文件以备下次使用。

本例建立了 7 种类别：水体、水田、林地、草地、沙地、裸地、建筑物，分别选择一定数量的样本，如图 14-10 所示。

##### B 设置样本属性

单击 Attributes Selection 选项卡。默认设置为所有的属性都被选择，这些被选择样本的属性将被用于后面的监督分类。可以根据提取的实际地物特性选择一定的属性。这里按照默认设置全选。如果想修改，可以按照下面的说明进行操作。

(1) 删除属性：在 Selected Attributes 列表中，选中需要删除的属性（支持 Ctrl 和 Shift 多选），然后单击面板中间的 图标即可。

(2) 添加属性：在 Available Attributes 列表中，选中需要添加的属性，单击 图标可以添加属性。

(3) 自动选择属性：单击面板中间的 图标，可以自动选择属性。

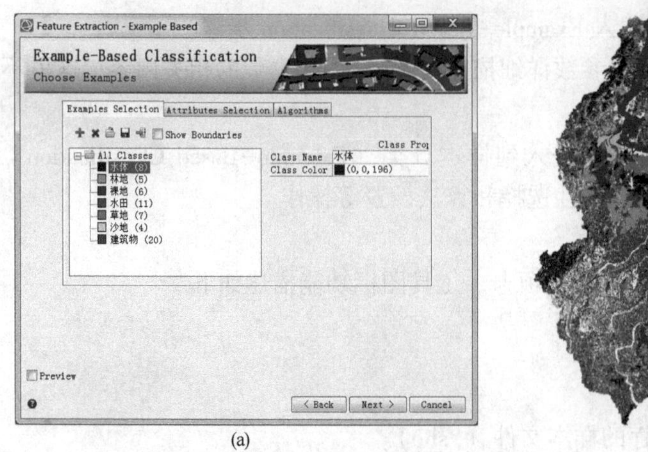


(a)

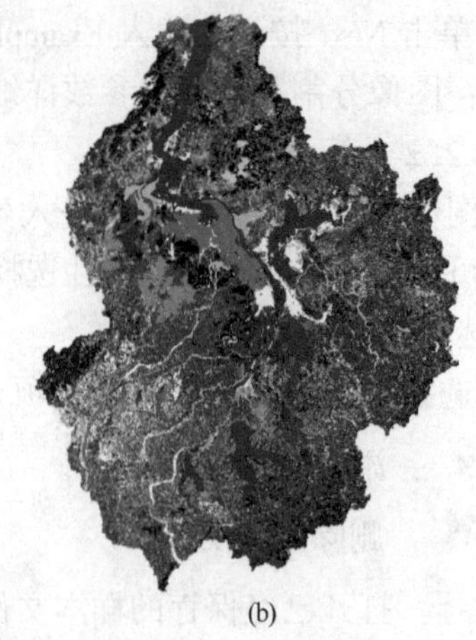

(b)

图 14-10 选择样本与结果预览

（a）选择样本；（b）结果预览

提示：属性的详细描述可参考 14.4.1 节的相关内容。

C 选择分类算法

单击 Algorithms 选项卡（见图 14-11）。ENVI FX 提供了 3 种分类方法：K 邻近法（K Nearest Neighbor，KNN）、支持向量机（Support Vector Machine，SVM）和主成分分析法（Principal Component Analysis，PCA）。

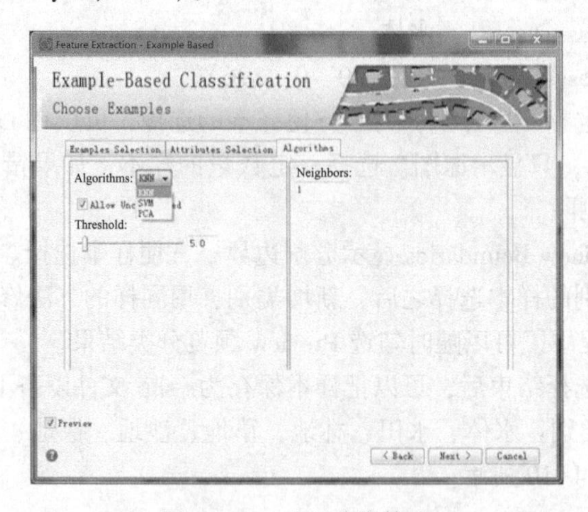


图 14-11 选择分类算法

（1）K 邻近法。K 邻近法依据待分类数据与训练区元素在 $N$ 维空间的欧几里得距离对影像进行分类，$N$ 由分类时目标物属性数目来确定。相对于传统的最邻近方法，K 邻近法产生更小的敏感异常和噪声数据集，从而得到更准确的分类结果，它会自动确定像素最可能属于哪一类。

在 K 参数里键入一个整数，默认值是 1。K 参数是分类时要考虑的邻近元素的数目，是一个经验值，不同的值生成的分类结果差别也会很大。K 参数的设置依赖于数据组以及选择的样本，值大一点能够降低分类噪声，但是可能会产生不正确的分类结果，一般值设为 3 ~7 比较好。

（2）支持向量机。支持向量机是一种来源于统计学习理论的分类方法。选择该项，需要定义一系列参数：

1）Kernel Type 下拉列表里包括 Linear、Polynomial、Radial Basis 和 Sigmoid 4 种选项。

①如果选择 Polynomial，设置一个核心多项式（Degree of Kernel Polynomial）的次数用于 SVM，最小值是 1，最大值是 6。

②如果选择 Polynomial 或 Sigmoid，使用向量机规则需要为 Kernel 指定“the Bias”参数，默认值是 1。

③如果选择 Polynomial、Radial Basis、Sigmoid，需要设置“Gamma in Kernel Function”参数。这个值是一个大于零的浮点型数据。默认值是输入图像波段数的倒数。

2）为 SVM 规则指定“the Penalty”参数，这个值是一个大于零的浮点型数据。这个参数控制了样本错误与分类刚性延伸之间的平衡，默认值是 100。

3）Allow Unclassified 选项允许有未分类这一类别。将不满足条件的斑块分到该类。默认是允许有未分类的类别。

4）Threshold 选项为分类设置概率阈值，如果一个像素计算得到所有的规则概率小于该值，该像素将不被分类，范围是 0～100，默认值是 5。

（3）主成分分析法。主成分分析比较主成分空间的每个分割对象和样本，将得分最高的归为这一类。

本例选择 K 邻近法，Threshold 设置为 5，去掉 Allow Unclassified 选项，单击 Next 按钮进入下一步。

D 输出结果

在 Export 步骤可以选择输出多种类型的结果文件，具体描述可参考基于规则的对象提取中的相关内容。唯一不同的是 Auxiliary Export 选项卡，基于样本图像分类可选择输出为训练样本（Export Feature Examples）到本地文件（.shp），分类结果如图 14-12 所示。

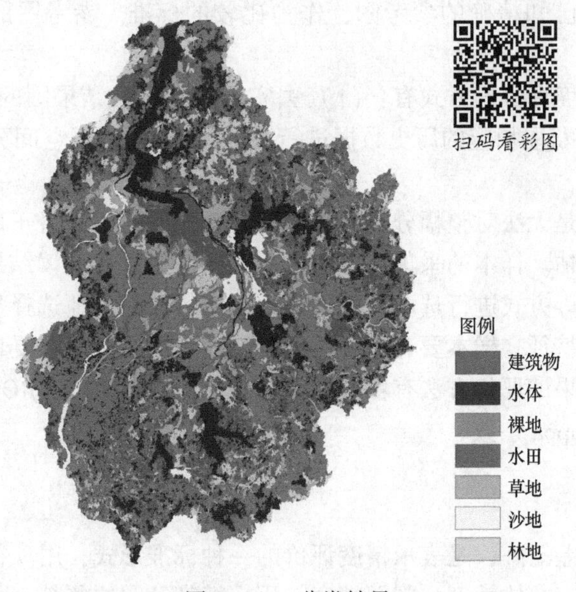


图 14-12 分类结果

# 15 遥感图像分类精度评价实验

## 15.1 遥感图像分类误差原因

遥感图像分类结果存在一定误差，其误差产生的原因主要有以下几方面：

（1）遥感图像本身存在误差。受遥感成像因素影响，图像上存在混合像元，混合像元与实际地物不一致，导致遥感图像在分类过程中产生误差。

（2）同物异谱、异物同谱现象。遥感图像上相同地物可能有不同的光谱特征，不同地物也存在类似的光谱特征。遥感图像计算机分类一般是按像元的相似度来进行分类，在处理同物异谱、异物同谱的像元时会出现分类误差。

（3）分类方法选择。分类方法在划分不同地物时设定的阈值导致的误差。采用不同的分类方法，分类结果也可能不一样，造成不一样的分类误差。

（4）人为因素造成的误差。遥感图像在目视解译过程中产生误差，解译者在划分地物类别时的错误划分，解译的详细程度等因素造成的误差。

## 15.2 分类精度评价方法

精度评价就是进行两幅地图的比较，其中一幅是基于遥感图像的分类图，也就是需要评价的图，另一幅是已知精确的参考图，作为比较的标准。参考图的准确性对评价非常重要。

分类结果进行精度评价的方式有：（1）去实地检验分类结果图的所有类别是否正确。（2）到当地有关部门获取相应的历史数据进行检验。（3）基于空间分辨率较高的遥感图像进行精度评价。

但实际情况常常是无法对整幅分类图去检验每个像元归类是否正确，一般用样本采集法对分类精度进行评估。样本的采集可以通过遥感图像的目视判读结果、谷歌影像、实地调查、已有类型数据等方式进行选取。根据所处区域特征随机地选择每类地物的样本，尽量涵盖每类地物变化特征，样本要有代表性、均匀性，同时样本数要具有统计意义。

遥感图像分类结果的评价方法有：分类结果叠加、混淆矩阵、ROC 曲线。本章重点介绍混淆矩阵方法及 Kappa 系数。

### 15.2.1 混淆矩阵

混淆矩阵又称误差矩阵，是表示精度评价的一种标准形式，用 $n$ 行 $n$ 列的矩阵形式来表示。具体评价指标有总体精度、制图精度、用户精度等，这些精度指标从不同的侧面反映了图像分类的精度。在图像精度评价中，主要比较分类结果和实际测得值，可以把分类结果的精度显示在一个混淆矩阵里面。混淆矩阵是通过将每个实测像元的位置和分类与分类图像中的相应位置和分类相比较计算的。而图像精度具有多层次性。

（1）总体精度：误差矩阵中正确的样本总数与所有样本总数的比值，它表明了每一个随机样本的分类结果与真实类型相一致的概率。

（2）制图精度：某类别的正确像元数占该类总参考像元的比例。

（3）用户精度：某类别的正确像元数占实际被分到该类像元的总数比例。

（4）错分误差：图像的某一类地物中其他地物被错分为该类别的百分比。

（5）漏分误差：实际的某一类地物被错误地分到其他类别的百分比。

### 15.2.2 Kappa 系数

Kappa 系数是一种衡量分类精度的指标。它是通过把所有地表真实分类中的像元总数乘以混淆矩阵对角线的和，再减去某一类中地表真实像元总数与该类中被分类像元总数之积对所有类别求和的结果，再除以像元总数的平方减去某一类中地表真实像元总数与该类中被分类像元总数之积对所有类别求和的结果。

Kappa 系数的计算公式：

$$K = \frac{P\sum_{i=1}^{n} P_{ii} - \sum_{i=1}^{n}(P_{i+}P_{+i})}{P^2 - \sum_{i=1}^{n}(P_{i+}P_{+i})} \tag{15-1}$$

式中，$n$ 为混淆矩阵中总列数；$P_{ii}$ 为混淆矩阵中第 $i$ 行第 $i$ 列上像素数量（即正确分类的数目）；$P_{i+}$ 和 $P_{+i}$ 分别为第 $i$ 行和第 $i$ 列的总像素数量；$P$ 为用于精度评估的总像素数量。

Kappa 系数的范围为 -1 ~ 1，一般为 0 ~ 1。分类质量与 Kappa 系数的关系如表 15-1 所示。

**表 15-1 分类质量与 Kappa 系数**

| $K$ | $<0.00$ | 0.0 ~ 0.2 | 0.2 ~ 0.4 | 0.4 ~ 0.6 | 0.6 ~ 0.8 | 0.8 ~ 1 |
|---|---|---|---|---|---|---|
| 分类质量 | 很差 | 差 | 一般 | 好 | 很好 | 极好 |

## 15.3 实验操作

实验软件：ENVI 5.3。

实验数据：\ 实验 15 \ LC81210402018276；\ 实验 15 \ 南昌监督分类结果图；\ 实验 15 \ NanchangROI；\ 实验 15 \ 寻乌监督分类结果图；\ 实验 15 \ 寻乌地表真实分类图像。

### 15.3.1 评价样本构建

评价样本构建参考第 13 章监督分类样本构建方法。

15.3.1.1 建立评价样本

利用已有遥感图像、谷歌地图、实地考察的方式获取评价样本。本实验评价样本主要靠分类图像的目视判读、解译来构建。由于多光谱影像不同的 RGB 组合可以得到不同的彩色图像，所以需要根据分类种类以及地物特点选择不同的 RGB 合成方式来增强地物显示。

（1）在 ENVI 5.3 主菜单中选择 File→Open...，打开分类图像。

（2）在 ENVI 5.3 主界面左侧的图层管理器（Layer Manager）中，右键点击文件“LC81210402018276”选择 New Region of Interest 菜单，打开 ROI Tool 对话框（见图 15-1）。

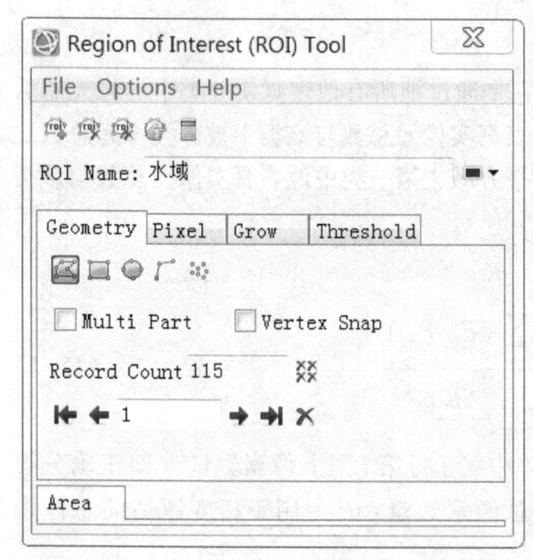

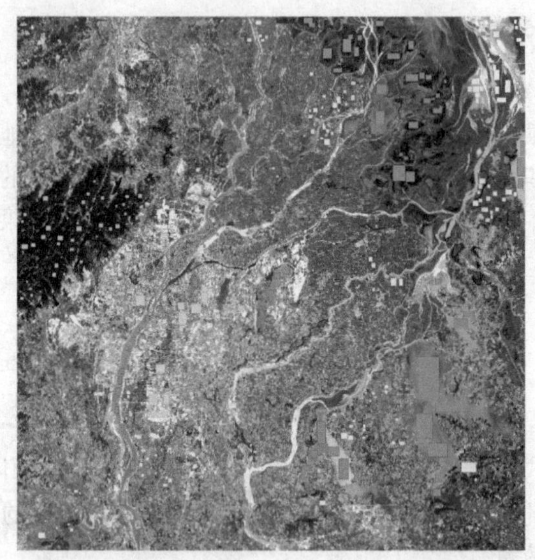

图 15-1 ROI Tool 工具定义训练样本

（3）在 ROI Tool 对话框中，设置 ROI Name（样本名称），回车确认样本名称。ROI Color（样本颜色）则单击右侧颜色选择一种颜色，如绿色。

（4）在 Geometry 选项中，选择绘图类型按钮，在图像窗口中目视确定样本区域，单击鼠标左键绘制感兴趣区。当绘制结束时，可以双击鼠标左键完成一个感兴趣的绘制，或者右键选择 Accept Polygon 菜单。

（5）同一类型地物在图上绘制多个多边形感兴趣区域，数量根据地物分布情况来确定。

（6）在 ROI Tool 对话框中，单击 按钮，新建一个感兴趣区种类，重复以上步骤，将研究区内所有的地物种类进行定义样本，本例定义了水域、林地、耕地、草洲、裸滩、沙地、建设用地 7 种地物。

15.3.1.2 评价训练样本

ENVI 使用计算 ROI 可分离性工具来计算地物之间的统计距离，用于确定两个类别间的差异性程度。类别间的统计距离是基于 Jeffries-Matusita 距离和转换分离度，来衡量训练样本的可分离性。

（1）在 ROI Tool 对话框中，选择 Options→Compute ROI Separability。

（2）在文件选择对话框，选择输入待分类图像文件，单击 OK 按钮。

（3）在 ROI Separability Calculation 对话框中，单击 Select All Items 按钮，选择所有 ROI 用于可分离性计算，单击 OK 按钮，可分离性将被计算并将结果显示在窗口，分离度结果见表 15-2。

**表 15-2　分离度结果表**

| 分类 | 结果 | 分类 | 结果 |
| --- | --- | --- | --- |
| 水域 | 建设用地：（1.99291255 2.00000000） | 耕地 | 沙地：（1.99998863 2.00000000） |
| | 林地：（1.99954579 2.00000000） | | 裸滩：（1.99877397 2.00000000） |
| | 耕地：（1.99996785 2.00000000） | | 草洲：（1.98464992 2.00000000） |
| | 沙地：（2.00000000 2.00000000） | 沙地 | 水域：（2.00000000 2.00000000） |
| | 裸滩：（1.98994402 2.00000000） | | 建设用地：（1.99958722 2.00000000） |
| | 草洲：（2.00000000 2.00000000） | | 林地：（2.00000000 2.00000000） |
| 建设用地 | 水域：（1.99291255 2.00000000） | | 耕地：（1.99998863 2.00000000） |
| | 林地：（1.99738096 2.00000000） | | 裸滩：（1.99998647 2.00000000） |
| | 耕地：（1.98143330 2.00000000） | | 草洲：（2.00000000 2.00000000） |
| | 沙地：（1.99958722 2.00000000） | 裸滩 | 水域：（1.98994402 2.00000000） |
| | 裸滩：（1.96808719 2.00000000） | | 建设用地：（1.96808719 2.00000000） |
| | 草洲：（1.99990130 2.00000000） | | 林地：（1.99999993 2.00000000） |
| 林地 | 水域：（1.99954579 2.00000000） | | 耕地：（1.99877397 2.00000000） |
| | 建设用地：（1.99738096 2.00000000） | | 沙地：（1.99998647 2.00000000） |
| | 耕地：（1.95596844 2.00000000） | | 草洲：（1.99999622 2.00000000） |
| | 沙地：（2.00000000 2.00000000） | 草洲 | 水域：（2.00000000 2.00000000） |
| | 裸滩：（1.99999993 2.00000000） | | 建设用地：（1.99990130 2.00000000） |
| | 草洲：（1.99860347 1.99998268） | | 林地：（1.99860347 1.99998268） |
| 耕地 | 水域：（1.99996785 2.00000000） | | 耕地：（1.98464992 2.00000000） |
| | 建设用地：（1.98143330 2.00000000） | | 沙地：（2.00000000 2.00000000） |
| | 林地：（1.95596844 2.00000000） | | 裸滩：（1.99999622 2.00000000） |
| Pair Separation (least to most) | 林地和耕地：1.95596844 | 建设用地和裸滩：1.96808719 | |
| | 建设用地和耕地：1.98143330 | 耕地和草洲：1.98464992 | |
| | 水域和裸滩：1.98994402 | 水域和建设用地：1.99291255 | |
| | 建设用地和林地：1.99738096 | 林地和草洲：1.99860347 | |
| | 耕地和裸滩：1.99877397 | 水域和林地：1.99954579 | |
| | 建设用地和沙地：1.99958722 | 建设用地和草洲：1.99990130 | |
| | 水域和耕地：1.99996785 | 沙地和裸滩：1.99998647 | |
| | 耕地和沙地：1.99998863 | 裸滩和草洲：1.99999622 | |
| | 林地和裸滩：1.99999993 | 沙地和草洲：2.00000000 | |
| | 水域和草洲：2.00000000 | 水域和沙地：2.00000000 | |
| | 林地和沙地：2.00000000 | | |

ENVI 为每一个样本组合计算 Jeffries-Matusita 距离和转换分离度。在对话框底部，根据可分离性值的大小，从小到大列出感兴趣区组合。这两个参数的值为 0～2.0，大于 1.9 说明样本之间可分离性好，属于合格样本；小于 1.8，需要重新选择样本；小于 1，考虑将两类样本合成一类样本（在 ROI Tool 对话框中，选择 Options→Merge（Union/Intersection）ROIs）。

（4）在 ROI Tool 对话框中，选择 File→Save as，可以将所有符合的样本保存为外部文件。样本结果如图 15-2 所示。

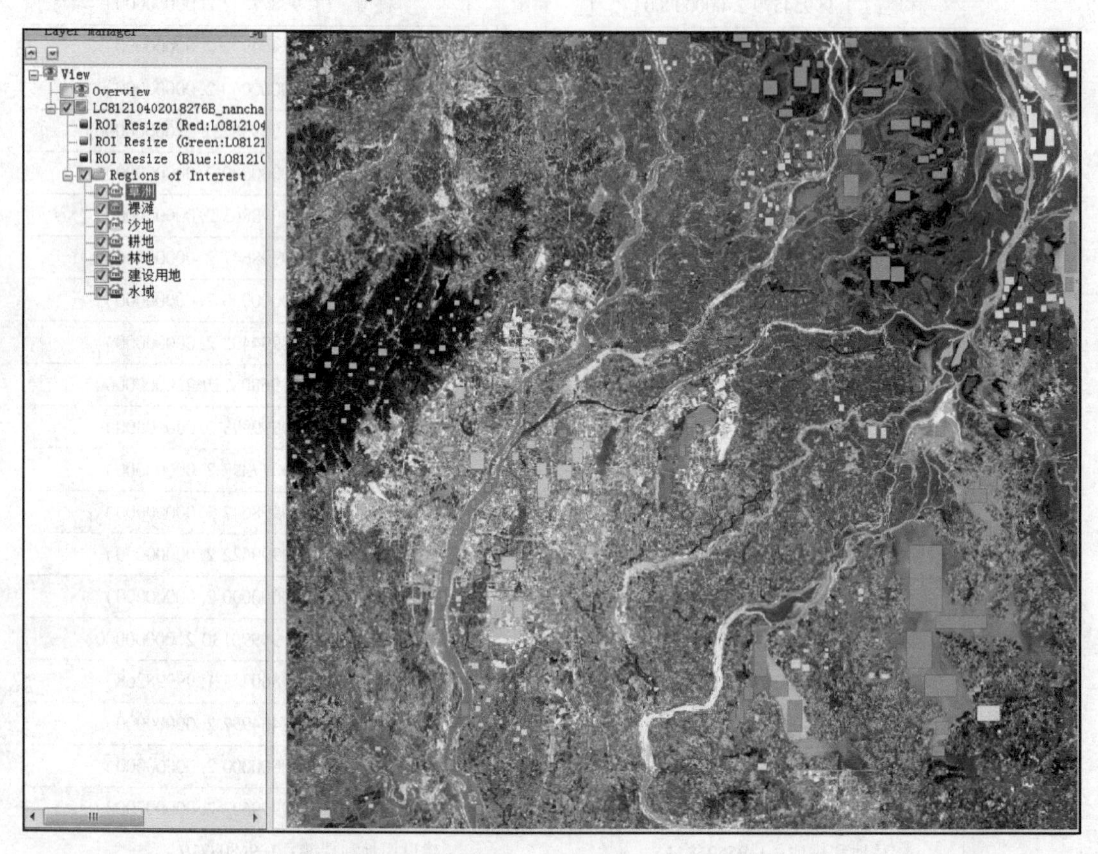


图 15-2 样本结果

### 15.3.2 基于地面真实样本评价

利用 15.3.1 节构建的样本进行精度评价。

（1）在 ENVI 主界面中，选择 File→Open...，打开分类结果图“南昌监督分类结果图”、验证样本文件“NanchangROI.xml”。在 Select Base ROI Visualization La... 对话框中，选择关联的层文件“LC81210402018276B”。

（2）在 Toolbox 工具箱中，双击 Classification/Post Classification/Confusion Matrix Using Ground Truth ROIs 工具。

（3）在 Classification Input File 对话框中，选择分类结果图像，地表样本被自动加载到 Match Classes Parameters 对话框中，如图 15-3 所示。

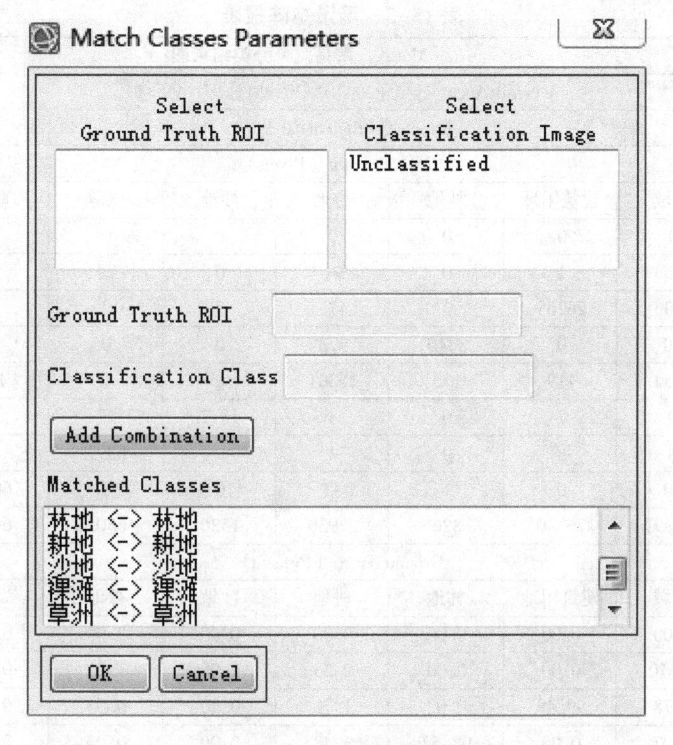


图 15-3 类型匹配对话框

(4) 在 Match Classes Parameters 对话框中，在两个列表中选择所要匹配的名称，再单击 Add Combination 按钮，把地表真实样本与最终分类结果相匹配。类别之间的匹配将显示在对话框底部的列表中。如果地表真实样本的类别与分类图像中的类别名称相同，它们将自动匹配。单击 OK 按钮，输出混淆矩阵。

(5) 在混淆矩阵输出窗口中（见图 15-4），设置 Output Confusion Matrix，选择像素 (Pixels) 和百分比 (Percent)。

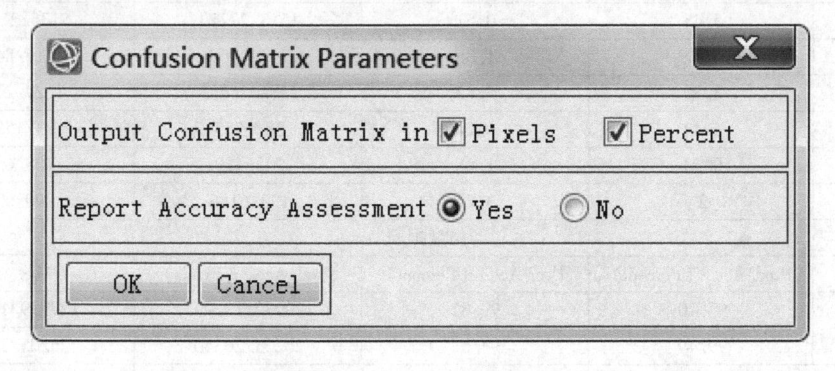


图 15-4 混淆矩阵输出窗口

(6) 单击 OK 按钮，输出混淆矩阵。

在输出的混淆矩阵报表中，包括总体分类精度、Kappa 系数、混淆矩阵、错分误差、漏分误差、制图精度以及用户精度，见表 15-3。

**表 15-3　混淆矩阵报表**

Confusion Matrix：南昌监督分类结果图

Overall Accuracy＝（204702/209951）97.4999%

Kappa Coefficient＝0.9561

Ground Truth（Pixels）

| Class | 水域 | 建筑用地 | 林地 | 耕地 | 沙地 | 裸滩 | 草洲 | Total |
|---|---|---|---|---|---|---|---|---|
| Unclassified | 0 | 0 | 0 | 0 | 0 | 0 | 0 | 0 |
| 水域 | 129939 | 1 | 0 | 91 | 0 | 79 | 0 | 130110 |
| 建筑用地 | 1036 | 26205 | 2 | 475 | 3 | 2 | 0 | 27723 |
| 林地 | 20 | 0 | 8310 | 973 | 0 | 0 | 2 | 9305 |
| 耕地 | 1954 | 119 | 113 | 26301 | 0 | 0 | 196 | 28683 |
| 沙地 | 0 | 7 | 0 | 4 | 1517 | 27 | 0 | 1555 |
| 裸滩 | 8 | 8 | 0 | 4 | 0 | 6397 | 2 | 6419 |
| 草洲 | 40 | 0 | 1 | 82 | 0 | 0 | 6033 | 6156 |
| Total | 132997 | 26340 | 826 | 27930 | 1520 | 6505 | 6233 | 209951 |

Ground Truth（Percent）

| Class | 水域 | 建筑用地 | 林地 | 耕地 | 沙地 | 裸滩 | 草洲 | Total |
|---|---|---|---|---|---|---|---|---|
| Unclassified | 0.00 | 0.00 | 0.00 | 0.00 | 0.00 | 0.00 | 0.00 | 0.00 |
| 水域 | 97.70 | 0.00 | 0.00 | 0.33 | 0.00 | 1.21 | 0.00 | 61.97 |
| 建筑用地 | 0.78 | 99.49 | 0.02 | 1.70 | 0.20 | 0.03 | 0.00 | 13.20 |
| 林地 | 0.02 | 0.00 | 98.62 | 3.48 | 0.00 | 0.00 | 0.03 | 4.43 |
| 耕地 | 1.47 | 0.45 | 1.34 | 94.17 | 0.00 | 0.00 | 3.14 | 13.66 |
| 沙地 | 0.00 | 0.03 | 0.00 | 0.01 | 99.80 | 0.42 | 0.00 | 0.74 |
| 裸滩 | 0.01 | 0.03 | 0.00 | 0.01 | 0.00 | 98.34 | 0.03 | 3.06 |
| 草洲 | 0.03 | 0.00 | 0.01 | 0.29 | 0.00 | 0.00 | 96.79 | 2.93 |
| Total | 100.00 | 100.00 | 100.00 | 100.00 | 100.00 | 100.00 | 100.00 | 100.00 |

误差报表

| Class | Commission（Percent） | Omission（Percent） | Commission（Pixels） | Omission（Pixels） |
|---|---|---|---|---|
| 水域 | 0.13 | 2.30 | 171/130110 | 3058/132997 |
| 建筑用地 | 5.48 | 0.51 | 1518/27723 | 135/26340 |
| 林地 | 10.69 | 1.38 | 995/9305 | 116/8426 |
| 耕地 | 8.30 | 5.83 | 2382/28683 | 1629/27930 |
| 沙地 | 2.44 | 0.20 | 38/1555 | 3/1520 |
| 裸滩 | 0.34 | 1.66 | 22/6419 | 108/6505 |
| 草洲 | 2 | 3.21 | 123/6156 | 200/6233 |

精度报表

| Class | Prod. Acc. （Percent） | User Acc. （Percent） | Prod. Acc. （Pixels） | User Acc. （Pixels） |
|---|---|---|---|---|
| 水域 | 97.70 | 99.87 | 129939/132997 | 129939/130110 |
| 建筑用地 | 99.49 | 94.52 | 26205/26340 | 26205/27723 |
| 林地 | 98.62 | 89.31 | 8310/8426 | 8310/9305 |
| 耕地 | 94.17 | 91.70 | 26301/27930 | 26301/28683 |
| 沙地 | 99.80 | 97.56 | 1517/1520 | 1517/1555 |
| 裸滩 | 98.34 | 99.66 | 6397/6505 | 6397/6419 |
| 草洲 | 96.79 | 98 | 6033/6233 | 6033/6156 |

总体分类精度为：（129939+26205+8310+26301+1517+6397+6033）/209951×100% = 97.50%，Kappa 系数为 0.9561。水域、建筑用地、林地、耕地、沙地、裸滩、草洲的制图精度分别为 97.70、99.49、98.62、94.17、99.80、98.34、96.79。水域、建筑用地、林地、耕地、沙地、裸滩、草洲的用户精度为 99.87、94.52、89.31、91.70、97.56、99.66、98。水域、建筑用地、林地、耕地、沙地、裸滩、草洲的错分误差分别为 0.13、5.48、10.69、8.30、2.44、0.34、2。水域、建筑用地、林地、耕地、沙地、裸滩、草洲的漏分误差分别为 2.30、0.51、1.38、5.83、0.20、1.66、3.21。

### 15.3.3　基于地面真实影像评价

当使用地表真实图像来评价分类结果的精度时，需要先准备完整的地面真实地物图。格式为 ENVI 分类图像格式。

（1）在 Toolbox 工具箱中，双击 Classification/Post Classification/Confusion Matrix Using Ground Truth Image 工具。

（2）在 Classification Input File 对话框中，选择分类结果图像“寻乌监督分类结果图”。

（3）在 Ground Truth Input File 对话框中，选择地表真实分类图像“寻乌地表真实分类图”。

（4）在 Match Classes Parameters 对话框中，在两个列表中选择所要匹配的名称，再单击 Add Combination 按钮，把地表真实感兴趣区与最终分类结果相匹配。类别之间的匹配将显示在对话框底部的列表中。如果地表真实图像的类别与分类图像中的类别名称相同，它们将自动匹配。单击 OK 按钮输出混淆矩阵。

（5）在混淆矩阵输出窗口（见图 15-5）中，设置 Output Confusion Matrix：选择像素（Pixels）和百分比（Percent）。

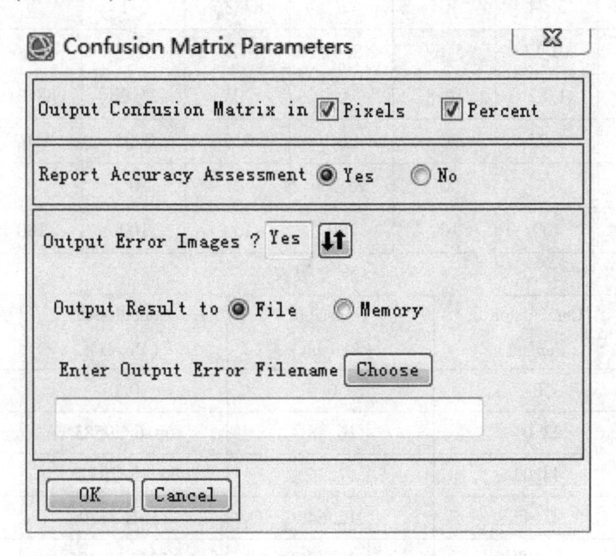


图 15-5　混淆矩阵参数设置

（6）选择误差图像输出路径与文件名。

（7）单击 OK 按钮，输出混淆矩阵。表 15-4 为混淆矩阵报表。

**表 15-4 混淆矩阵报表**

Confusion Matrix：寻乌监督分类结果图

Overall Accuracy=（654124/779113）= 83.9575%

Kappa Coefficient=0.7735

Ground Truth（Pixels）

| Class | Unclassified | Build | Arable | Mining | Water | Bare | Garden | Woodland | Total |
|---|---|---|---|---|---|---|---|---|---|
| Unclassified | 0 | 0 | 0 | 0 | 0 | 0 | 0 | 0 | 0 |
| Build | 0 | 22767 | 409 | 545 | 5383 | 238 | 140 | 101 | 29583 |
| Arable | 0 | 10 | 44313 | 0 | 12626 | 19518 | 2761 | 0 | 79228 |
| Mining | 0 | 1020 | 2 | 4009 | 131 | 0 | 8 | 0 | 5170 |
| Water | 0 | 2760 | 3049 | 12 | 77844 | 2461 | 2369 | 911 | 89406 |
| Bare | 0 | 495 | 5785 | 0 | 32445 | 188686 | 28062 | 0 | 255473 |
| Garden | 0 | 205 | 0 | 23 | 21 | 3497 | 306759 | 0 | 310505 |
| Woodland | 0 | 1 | 0 | 0 | 0 | 1 | 0 | 9746 | 9748 |
| Total | 0 | 27258 | 53558 | 4589 | 128450 | 214401 | 340099 | 10758 | 779113 |

Ground Truth（Percent）

| Class | Unclassified | Build | Arable | Mining | Water | Bare | Garden | Woodland | Total |
|---|---|---|---|---|---|---|---|---|---|
| Unclassified | 0 | 0 | 0 | 0 | 0 | 0 | 0 | 0 | 0 |
| Build | 0 | 83.52 | 0.76 | 0.94 | 11.88 | 4.19 | 0.11 | 0.04 | 3.8 |
| Arable | 0 | 0.04 | 82.74 | 0 | 0 | 9.83 | 9.1 | 0.81 | 10.17 |
| Mining | 0 | 3.74 | 0 | 0 | 87.36 | 0.1 | 0 | 0 | 0.66 |
| Water | 0 | 10.13 | 5.69 | 8.47 | 0.26 | 60.6 | 1.15 | 0.7 | 11.48 |
| Bare | 0 | 1.82 | 10.8 | 0 | 0 | 25.26 | 88.01 | 8.25 | 32.79 |
| Garden | 0 | 0.75 | 0 | 0 | 0.5 | 0.02 | 1.63 | 90.2 | 39.85 |
| Woodland | 0 | 0 | 0 | 90.59 | 0 | 0 | 0 | 0 | 1.25 |
| Total | 0 | 100 | 100 | 100 | 100 | 100 | 100 | 100 | 100 |

误差报表

| Class | Commission（Percent） | Omission（Percent） | Commission（Pixels） | Omission（Pixels） |
|---|---|---|---|---|
| Unclassified | 0 | 0 | 0/0 | 0/0 |
| Build | 23.04 | 16.48 | 6816/29583 | 4491/27258 |
| Arable | 44.07 | 17.26 | 34915/79228 | 9245/53558 |
| Water | 22.46 | 12.64 | 1161/5170 | 580/4589 |
| Bare | 12.93 | 39.40 | 11562/89406 | 50606/128450 |
| Garden | 26.14 | 11.99 | 66787/255473 | 25715/214401 |
| Woodland | 1.21 | 9.80 | 3746/310505 | 33340/340099 |
| Mining | 0.02 | 9.41 | 2/9748 | 1012/10758 |

续表 15-4

| 精度报表 | | | | |
|---|---|---|---|---|
| Class | Prod. Acc.（Percent） | User Acc.（Percent） | Prod. Acc.（Pixels） | User Acc.（Pixels） |
| Unclassified | 0 | 0 | 0/0 | 0/0 |
| Build | 83.52 | 76.96 | 22767/27258 | 22767/29583 |
| Arable | 82.74 | 55.93 | 44313/53558 | 44313/79228 |
| Water | 87.36 | 77.54 | 4009/4589 | 4009/5170 |
| Bare | 60.60 | 87.07 | 77844/128450 | 77844/89406 |
| Garden | 88.01 | 73.86 | 188686/214401 | 188686/255473 |
| Woodland | 90.20 | 98.79 | 306759/340099 | 306759/310505 |
| Mining | 90.59 | 99.98 | 9746/10758 | 9746/9748 |

总体分类精度为：（22767+44313+4009+77844+188686+306759+9746）/779113×100% = 83.9575%，Kappa 系数为 0.7735。Build、Arable、Water、Bare、Garden、Woodland、Mining 的制图精度分别为 83.52、82.74、87.36、60.60、88.01、90.20、90.59。Build、Arable、Water、Bare、Garden、Woodland、Mining 的用户精度为 76.96、55.93、77.54、87.07、73.86、98.79、99.98。Build、Arable、Water、Bare、Garden、Woodland、Mining 的错分误差分别为 23.04、44.07、22.46、12.93、26.14、1.21、0.02。Build、Arable、Water、Bare、Garden、Woodland、Mining 的漏分误差分别为 16.48、17.26、12.64、39.40、11.99、9.80、9.41。

# 16 遥感专题制图实验

## 16.1 遥感专题信息提取

遥感专题信息提取不同于一般意义上的遥感影像分类，它以区别影像中所含的特定专题目标对象为目的。传统的解译方法不仅速度慢而且精度和准确度受判读者的经验制约，不能满足大量遥感信息提取的需要。利用计算机自动解译是当今遥感信息提取的主要研究课题。随着遥感技术的进步与遥感应用的深入，遥感专题信息的提取方法也在不断地改进，经历了目视解译、自动分类、光谱特性的信息提取及光谱与空间特征的专题信息提取等多个阶段，目前正在向全智能化解译的方向发展。但无论解译方法如何，遥感信息提取的基本过程比较稳定，如图 16-1 所示。

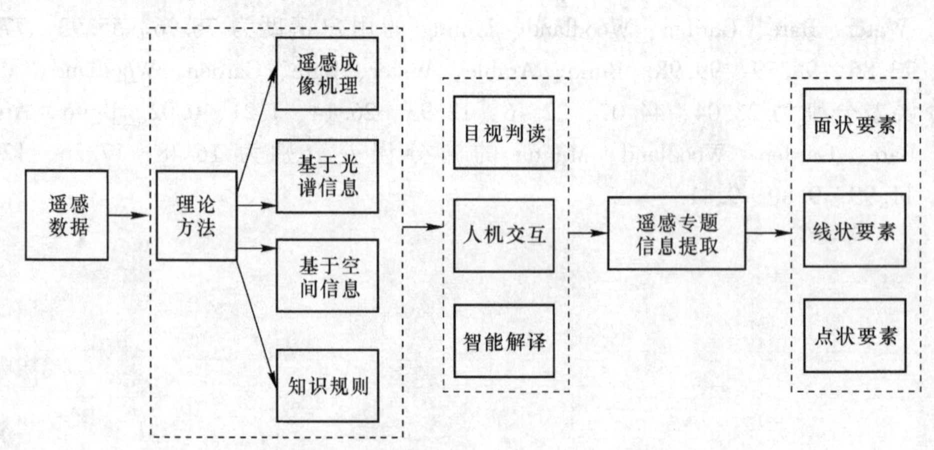


图 16-1 遥感专题信息提取过程

## 16.2 遥感专题制图方法

### 16.2.1 专题数据收集和分析

制作专题图时，提前准备哪些数据用来做专题图？根据专题图的范围，选择合适的方法进行专题图数据分析。遥感专题制图所需资料包括遥感影像、普通地图和其他资料等。

根据影像制图的要求，选取合适时相、恰当波段与指定地区的遥感影像，需要镶嵌的多景遥感影像宜选用同一颗卫星获取的图像，非同一颗卫星图像也应当选择时相接近的影像或胶片。检查所选的影像质量，制图区域范围内不应该有云或云量低于 10%。遥感影像的空间分辨率、波谱分辨率和时间分辨率是遥感信息的基本属性，在遥感应用中，它们通常是评价和选择遥感影像的主要指标。

制图地区的普通地图用作基础底图或参考图件，其比例尺尽可能与成图比例尺一致，或稍大于成图比例尺。选用普通地图时要注意地图的现势性和投影性质。宜用面积变形较小的地图投影。

编制专题图时，还需要收集编图区域的自然要素和人文要素等资料，有关编图地区及其编图内容的地图资料、统计资料、研究报告、政府文件、地方志等均有必要收集。

### 16.2.2　成图比例尺的选择

遥感专题图成图比例尺的选择受多种因素的制约，主要取决于制图区域范围、影像空间分辨率及地图的用途。一般而言，在遥感图像空间分辨率允许范围内，根据制图区域及用途选择成图比例尺。如土地利用现状图，一般有如下比例尺可供选择：乡镇级 1∶1万~1∶5000；区县级 1∶10 万~1∶5 万；省级 1∶100 万~1∶50 万。比例尺可以参照国家规范要求以及结合制图区域的范围来综合考虑。各种比例尺地图对遥感影像空间分辨率的需求见表 16-1。

**表 16-1　成图比例尺对图像空间分辨率的需求**

| 成图比例尺 | 空间分辨率/m |
|---|---|
| 1∶250000 | Landsat-7，8（15m） |
| 1∶100000 | SPOT-4，5（10m） |
| 1∶50000 | SPOT-4（10m），SPOT-5（10m、5m、2.5m） |
| 1∶25000 | SPOT-5（2.5m） |
| 1∶10000 | IKONOS（1m）、QuickBird（0.61m） |
| 1∶5000 | IKONOS（1m）、QuickBird（0.61m） |

### 16.2.3　基础底图编制

基础底图的编制工作关系到专题制图质量。用于遥感图像资料制图的底图必须满足一定的数学基础和地理基础，以便为转绘图像上专题内容提供明显而足够的定性、定量、定位的控制依据，提高专题要素所描述的内容的准确性和科学性。基础底图的编制必须解决两个方面的问题：一是底图的数学基础，必须解决由影像图转化为线划图对数学基础的要求；二是底图的地理基础，必须使国家基本地形图的地理基础和影像相吻合。

### 16.2.4　专题要素图复合

遥感影像与地理底图的复合是将同一区域的影像与图形准确套合，但它们在数据库中仍然是以不同数据层的形式存在。遥感影像与地理底图复合的目的是提高遥感专题地图的定位精度和解译效果。遥感影像与地理底图之间复合操作包括：利用多个同名地物控制点作遥感影像与数字底图之间的位置配准；将数字专题地图与遥感影像进行重合叠置。

### 16.2.5　地图符号及注记设计

地图符号可以突出表现制图区域内一种或几种自然要素或社会经济要素。为反映专题对象的位置、类别、级别及各种不同的含义，构成符号时要使其保持一定的差别。地图符号之间的差别通过改变6个图形变量（形状、尺寸、方向、彩色、亮度、密度）中的一个、多个或全部来实现。通过它们构成符号的形态、尺寸、颜色变化。

注记是对某种地图属性的补充说明，如在影像图上可注记街道名称、山峰和河流名称，标明山峰的高程，这些注记可以提高专题地图的易读性。

### 16.2.6 地图色彩选择

色彩在地图上的利用可以包括色彩三属性（色相、饱和度和亮度）的利用和色彩的感觉、象征意义的利用。色彩在地图上的表现形式，可分为点状色彩、线状色彩、面状色彩3大类。色彩设计是专题地图编制的重要因素之一。

专题地图使用彩色符号来表征专题要素。专题地图必须主题明确、层面丰富、内容清晰、色彩协调、表现力强。概括地说，就是既要有对比性，又要有协调性，内容和形式达到统一。专题地图的色彩设计实际上是在对比中求协调，在协调中求对比，正确地处理协调和对比这一对矛盾。

### 16.2.7 地图图面配置

图面配置指主图及图上所有辅助元素，包括图名、图例、比例尺、指北针、插图、附图、附表、文字说明及其他内容在图面上放置的位置及大小。图面配置的要求是保持影像底图上信息量均衡和便于使用。

（1）图名：图名是对制图区域以及专题内容的说明，一般放置在图面顶端或右边。

（2）图例：为了便于阅读专题地图内容和符号，需要增加图例来说明，图例一般放在地图中的右侧或下部。

（3）比例尺：比例尺一般放在地图图面的下部中间或右侧。

（4）指北针：指北针通常放在地图的右上侧。

（5）图幅边框生成：地图图幅边框是对地图区域范围的界线，可以根据需要指定图幅边框线宽与边框颜色。

## 16.3 实验操作

实验软件：ENVI 5.3 或 ENVI Classic 5.3。

实验数据：\ 实验15 \ 南昌监督分类结果图；\ 实验16 \ 平面制图 \ 南昌监督分类结果图；\ 实验16 \ 三维制图 \ 寻乌遥感影像；\ 实验16 \ 三维制图 \ XunWuDEM。

### 16.3.1 遥感平面制图实验

（1）从系统开始菜单找到ENVI目录，选择ENVI Classic 5.3，启动ENVI Classic。

（2）在ENVI Classic主菜单中，选择File按钮，点击Open Image File，选择“南昌监督分类结果图”并打开。

（3）选择Gray Scale按钮，单击Load Band加载影像，图像显示在窗口。

（4）从Display主图像窗口菜单中选择File→QuickMap→New QuickMap，打开

QuickMap Default Layout 对话框，如图 16-2 所示。在这个对话框中根据影像需要制作的图幅大小设置制图页面大小、页面方位（Orientation）以及地图比例尺（Map Scale）。

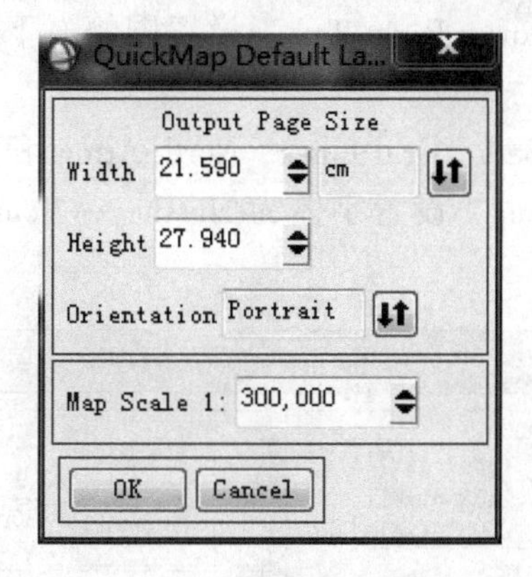


图 16-2 制图页面设置

页面长和宽计算公式如下：

宽度（Width）= 图像实际宽度/比例尺+系数

长度（Height）= 图像实际长度/比例尺+系数

系数表示图框外的区域大小，一般默认为 100 像素。

（5）设定参数后，点击 OK 确定，进入快速制图图像范围选择对话框（QuickMap Image Selection）（见图 16-3），选择图像的制图区域，使用鼠标左键单击红色方框可以移动方框位置，点击红色方框四个角可以改变方框大小，选中图像范围后，单击 OK 按钮。

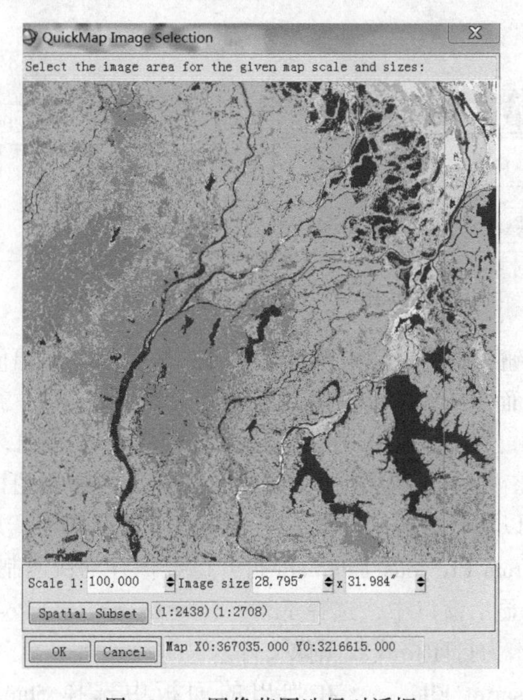


图 16-3 图像范围选择对话框

（6）在打开 QuickMap Parameters 面板中设置参数（见图 16-4），主要参数说明如下。

Main Title：方框内可以设置图幅主标题，Font、Size 设置主标题字体和大小；Lower Left Text：设置图幅左下角文本信息，用鼠标单击方框，弹出的菜单中选择 Load Projection Info，将投影信息加入方框；Lower Right Text：设置图幅右下角文本信息，如设置制图单位或版权等。

根据制图需要选择 Scale Bars、Grid Lines、North Arrow 和 Declination Diagram 前的复选框。单击 Grid Lines 项中的 Font，设置字体为 Hershey→Roman 1，消除经纬度单位中的乱码。

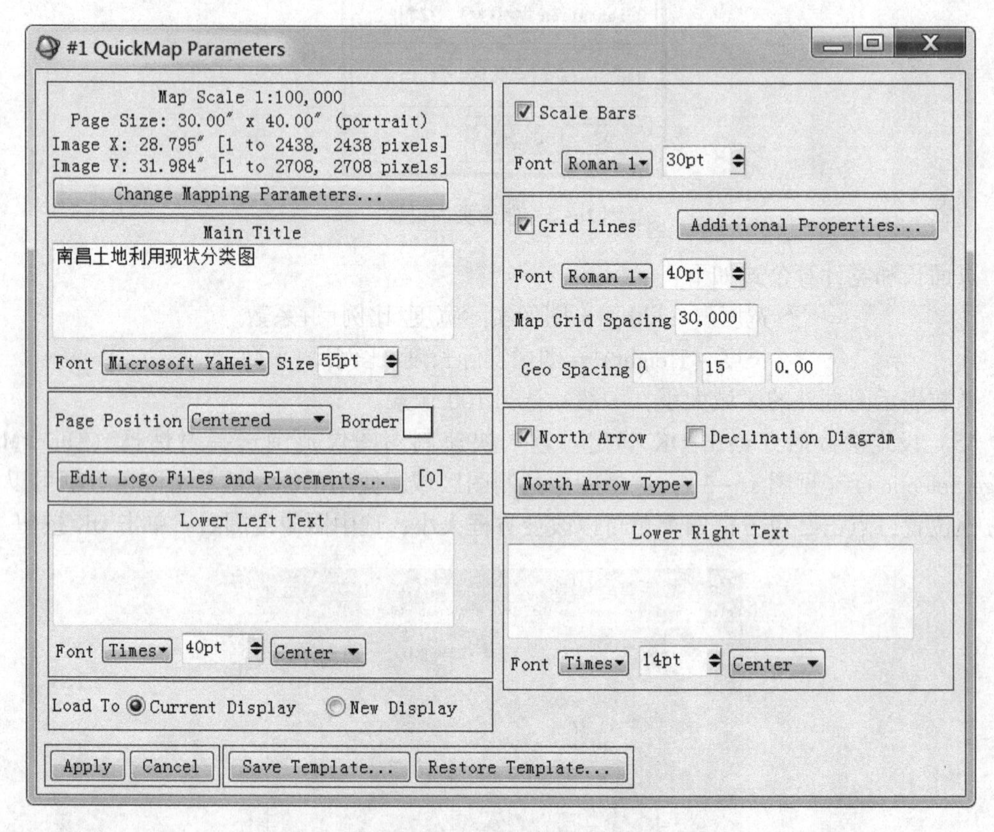


图 16-4 快速制图参数设置

（7）单击 Apply 按钮，查看制图效果，如图 16-5 所示，如幅面不符合要求，可以回到 QuickMap Parameters 面板中重新修改参数，交互式设置。

（8）制图模板保存。在 QuickMap Parameters 面板中单击 Sava Templata 按钮，选择输出文件路径名，单击 OK 按钮，将快速制图的结果保存为快速制图模板文件，以备下次使用。同时，这个模板可以在处理相同像素大小的图像时进行调用，只需显示所需图像，并选择 File→QuickMap→from Previous Templata 打开已经保存的快速制图模板。

（9）在制图主图像显示窗口中，选择 File→Save Image As→Postscript File... 或 image file...，将制图结果输出为打印格式或图像文件。

（10）如选择 Postscript File...，在弹出的面板中选择 Standard Printing 或 Output QuickMap to Printer 复选框，设置参数，点击 OK 输出图像。如选择 image file...，在 Output Display to Image File 面板设置参数点击 OK 输出图像，详情可参见第 1 章的图像输出实验。

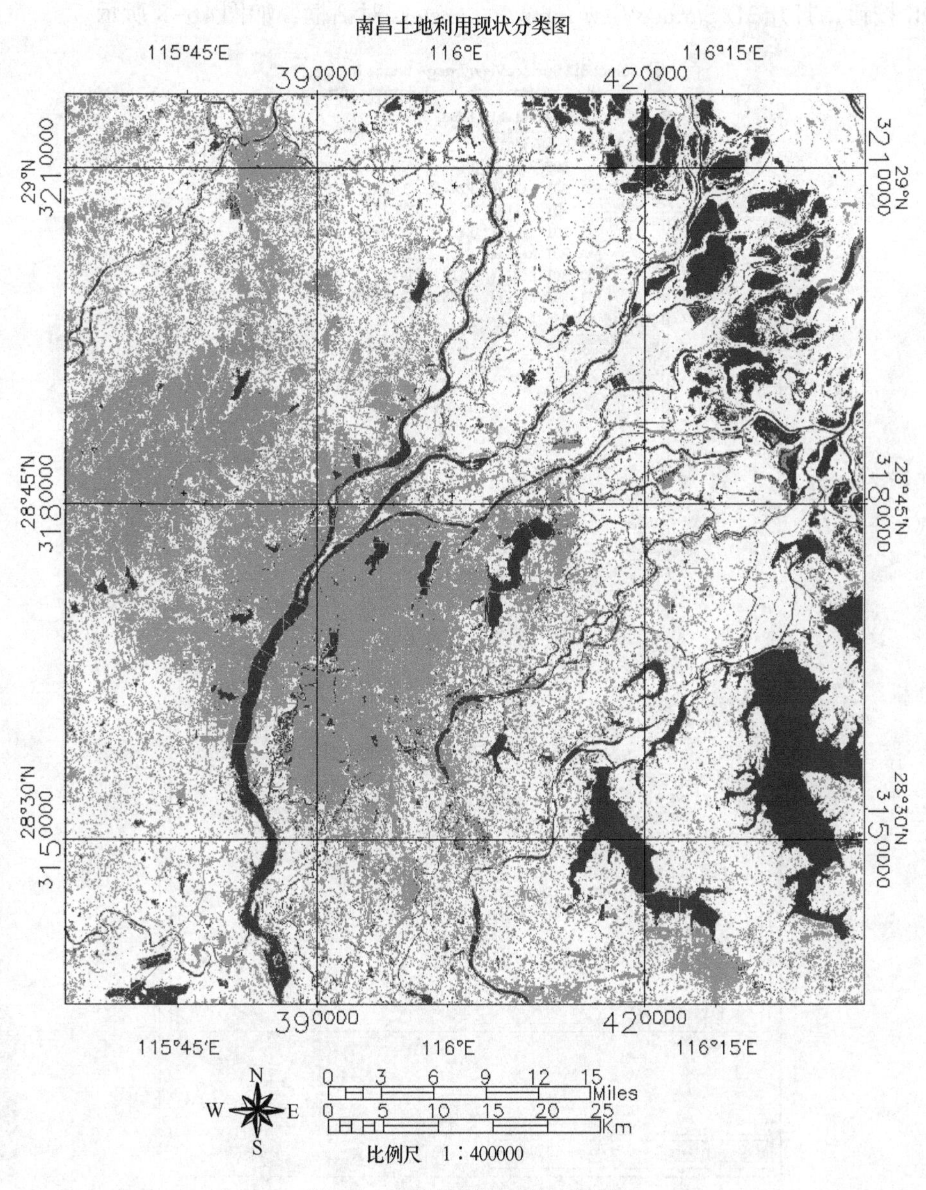


图 16-5 快速制图的输出结果

### 16.3.2 遥感三维制图实验

ENVI 的三维地形可视化功能可以将一幅图像叠加到 DEM 数据上，并利用鼠标对三维场景进行放大、缩小、平移等操作。

(1) 在 ENVI Classic 5.3 界面，选择 File→Open Image File，打开“XunWuDEM. tif”和“寻乌遥感影像”文件。

(2) 点击主菜单 Topographic 选择 3D Surface View，在弹出的 Select 3D SurfaceView Image Bands 对话框中选择与 RGB 颜色通道对应的“寻乌遥感影像”波段（见图 16-6），点击 OK 后弹出 Associated DEM Input File（见图 16-7），选择地形文件 XunWuDEM 波段，

单击 OK 按钮，打开 3D SurfaceView Input Parameters 对话框，如图 16-8 所示。

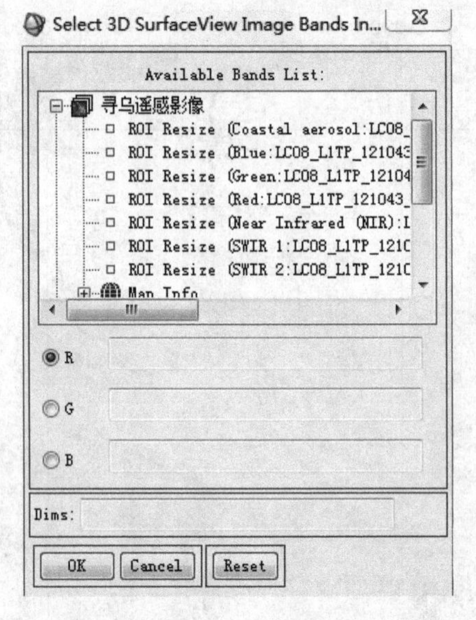


图 16-6 选择影像

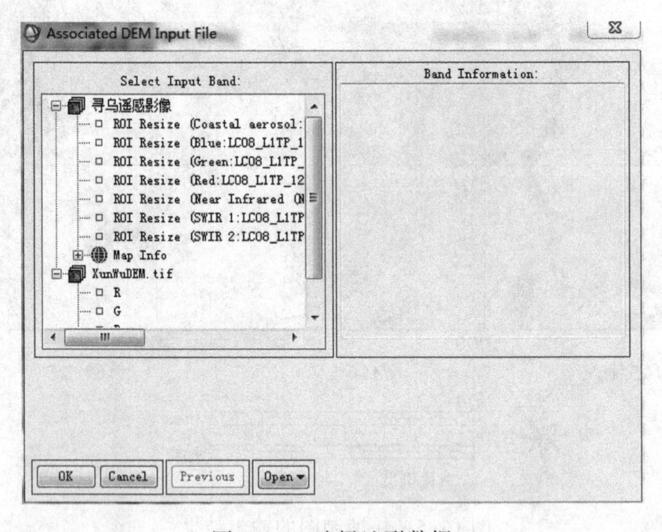


图 16-7 选择地形数据

（3）在 3D SurfaceView Input Parameters 对话框中，设置以下参数。

1）DEM 分辨率（DEM Resolution）：可以根据需要选择多种不同的 DEM 分辨率。DEM 分辨率越高 3D 显示会越慢。

2）重采样方式（Resampling）：最邻近（Nearest Neighbor）和集合（Aggregate）。

3）绘制 DEM 最大/最小值范围：可选项。DEM 值低于最小值或者高于最大值的那些像素将不会绘制在三维场景中。

4）垂直夸张系数（Vertical Exaggeration）：根据显示需要设置垂直夸张的程度。

5）图像分辨率（Image Resolution）：原始大小（Full）和设定值（Other）。

（4）单击 OK 按钮，创建三维场景，如图 16-9 所示。

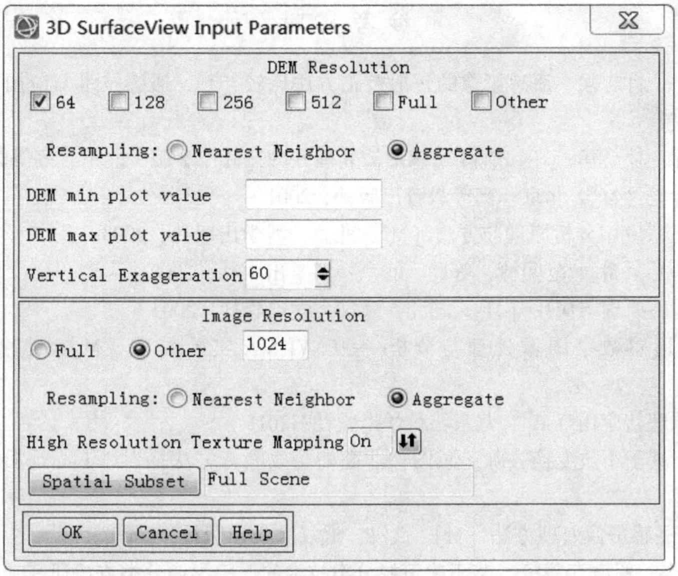

3D SurfaceView Input Parameters

DEM Resolution

☑ 64 ☐ 128 ☐ 256 ☐ 512 ☐ Full ☐ Other

Resampling: ○ Nearest Neighbor ◉ Aggregate

DEM min plot value

DEM max plot value

Vertical Exaggeration 60

Image Resolution

○ Full ◉ Other 1024

Resampling: ○ Nearest Neighbor ◉ Aggregate

High Resolution Texture Mapping On

Spatial Subset Full Scene

OK Cancel Help

图 16-8 3D SurfaceView Input Parameters 对话框

图 16-9 寻乌县三维场景

# 参考文献

[1] 栾庆祖，刘慧平，肖志强. 遥感影像的正射校正方法比较［J］. 遥感技术与应用，2007（6）：674，743-747.
[2] 邓书斌，陈秋锦，杜会建，等. ENVI 遥感图像处理方法［M］. 2 版. 北京：高等教育出版社，2014.
[3] 梅安新. 遥感导论［M］. 北京：高等教育出版社，2001.
[4] 赵英时，等. 遥感应用分析原理与方法［M］. 北京：科学出版社，2003.
[5] 梁顺林. 定量遥感［M］. 范闻捷，等译. 北京：科学出版社，2009.
[6] 孙家抦，等. 遥感原理与应用［M］. 湖北：武汉大学出版社，2003.
[7] 杨树文，等. 遥感数字图像处理与分析——ENVI 5. x 实验教程［M］. 北京：电子工业出版社，2015.
[8] 周廷刚. 遥感原理与应用［M］. 北京：科学出版社，2015.
[9] 陈涛，李兵海. 基于小波变换去除遥感图像非高斯条纹噪音方法探讨［J］. 地质与勘探，2008，44（1）：94-96.
[10] 沈焕锋. ENVI 遥感影像处理方法［M］. 武汉：武汉大学出版社，2009.
[11] 申文明，王文杰，罗海江，等. 基于决策树分类技术的遥感影像分类方法研究［J］. 遥感技术与应用，2007，22（3）：333-338.
[12] 韦玉春，汤国安，汪闵，等. 遥感数字图像处理教程［M］. 2 版. 北京：科学出版社，2019.
[13] 韦玉春，秦福莹，程春梅. 遥感数字图像处理实验教程［M］. 2 版. 北京：科学出版社，2018.
[14] 史豪斌，张仁宇，孙钢，等. 一种基于 ISODATA 算法的多智能体任务分配策略［J］. 西北工业大学学报，2017，35（3）：507-512.
[15] 王增林，朱大明. 基于遥感影像的最大似然分类算法的探讨［J］. 河南科学，2010，28（11）：1458-1461.
[16] 马铭，苟长龙. 遥感数据最小距离分类的几种算法［J］. 测绘通报，2017（3）：157-159.
[17] 莫利江，曹宇，胡远满，刘淼，夏栋. 面向对象的湿地景观遥感分类——以杭州湾南岸地区为例［J］. 湿地科学，2012，10（2）：206-213.
[18] 黄慧萍. 面向对象影像分析中的尺度问题研究［D］. 北京：中国科学院研究生院（遥感应用研究所），2003.
[19] John A Richards，Jia Xiuping. 遥感数字图像分析［M］. 张晔，张钧萍，谷延锋，等译. 4 版. 北京：电子工业出版社，2009.
[20] Robert A Schowengerdt. 遥感图像处理模型与方法［M］. 微波成像技术国家重点实验室译. 3 版. 北京：电子工业出版社，2009.
[21] 卢小平，王双亭. 遥感原理与方法［M］. 北京：测绘出版社，2012.
[22] 杜培军. 遥感原理与应用［M］. 徐州：中国矿业大学出版社，2006.
[23] 肖鹏峰，冯学智. 高分辨率遥感图像分割与信息提取［M］. 北京：科学出版社，2012.
[24] 沙晋明. 遥感原理与应用［M］. 2 版. 北京：科学出版社，2017.
[25] 彭望琭. 遥感概论［M］. 北京：高等教育出版社，2010.
[26] 陈晓玲. 遥感原理与应用实验教程［M］. 北京：科学出版社，2013.
[27] Rafael C Gonzalez，Richard E Woods. 数字图像处理［M］. 阮秋琦，阮宇智，等译. 3 版. 北京：电子工业出版社，2017.
[28] 阮秋琦. 数字图像处理学［M］. 2 版. 北京：电子工业出版社，2007.
[29] 孙显，付琨，王宏琦，等. 高分辨率遥感图像理解［M］. 北京：科学出版社，2011.
[30] 李成粱. 基于多源遥感数据的环鄱阳湖区湿地变化分析研究［D］. 江西：江西理工大学，2019.

[31] 章毓晋．图像处理［M］．4 版．北京：清华大学出版社，2018.
[32] 朱文泉，林文鹏．遥感数字图像处理——实践与操作［M］．北京：高等教育出版社，2016.
[33] 闫利．遥感图像处理实验教程［M］．武汉：武汉大学出版社，2010.
[34] 邓磊，付姗姗．ENVI 图像处理基础实验教程［M］．北京：测绘出版社，2015.
[35] 方刚．遥感原理与应用实验教程［M］．合肥：合肥工业大学出版社，2014.
[36] 毛凌野．磨剑十年，国产遥感软件破局前行——专访航天宏图董事长王宇翔［J］．卫星应用，2020（5）：11-14.
[37] 杜会石，张爽，冯恒栋．基于 ERDAS 的遥感软件应用课程教学改革探讨［J］．大学教育，2016（10）：149-150.
[38] 王海芹，杨燕，汪生燕．国外四大遥感软件影像分类过程及效果比较［J］．地理空间信息，2009，7（5）：153-155.
[39] 赵文吉．ENVI 遥感影像处理专题与实践［M］．北京：中国环境科学出版社，2007：4.
[40] 张伟，曹广超．浅析遥感图像的几何校正原理及方法［J］．价值工程，2011，30（2）：189-190.
[41] 王学平．遥感图像几何校正原理及效果分析［J］．计算机应用与软件，2008（9）：102-105.
[42] 冯钟葵．遥感数据接收与处理技术［M］．北京：北京航空航天大学出版社，2015.
[43] 张怀清，孙华，王金增，等．北京湿地资源监测与分析［M］．北京：中国林业出版社，2014.
[44] 张安定．遥感原理与应用题解［M］．北京：科学出版社，2016.
[45] Luciano Alparone，Bruno Aiazzi，Stefano Baronti，等．遥感图像融合技术［M］．江碧涛，马雷，蔡琳，译．北京：科学出版社，2019.
[46] Mark S Nixon，Alberto S，等．特征提取与图像处理［M］．李实英，杨高波，译．北京：电子工业出版社，2010.
[47] 刘文耀．数字图像采集与处理［M］．北京：电子工业出版社，2007.
[48] 党安荣，贾海峰，陈晓峰，等．ERDAS IMAGINE 遥感图像处理教程［M］．北京：清华大学出版社，2010.
[49] John R Jensen. Remote Sensing of the Environment—An Earth Resource Perspective（环境遥感——地球资源视角（原著第二版）陈晓玲，黄珏，李建，等中文导读）［M］．北京：科学出版社，2011.
[50] 杨淑莹．模式识别与智能计算——MATLAB 技术实现［M］．2 版．北京：电子工业出版社，2011.
[51] 周军其，叶勤，邵永社，等．遥感原理与应用［M］．武汉：武汉大学出版社，2014.

# 冶金工业出版社部分图书推荐

| 书名 | 作者 | 定价(元) |
| --- | --- | --- |
| 稀土冶金学 | 廖春发 | 35.00 |
| 计算机在现代化工中的应用 | 李立清 等 | 29.00 |
| 化工原理简明教程 | 张廷安 | 68.00 |
| 传递现象相似原理及其应用 | 冯权莉 等 | 49.00 |
| 化工原理实验 | 辛志玲 等 | 33.00 |
| 化工原理课程设计（上册） | 朱晟 等 | 45.00 |
| 化工设计课程设计 | 郭文瑶 等 | 39.00 |
| 化工原理课程设计（下册） | 朱晟 等 | 45.00 |
| 水处理系统运行与控制综合训练指导 | 赵晓丹 等 | 35.00 |
| 化工安全与实践 | 李立清 等 | 36.00 |
| 现代表面镀覆科学与技术基础 | 孟昭 等 | 60.00 |
| 耐火材料学（第2版） | 李楠 等 | 65.00 |
| 耐火材料与燃料燃烧（第2版） | 陈敏 等 | 49.00 |
| 生物技术制药实验指南 | 董彬 | 28.00 |
| 涂装车间课程设计教程 | 曹献龙 | 49.00 |
| 湿法冶金——浸出技术（高职高专） | 刘洪萍 等 | 18.00 |
| 冶金概论 | 宫娜 | 59.00 |
| 烧结生产与操作 | 刘燕霞 等 | 48.00 |
| 钢铁厂实用安全技术 | 吕国成 等 | 43.00 |
| 金属材料生产技术 | 刘玉英 等 | 33.00 |
| 炉外精炼技术 | 张志超 | 56.00 |
| 炉外精炼技术（第2版） | 张士宪 等 | 56.00 |
| 湿法冶金设备 | 黄卉 等 | 31.00 |
| 炼钢设备维护（第2版） | 时彦林 | 39.00 |
| 镍及镍铁冶炼 | 张凤霞 等 | 38.00 |
| 炼钢生产技术 | 韩立浩 等 | 42.00 |
| 炼钢生产技术 | 李秀娟 | 49.00 |
| 电弧炉炼钢技术 | 杨桂生 等 | 39.00 |
| 矿热炉控制与操作（第2版） | 石富 等 | 39.00 |
| 有色冶金技术专业技能考核标准与题库 | 贾菁华 | 20.00 |
| 富钛料制备及加工 | 李永佳 等 | 29.00 |
| 钛生产及成型工艺 | 黄卉 等 | 38.00 |
| 制药工艺学 | 王菲 等 | 39.00 |